창조농촌을 디자인하라

농촌을 되살리는 창조전략

창조농촌을 디자인하라

농촌을 되살리는 창조전략

창조농촌을 디자인하라

농촌을 되살리는 창조전략

창조농촌을 디자인하라

농촌을 되살리는 창조전략

창조농촌을 디자인하라

농촌을 되살리는 창조전략

창조농촌을 디자인하라

농촌을 되살리는 창조전략

사사키 마사유키 외 지음
한국농촌건축학회 옮김

발간사

　우리나라의 농촌은 1960년대 이후 산업화의 영향으로 청년층 인구가 도시로 급속하게 이동함으로써 농촌인구의 감소를 초래하였다. 또한, 새마을운동을 계기로 농촌마을과 관련된 각종 개발제도 및 사업을 전개하면서 농촌마을의 배치, 마을 안길, 담장의 형태, 지붕의 모양, 주택평면, 각종 공동시설 등을 급격하게 변화시켜 왔다. 그러한 노력에도 불구하고 지속적인 정주환경의 개선과 유지관리가 미흡하게 되어 다양한 문제점을 낳게 되었다.

　그러나 이제부터라도 살기 좋은 행복한 농촌마을을 만들기 위해서는 사회적·경제적·물리적 여건 등을 종합적으로 고려한 통합적인 마을가꾸기가 절실한 상황이다. 농촌인구가 줄어들고 고령화가 급속하게 진행되는 상황에서 지속가능한 농촌마을을 만들어가는 일은 매우 중요한 일이다. 이러한 우리나라의 농촌현실을 감안하면, 우리의 농촌과 유사한 상황을 겪어가고 있는 일본에서 지속가능한 농촌을 만들고자 노력하고 있는 사례들을 소개하고 있는 《창조농촌》을 한국어판으로 소개하게 된 것을 다행스럽게 생각한다.

번역서 《창조농촌》을 통하여 일본의 농촌을 살리기 위해 노력하고 있는 사례를 살펴보고, 우리나라의 농촌을 살리는 데 타산지석으로 삼고자 한다.

원저의 내용구성은 제1부 창조농촌의 시대와 제2부 움직이기 시작한 창조농촌으로 구성되어 있다. 제1부에서는 창조농촌이란 무엇이며 왜 지금 주목을 받고 있는가?, 창조적 지역사회의 시대, 창조농촌의 구축과 지속가능성, 생물문화 다양성을 살린 투어리즘 및 컬처럴·랜드스케이프의 보전과 지역의 창조성에 대해 각 장별 저자가 농촌재생을 향한 새로운 움직임에서부터 지역정책에 있어서 컬처럴·랜드스케이프의 역할에 이르기까지 이론적 내용을 정리, 제시 하고 있다.

또한, 제2부 움직이기 시작한 '창조농촌'에서는 사례내용을 중심으로 구성하고 있으며, 농산촌 문화와 자치활동을 토대로 한 아름다운 마을만들기, 전통예능의 현대적 재생과 '3.11'의 의미, 귀촌 정주자들이 열어가는 창조적 해결의 문, 과소 마을이 재생엔진으로 선택한 현대예술, 창조인재의 유치에 의한 과소화에 대한 도전, 지역성과 결합한 문화적 자원의 창조에 의한 섬의 활성화, 산신=線과 전통공예를 살린 평화마을 만들기 및 창조농촌의 리더들로 이루어져 있다. 전체 내용을 사례 중심으로 구성하고 있어서 사례의 농촌마을이 당초 처하여 있었던 상황, 농촌마을의 자원발굴, 전통 및 현대예술의 활용, 새로운 도전의 시도, 리더 양성 등 다양한 사례들을 통하여 농촌마을의 지속가능한 문명창생을 꿈꾸고 실천해가고 있음을 알 수 있다.

그동안 한국농촌건축학회가 일본건축학회 농촌계획위원회와의 정기적인 한·일 연구교류를 통하여 일본의 많은 사례의 우수한 농촌마을을 살펴본 바 있지만, 본서에서는 보다 구체적인 내용들을 소개하고 있어서 농촌마을을 가꾸고 만들어가는 데 중요한 참고가 될 것으로 믿는다.

농촌은 식량생산, 수원함양, 치유의 장과 같은 다면적인 기능에 더하여, 농경생활을 중심으로 이어오면서 쌓아온 역사·문화·교육적인 가치, 지역자치 기능 등이 자연과 공존하는 지속형 문명생산지라고도 할 수 있다. 농촌이 가진 불변의 다양한 가치와 기능을 주민들 스스로 자부심으로 이해해야 하는 것이 중요한 일이다. 지금까지 발전이라고 하면 부지불식간에 도시화를 추구했지만, 이제부터라도 도시를 흉내 내는 것이 아닌, 농촌이 가진 다양한 좋은 점을 생활에 살려 자부심 있는 살기 좋은 지역사회를 구축해 나가야 할 것이다. 그것이야말로 창조농촌이라 할 수 있을 것이다.

그리고 농촌이 쓸모없이 되었을 때, 도시도 동시에 쓸모없게 된다는 것을 도시와 농촌의 주민 모두가 느끼고, 협력하고 공생하는 사회를 실현하는 것이 내일을 향해 살아가는 우리 모두에게 필요한 창조농촌의 모습이 아닐까 생각한다.

2014년 11월

한국농촌건축학회 회장

양 금 석

머리말

하나의 영상이 '창조농촌'의 흐름을 가속시키고 있다.

그것은 아름다운 골짜기의 강가에서 한명의 청년이 컴퓨터화면을 상대로 즐겁게 자판을 두드리는 모습이었다. 아마도 실리콘벨리의 오피스와 인터넷으로 열심히 업무에 열중하고 있는 모습이 TV 전국 방송을 통해 방영되었을 때 무더운 도쿄나 오사카의 직장에서 일상생활에 지친 ICT회사원에게는 꿈의 직장처럼 비춰졌다고 해도 과언은 아니다.

이후 벤처기업가나 창조적인 디자이너로부터 문의가 빗발친 곳은 도쿠시마현 가미야마정, 인구 6,000명의 과소지역으로 고민하는 작은 산촌이었다.

1980년 미국의 사회평론가인 알빈 토플러의 저서 《제3의 파도》가 다가오는 탈공업화시대를 예견했다. 자연에 둘러싸인 산 속의 산장에서 최첨단의 지적노동자가 종사하는 첨단마을의 꿈이 실현된 것처럼 느낄 수 있는 영상이었다.

농산촌의 과소지역이야말로 최첨단의 창조적인 업무가 가능하다. 풍부

한 자연과 함께 있는 것이야말로 창조적인 아이디어가 넘쳐날 것이다. 그
러한 이상적인 업무와 생활이 실현될 수 있을 것이다.

대도시에서 과소지역으로의 인구 역류의 계기가 되었던 것은 2008년
리먼 브라더스의 파산에 의한 세계도시 뉴욕의 위기였다고 말하고 있다.
그러나 일과 생활에 대한 가치관의 변화는 이미 전세기말부터 조용히 도
시주민의 마음에 침투해 왔을 것이다. 맨해튼에서 ICT업무에 관련된 젊
은이들이 직장을 잃고 귀국을 결정하여 새로운 주택을 찾을 때 선택한 것
은 대도시권이 아니었다.

본서의 독자는 '창조농촌'이라는 생소한 단어에 흥미를 가지고 이 책을
구매했을 것이다.

'창조농촌'이란 '창조도시'에서 힌트를 얻은 단어이지만 '창조도시'라
는 개념이 지금까지 십 수 년에 걸쳐 세계에 알려진 것과 같이 아마도 순
간적으로 파급될 것이 틀림없다.

'창조도시'란 '시민 한 명 한 명이 창조적으로 일하고 생활하며 활동하
는 도시'이고 현대 아트가 가지는 창조적인 작용을 마을만들기나 신산업
의 창출에 도움을 주기 위한 새로운 도시 비전이다. 20세기 말부터 추진
되는 글로벌화와 지식정보 경제화 가운데 기간산업의 소실과 고용의 감
소에 고민하는 구미의 도시나 시골에서 재활성화의 마지막 수단으로 성
과를 가져 온 접근이기도 하다.

본서 6장에서도 다룬 나가노현 기소정의 다나카 다쓰미 전 정장은 필
자에게 "창조도시라고 하는 개념은 훌륭하다. 이것은 농촌에도 적용가능
하지 않을까"라는 질문에 자연과 인간의 창조성에 주목한 '창조농촌'이라
는 도전이 시작되었다.

2011년 1월 전국의 창조농촌을 추진하는 지자체와 NPO, 시민들이 모

여 창조도시 네트워크회의가 열린 고베시 나가타구의 회의장에서 '창조
농촌'을 주제로 선구적으로 정책대안을 제시한 것은 효고현 사사야마시
에서 활동하는 일반사단법인 NOTE였다. 그것이 계기가 되어 동년 10월
아키다현 센보쿠시仙北市에서 제1회 창조농촌 워크숍이 열렸다.

그 이후 3회에 걸쳐 개최된 창조농촌 워크숍에는 전국 농산어촌뿐만
아니라 창조도시를 추진하는 대도시나 지방도시로부터의 참가도 많았고
'창조농촌'의 정책에 큰 자극을 받았다. '창조도시가 창조농촌으로부터
배우는 시대'가 되었다. 그러한 점에서 본서에서는 《창조도시로의 전망》
학예출판사, 《창조도시를 디자인하라》, 미세움, 2010의 속편이라고도 할 수 있다.

본서는 2부 구성으로 되어 있다.

제1부는 '창조농촌'에 관한 총론이고 그 이론적 계보나 키워드에 대하
여 사례를 통해 적었다.

제2부는 '창조농촌'의 선진적 사례를 들어 그 최근 동향을 분석하고 과
제를 제시하고 있다.

또 제14장에서는 2013년 8월 기소정에서 개최된 제3회 창조농촌 워크
숍의 심포지엄 가운데 창조농촌을 추진하는 리더들의 발언을 정리하여
그 열정을 소개하고 있다.

본서가 전국 각지에서 창조적인 지역만들기를 추진하는 주민, NPO, 지
자체관계자에게 비전과 용기를 부여할 수 있다면 기대 이상의 행복이다.

2014년 1월
사사키 마사유키

차례

제I부   창조농촌의 시대

제Ⅱ부   움직이기 시작한 창조농촌

제 I 부 ─

창조농촌의 시대

후쿠시마현 시고모정의 역참마을 오우치주쿠(大內宿)

창조농촌이란 무엇인가, 왜 지금 주목받고 있는가

사사키 마사유키(佐々木雅幸)   chapter 1

농촌의 주변현황

지금이야말로 지역경제의 대변동의 시기이다. 20세기 후반부터 급속하게 진행된 세계화Globalization와 지식정보 경제화, 더불어 온난화를 동반한 기상변화, 대지진, 쓰나미, 태풍 등에 의한 재해의 거대화로 인류는 생존을 위협받아 왔으며 사회의 지속가능성은 계속 저해沮害되고 있다.

이와 같은 미증유未曾有의 위기에 직면하여, 어떻게 이를 타개하고 생존할 것인지에 대한 창조적인 문제해결이 사회 전체에 그리고 동시에 우리 한 사람 한 사람에게도 요구되고 있다.

특히, 20세기 말부터 시작되어 21세기 초에 걸쳐서 강력해진 신자유주의적 경제정책의 영향 아래에서 약육강식의 자유경쟁이 사회의 모든 영역으로 퍼져나가는 현상을 보였고, 농업·농촌도 이 흐름 안에서 휩쓸리게 되었다.

　가맹 체결국加盟締結國 간의 경제교류의 원칙, 자유화하는 TPP교섭, 40여 년을 지속해 온 쌀 생산농지 축소의 폐지 · 재검토 등 급격한 변화의 소용돌이 속에 농산촌이 휘말려 있다.

　2050년을 목표로 한 〈국토의 장기전망 중간정리〉국토교통성에 따르면 일본의 총인구는 약 3,300만 명이 감소될 것이며 고령인구는 40%에 근접하고, 거주지역의 20%가 무거주화되어 60% 이상의 지역에서 인구가 절반 이하로 감소할 것이라고 예상된다. 한편 인구증가 지역은 도쿄권과 나고야권에 속하는 불과 1.9%에 지나지 않으며 관서권도 인구감소를 겪고 있다그림 1-1. 2020년 도쿄올림픽, 2027년 리니어 중앙 신칸센인 도쿄-나고야간 개발이 더욱 그 경향을 촉진시킬 기세다.

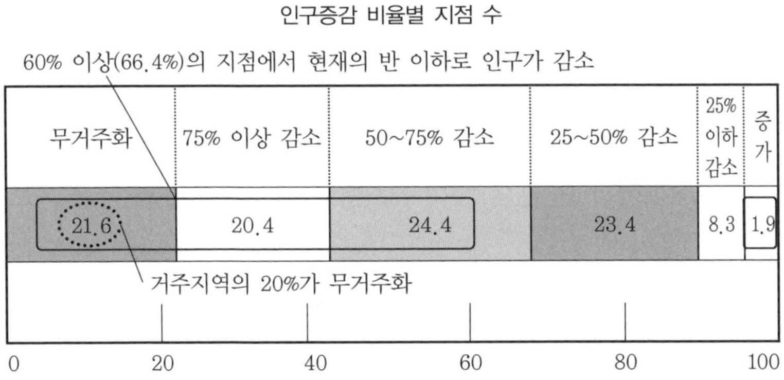

인구증감 비율별 지점 수

60% 이상(66.4%)의 지점에서 현재의 반 이하로 인구가 감소

무거주화	75% 이상 감소	50~75% 감소	25~50% 감소	25% 이하 감소	증가
21.6	20.4	24.4	23.4	8.3	1.9

거주지역의 20%가 무거주화

0　　　　20　　　　40　　　　60　　　　80　　　　100

그림 1-1　2005년을 100으로 한 경우의 2025년의 인구증감현황

(출전: 국토교통성 〈국토의 장기전망 중간정리방안〉)

이러한 상황에서 농업종사자의 급속한 감소와 고령화의 진행, 조건이 불리한 지역의 농산촌에서는 '사람 · 토지 · 마을 이 세 가지의 공동화'가 일어나고, 보다 근본적으로는 '주민은 그 토지에서 지속하여 생활해가는 자부심이나 의미를 잃어버린다.' 즉, '자부심의 공동화'가 확대되고 있는 것을 지적하고 있다.오다기리 2009

한편, 과소화가 심각한 토지에서 새로운 움직임도 나타나고 있다. 이전에 '과소'라는 단어가 생겨나게 된 계기가 되었던 시마네현島根県에서 헤이세이 대합병平成の大合併과 농업협동조합의 재편 속에서 기존의 지역사회의 연계가 파괴되어 지속 곤란한 농촌 중에서 취락영농에 의한 경작의 공동화, 지역자치조직에 의한 농업과 상공업의 연계시도나 철수한 공장이나 도로 휴게소 등을 활용한 풀뿌리 비즈니스의 전개 등 농산촌 재생을 위한 창조적인 움직임이 확실시되었다.

농산촌 재생을 위한 새로운 움직임

지역자치조직과 여성 기업에 의한 재생의 움직임

인구감소와 고령화의 진행 속에서 조건불리 지역이라고 볼 수 있는 중산간 지역이나 농산촌에서는 한정된 자원을 활용한 창의적인 노력이 나타나게 되었다. 그것은 지역자치조직과 취락영농의 시도이다.

헤이세이 대합병으로 약 3,200개의 지자체가 1,700개 정도로 반감되었고, 특히 과소 농산촌에서는 그 영향이 크다. 이전의 지역사무소가 소멸되고 농촌형 커뮤니티가 붕괴되는 위기에 직면하고 있는 상황에서 독자적인 궁리로 지역자치조직을 운영하고, 새로운 자치담당자가 등장하고 있다.

농업취업자의 평균연령은 65세를 넘는 고령화가 현저하지만 경작이 곤란한 농가를 지원하기 위해서 취락 내에 농지를 집약하는 '취락영농'이 보급되고 있다. 커뮤니티 복지나 공공사업에까지 발을 들여놓는 취락영농조직도 나타나고 있으며 초고령 지역사회에서의 새로운 실천의 장으로 자리매김하고 있다.

특히, 주목해야 할 점은 농산물직판장, 농산물가공장, 농촌레스토랑 등 폐쇄적이라고 여겨졌던 농촌에서 여성들이 스스로 비즈니스에 뛰어들어 사회적 지위를 상승시키고 커뮤니티 변화까지 촉진하고 있다는 것이다. 그 중에서도 과소화가 심했던 주고쿠中国 산지에서는 초고령화 사회에서의 일하는 보람과 삶의 보람 창출에 관한 많은 모델이 생겨나고 있다.

지역산업진흥의 거점으로서 대두되어 온 '도로 휴게소'나 농산물직판장가 산업진흥의 목적을 넘어서 '복지'분야에까지 발을 들여놓는 사례가 나타나는 등, 과소화에 직면하여 답이 없는 과제에 창조적으로 도전해 온 농산촌에서는 지금까지 없었던 새로운 가치관을 가진 사업이 생겨나고 있다.

'창조적 과소'와 창조적인 인재 유치

창조적인 과소대책으로서 최근 주목을 모으고 있는 것은 도쿠시마현 가미야마정德島県 神山町일 것이다. 여기에서는 종래와 같은 외래형 공장 유치와는 다른 창의적인 인재 유치로 과소를 극복하고자 노력하고 있다. 인재 유치 담당자는 행정이 아닌 민간 NPO법인인 그린발레이다. 본래 파란 눈을 가진 인형 앨리스의 귀성교류사업*을 통해 국제교류협회를 설립하여, 환경과 예술을 베이스로 한 '국제문화촌'을 목표로 노력을 시작하였다. 그 활동의 연장선상으로 아티스트를 초대하여 체재하면서 제작을 하게 하는 아티스트 인 레지던스가 전개되었던 것이다.

과소된 마을이 시행하는 소규모 프로그램이었지만, 커뮤니티 전체의 환대와 가미야마정의 자연환경이 체재 제작을 하는 아티스트를 편안하게 해준 것도 있어서 크리에이티브한 인재가 방문하는 횟수가 늘었고 그 중에는 빈집을 개조하여 사무실로 활용하는 크리에이터도 생겨났으며 점차 ICT기업이 빈집이나 빈 공장에 지사를 개설하는 흐름으로 이어졌다.

그린발레 이사장인 오미나미 신야大南信也는 이와 같은 주민의 창의성에 근거해 내발적으로 만들어진 새로운 도전을 '창조적 과소'라고

---

*　　러일전쟁 후 일본의 중국 진출을 계기로 미국과 일본이 정치적인 긴장감이 높아져 있어 일본 이민에 관해 관대하지 못했던 미국의 상황을 보고 안타까워했던 선교사로 일본 체재경험이 있었던 굴릭 박사가 미일친선과 평화를 위해 1927년 일본의 여자아이들 축제인 히나마츠리(3월 3일)에 맞추어 일본 아이들에게 평화를 바라는 미국인들의 마음을 모은 12,739개의 인형이 전달되었고, 이는 전국의 초등학교와 유치원에 전달되었다. 도쿠시마현에도 152개의 인형이 전달되었고 가미야마정의 신료초등학교에도 1개의 인형이 전달되었으나 전쟁이 본격화되자 전국캠페인으로 인형을 처분하기에 이르렀지만 신료초등학교 교사가 인형을 감춰두어 신료초등학교 인형은 화를 면하게 되었다. 이후 현대에 이르러 앨리스를 보낸 사람을 찾자는 움직임이 생겨났고 앨리스에 첨부되어 있던 패스포트를 근거로 91년 3월 3일 신료초등학교 PTA가 중심이 되어 앨리스 귀향추진위원회가 설립되었고 앨리스의 귀향을 실제로 실천하였다. 이 인형은 미일친선과 평화를 이야기해 주는 자료로서 이 인형을 통한 국제교류 활성화를 꾀하였다고 할 수 있겠다.

명명하고 있다. 필자가 일본경제신문지상2007.7.23. 조간에 〈도시재생과 창조성〉이라는 연재 속에서 소개했던 '예술의 힘을 활용하여 종래의 지역문화를 전환하면 창조성 넘치는 지적노동자를 유인할 수가 있다' 라고 하는 빌바오시Bilbao. 스페인의 지역문화전략에서 촉발되어 과소지역에 창조적으로 적용한 것이다그림 1-2. 나중에 서술하고 있는 것처럼 창조도시론의 리더인 찰스 랜드리, 리처드 플로리다나 필자들이 강조하고 있는 '창조의 장'을 과소지역에 만들어 그것이 매력적인 자석의 기능을 해내고 있을 것이다. 게다가, 가미야마정에 남아 있는 대도시에는 없는 매우 풍부한 자연환경이 그 자력을 배가 하고 있다고 할 수 있을 것이다.

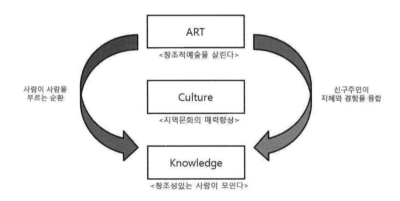

그림 1-2   지역문화전략(오미나미 신야 씨와의 대화에 의한 보충)

예술에 의한 자연재생

이러한 예술을 활용한 과소 농산촌지역의 재생을 시도한 선구적인 사례는 니가타현新潟県 지사의 의뢰를 받아 아트 프로듀서인 기타가와

후라무가 설립을 위해 노력했던 에치고츠마리越後妻有 아트 트리엔날레
일 것이다. 그는 고향에서 가까운 니가타현 도카정十日町, 츠난정津南町
일대의 논밭이나 농가, 폐가, 학교부지를 무대로 국내·외 현대 아티
스트의 작품으로 꾸미는 대지의 예술축제를 지역주민의 참가를 얻어
3년에 한 번하는 지속적인 사업=트리엔날레로 성공시켰고, 2000년에
시작된 제1회부터 5회째를 맞이하고 있다. 초기에는 국토교통성이나
농림수산성의 보조금을 활용하였고, 그 이후에는 베넷세 코퍼레이션
과 후쿠타케福武재단의 지원을 받아 지속가능한 모델로서 세계적으로
도 주목받고 있다. 기타가와(北川) 2014

나아가 이 성공을 토대로 후쿠다케 소이치로福武総一郎와 기타가와
후라무는 가가와현香川県과 다카마츠시高松市 등의 협력을 얻어 세토나
이해瀬戸内海국제예술제를 개최한다. 일본 최초의 국립공원인 세토나
이해에 떠 있는 섬들을 무대로 한 트리엔날레로, 2010년과 2013년 2
회에 걸친 개최를 성공시켰다. 고도성장기의 그늘에서 콤비네이트 개
발이나 산업폐기물 투기로 오염되어버린 세토나이해와 여러 섬들의
환경과 경관을 아트의 힘으로 재생시키려는 장대한 실험이었다. 이
기간 중에 국내·외에서의 방문자가 총 100만 명을 넘었다는 사실에
지역은 큰 쇼크를 받았다. 세계 여러 곳에서 달려온 아티스트와의 공
동작품 제작으로 잠들어 있던 지역의 기억이 재생되고, 방문객과의
교류로 주민들이 자신감을 회복하여 공동화되고 있던 자부심을 회복
시키는 것으로 연결되었던 것이다.

이러한 움직임 속에서 섬을 떠나 있던 가족이 귀향을 결심함으로써
폐교 중이던 초등학교, 중학교가 다시 문을 열게 되었다고 개최지 중
하나였던 오기시마男木島에서 보고되었다. 현대 아트가 갖는 사회적 효

과의 한 단면을 여기에서 볼 수 있다.

주민자치와 문화생활에 근거한 '창조농촌'으로

에치고츠마리나 세토나이해국제예술제에 자극을 받아 보다 소규모의 예술제도 각지에서 시작되었다. 군마현群馬県 시마四万온천이 있는 나카노조정中之条町에서는 에치고츠마리 아트 트리엔날레를 시찰하고 감동한 전 자치단체장町長이 지역뿐만 아니라 젊은 아티스트의 협력을 얻어 수공예 예술제를 비엔날레로 개최하였다. 지역이나 대도시권에서도 젊은 아티스트나 봉사활동가들이 참여해 소액의 예산이었지만 질 높은 예술제를 실현하고 있다.

이러한 성공사례에서는 농산촌이나 해변의 아름다운 경관이 아티스트의 창조성을 자극함으로써 그 지역의 특성에 맞는site-specific 예술작품을 새로 창조해 냄과 동시에 이러한 예술활동은 지역주민이나 방문객들에게 농산촌의 경관이 갖는 고유가치를 재발견하는 계기가 되고, 이것은 경제적 가치나 사회적 가치를 만들어내는 선순환을 유발시키고 있다고 생각할 수 있을 것이다. 농산촌, 어촌 등 자연경관의 아름다움을 보존하고 재생시키는 사회실험이라 말할 수 있을 것이다.

이와 같이 자연경관과 지역주민의 생활 및 생업과의 연계가 농산촌 특유의 문화경관 다시 말해 농촌경관을 형성하고 있으며 나카노조정이 아름다운 농촌경관을 보존하는 '일본에서 가장 아름다운 마을'연합에 가입되어 있는 것은 우연이 아닐 것이다.

이 '아름다운 마을'연합은 2005년에 홋카이도北海道의 비에이정美瑛町등이 제창하여 시작되었지만, 시행되었던 것으로 프랑스, 이탈리아 등 유럽 여러 나라에서도 시행되고 있다.

이미 유네스코 세계유산에서 문화적 경관은 자연과 인간이 만들어 낸 공동작품으로 높이 평가받고 있으며, 와인 투어리즘 등에 의한 농촌재생의 유효한 문화자원으로 인식되어 유럽의 농촌은 농업지대라 기보다, 자원이 풍부한 가능성 있는 시골로서 기대되고 있다.

'아름다운 마을'연합의 유력한 멤버이기도 한 나가노현長野県 기소정木曾町에서는 〈작은 마을의 소박한 음악제 기소음악제〉를 39년간 지속하여 개최했을 뿐만 아니라, 지역문화를 중시한 내발적 발전을 배울 수 있는 기소학연구소나 지역자원을 활용한 특산품개발을 하는 지역자원연구소 등과 같은 연구·학습의 장 만들기, 나아가 합병 후 지역자치조직의 확충을 위한 독자적인 조례 만들기 등 주민자치와 문화예술 활동을 중시한 종합적인 '창조농촌'을 위한 노력을 거듭해왔다.

크리에이티브 투어리즘에 의한 농촌과 도시와의 교류

효고현兵庫県 사사야마시篠山市도 '창조농촌'을 목표로 내걸고 적극적인 활동을 전개하고 있다. 행정과 연계하면서 지역 문화자원인 오래된 민가를 보존, 재생하여 숙박시설이나 갤러리, 레스토랑 등으로 활용해 취락 전체활동으로 전개하고 있는 점은 주목할 만하다. 단바 타치쿠이야키丹波立杭焼き 등과 같은 옛 방식의 도자기뿐만 아니라, 이탈리아 디자인을 융합시킨 인테리어 등과 지역 특산품을 활용한 식문화를 조합시켜 〈음식과 그릇의 국제 비엔날레〉를 개최하는 등 크리에이티브 투어리즘에 대한 시도를 시작하고 있다.

아키타현秋田県 센보쿠시仙北市의 다자와코 예술촌에서는 민간설화나

전통예능을 살린 창작뮤지컬과 온천, 지역 맥주를 음미하면서 농
사·공예·무용을 체험할 수 있는 크리에이티브 투어리즘을 전개하
고 있다.

크리에이티브 투어리즘이란, 유네스코 창조도시네트워크의 리더
이기도 한 미국의 산타페가 제창한 새로운 도시와 농촌의 교류사업
이다. 아티스트의 아틀리에나 장인 공방을 방문하여 진정한 창조적
체험이나 감동을 맛보면서 시간을 보내는 것이다. 방문객은 지금까
지 체험해 본 적이 없는 새로운 자극이나 가치관을 깨닫는 경험가치
를 획득하게 되며, 한편으로 지역 아티스트들은 방문객으로 인해 새
로운 창작에 대한 자극이나 마켓의 확충에 따른 경제적 대가를 얻게
된다.

새로운 음식문화에 의한 재래작물의 부활

야마가타현山形県 쓰루오카시鶴岡市에서는 식문화의 새로운 전개가
재래작물의 재생을 위한 자극을 부여함으로써 영상과도 연계되어 음
식문화 영화제로 발전되었으며 야마가타시의 국제다큐멘터리영화제
의 축적과 합쳐져 새로운 전개가 생겨나고 있다.

이중에서 만들어진 영화 〈되살아난 레시피〉는 지역의 쇼우나이庄
内 평야에서 얻어지는 재래작물과 동해에서 잡히는 신선한 생선을
충분히 활용한 이탈리아 요리를 창조한 오쿠다 마사유키奥田政行 셰프
에게 자극받아 손이 많이 가는 재래작물의 부활에 도전한 장인과 같
은 농민의 모습을 기록한 다큐멘터리 영화이다. 이 영화는 많은 관
람자로부터 좋은 평가를 얻었을 뿐만 아니라, 신선한 레시피가 재래

작물의 재배를 되살림과 동시에 사람들 간의 연결과 자부심을 부활
시켰다. 창조적인 농촌으로 전환하는 힌트가 여기에 있을 것으로 생
각된다.

또한 오키나와현에서 '평화 · 문화 · 창조'마을 만들기를 목표로 삼
은 요미탄촌讀谷村에서는 지역의 여성 경영자가 고안해낸 '자색고구마
타르트'가 호평을 얻게 되어 특산물인 '자색고구마'의 생산에 박차를
가하였다. 미야모토 · 사사키 2000

이러한 선구적인 사례에 공통된 것은 '사람 · 토지 · 마을의 세 가지
공동화'에 그치지 않고, '자부심의 공동화'에 빠져버린 과소지역에서
문화예술 활동이 갖는 창조적인 에너지가 촉매제가 되어 '지역의 자연
환경이나 전통문화가 갖는 진정한 고유가치를 재발견 · 재인식'함으로
써 '주민의 자신감과 자부심이 회복된다'는 프로세스이며, 이를 지속
적으로 높일 수 있는 연구활동이나 지속적인 문화사업 활동비엔날레, 트
리엔날레을 중시하고 있는 것이다. 이로 인해 지역재생을 위한 인재가
지속적으로 지역에서 배출되어지게도 된다.

동시에 '지역의 자연환경이나 전통문화가 갖는 진정한 고유가치의
재발견 · 재인식'은 아티스트의 창조활동이나 최첨단 지식정보산업에
서 일하고 있는 사람들을 자극하고, 지속적으로 방문객이 과소지역으
로 방문하여 농촌과 도시의 교류를 불러일으키는 것이다.

공장 유치나 하드시설 건설을 중심으로 한 종래의 과소지역정책
에서 경시되어져 왔던 것은 이상과 같은 프로세스와 제도, 장치일
것이다.

창조농촌의 계보와 정의

도시와 농촌의 상호관계—역사적 조감

여기에서 '창조농촌'에 관한 정의를 말하기 전에 도시와 농촌의 관계가 어떤 것인지에 관하여 간결하게 스케치해 두고자 한다.[1]

본래 도시와 농촌은 인류가 생존해 온 역사를 가로질러 옛부터 존재했던 거주형태로 고대에는 신전이나 정치의 장소가 되었던 도시가 농촌을 지배하였고, 반대로 중세에는 사람들을 토지에 묶어두는 봉건제도를 근본으로 농촌이 도시를 지배하였으며, 근대 이후는 다시 산업중심인 도시가 농촌을 지배했었던 것처럼 도시와 농촌의 대립이 계속 반복되어 왔다고도 할 수 있겠다.

산업혁명 이후에는 도시는 경제활동의 발전과 함께 인구와 자본의 집적을 진행시켜 사회적 분업과 교류·교역을 깊고 넓게 전개하여 상품이나 금융 등의 시장을 발전시켜 온 것에 비해 농촌은 집적보다는 차라리 지리적인 분산을 특징으로 가지고 있었고 아시아 사회에서는 수전경작에 필요한 농업용수 이용을 공동으로 했으며, 동절기에는 적설대책을 공동으로 세우는 등 생산과 생활 양쪽에서 공동체적인 유대에 의해 연결되었다.

게다가 현대에는 도시에서는 공장이나 사무실, 공동주택 등이 즐비한 인공적인 건축환경에 둘러싸인 생활을 강요받고 경제활동 등의 편의성이 높은 반면, 대도시권의 주민은 과밀과 환경악화의 문제에 직면해 왔다. 즉, 도시는 집적의 이익을 누리는 반면, 도시주민은 대부분 불이익을 받아왔다고도 할 수 있을 것이다.

한편, 농민은 자연환경 속에서 농촌을 경영하고 자연의 맹위와 직면하며 자연과 공생하면서 생산활동을 계속해 왔지만, 현대의 농촌의 경우는 아름다운 자연환경이 경제성장과 도시팽창 속에 희생되고, 대형공장이나 석유화학 콤비네이트의 건설, 원자력발전소의 입지나 폐기물의 투기 등으로 훼손당하고 있다.

이러한 상황 속에서 21세기 초반에는 선진국을 중심으로 한 경제정체 장기화 속에서 성장신화가 무너지며 성장의 한계를 넓게 인식할 수 있게 되어, 생활이나 일에 관한 사람들의 가치관의 전환이 시작되어 잃어가고 있던 농촌의 자연환경이 보전, 회복하게 되면서 아름다운 농촌경관을 되찾는 '창조농촌'을 지향하는 움직임이 일기 시작했다.

내발적 발전론과 '창조농촌'

점점 확산되고 있는 '창조농촌'에 대한 노력은 내발적 발전론의 계보로 이어지는 것이기도 하다.

1980년 초반에 내발적 발전론을 제창한 미야모토 겐이치宮本憲一는 대도시가 끌어안고 있는 문제를 해결하는 데 있어 홋카이도의 이케다 정池田町이나 오이타현大分県의 유후인정湯布院町 등 농촌의 실천으로부터 배워《현대의 도시와 농촌》및《환경경제학》에서 내발적 발전의 원칙을 다음 4가지로 정리하였다. 미야모토 1982, 1989

첫 번째로 지역개발은 대기업이나 정부의 사업이 아닌 지역의 기술·산업·문화를 토대로 한 지역 내의 시장을 주 대상으로 삼아 지역주민들이 학습하고 계획하여 경영하는 것일 것, 두 번째로 환경보전의 틀 안에서 개발을 생각하고 자연보전이나 아름다운 가로경관을 만들어내는 어메니티를 중심목적으로 하여 복지나 문화가 향상될 수 있으며 무엇보다도 지역주민의 인권확립을 추구하는 종합목적을 가지고 있을 것, 세 번째로 산업개발을 특정업종에 한정하지 말고 복잡한 산업부문에 걸치게 하여 부가가치가 모든 단계에서 지역에 귀속될 수 있도록 지역과 산업의 연관을 꾀할 것, 네 번째로 주민참가제도를 만들어 지자체가 주민의 의지를 명심하여 지키며 그 계획이 시행될 수 있도록 자본이나 토지이용을 규제할 수 있는 자치권을 갖는 것이다.

위의 4원칙은 도시 및 농촌에 있어서도 적용 가능하지만 시마네 대학 호보 다케히코保母武彦는 더 나아가 농산촌의 발전·진흥의 원칙으로서 아래의 세 가지를 정리하고 있다.호보 2013

첫 번째로 환경·생태계의 보전 및 사회의 지속가능한 발전을 정책의 개략적인 틀로 삼으며, 인권의 옹호, 인간의 발달, 생활의 질 향상을 도모하는 종합적인 지역발전을 목표로 한다.

두 번째로 지역에 있는 자원, 예술, 산업, 인재, 문화, 네트워크 등 하드와 소프트자원을 활용하여, 지역진흥에 있어서는 복합경제와 다양한 직업구성을 중시하고 지역 내 관련 산업을 확충하는 발전방식을 취한다. 지역경제는 폐쇄체제가 아니기 때문에 '지역주의'에 얽매이지 않고, 경제력의 집중·집적하는 도시와의 연계 및 활용을 꾀하며, 또한 필요한 규제와 유도를 실시한다. 국가의 지원조치에 관해서는 지역의 자율적 의사로서 활용을 꾀한다.

세 번째로 지역의 자율적 의사에 근거한 정책형성을 시행한다. 주민참가, 분권과 주민자치를 철저히 하여 지방자치확립을 중시한다. 동시에 지역실태에 맞는 사업실시 주체의 형성을 계획한다.

이와 같이 미야모토의 내발적 발전 4원칙을 기초로 일본의 농산촌
의 현황과 경험에서 배워 보모들은 이를 더욱 구체화하여 '환경 · 생태
계의 보전 및 사회의 유지 가능한 발전' '복합경제와 다양한 직업구성
을 중시하고, 지역 내 산업연관확충' '도시와의 연계 및 그 활용을 꾀
하고, 또한 필요한 규제와 유도' '지역의 실태에 맞는 사업실시주체형
성' 등을 지적하고 있는 것이 중요하다.

필자는 이전에 《도시와 농촌의 내발적 발전》에서 이케다정이나 유
후인정의 실태를 들며 영화제나 음악제, 오리지널 와인의 제조판매와
와인축제 등 독자적인 문화사업을 전개하며 도시주민과의 교류나 네
트워크 형성을 중시해 온 점을 평가해 왔다.

동시에 합병 이전의 유후인정에서는 과도한 상업주의나 개발지향
에 의해 농촌경관의 진정성이 해치지 않도록 '정취 있는 마을 만들기
조례' 등으로 경관보전을 위해 노력해 왔다. 그 뿐만 아니라 온천 숙
박지에서 무농약 채소나 토종닭을 이용한 식사를 제공하는 것을 통해
지역농가에게 재래작물의 생산을 권장해 왔다.

이러한 도시와 농촌과의 교류사업이 문화활동이나 투어리즘을 매
개로 하여 지역산업과의 연관성 만들기로 향하는 점도 중시해 온 것
이며, 현재의 '창조농촌'의 원류를 형성하고 있다고 할 수 있을 것이
다. 사사키 1994

창조도시론의 대두와 '창조농촌'

내발적 발전론이 '창조농촌'의 원류라고 한다면, '자부심의 공동화'
에 빠져버린 지역에서 자부심을 되찾기 위한 시도를 개시하는 계기를

초래한 것은 일본에서 대두되었던 '창조도시론'이다.

'창조도시'란, 20세기 말부터 21세기 초반에 걸쳐 나타난 새로운 도시모델로 쇠퇴하는 디트로이트*와 같은 공업도시나 버블에 농락당한 뉴욕과 같은 글로벌 도시를 대신해 산업공동화나 고용의 감소로 고민하는 세계의 도시정책 현장에서 채용되어 큰 주목을 받게 되었다.

창조도시론의 세계적인 두 리더는 찰스 랜드리와 리처드 플로리다 2명이며, 랜드리는 문화예술의 창조성을 살린 문제해결을 위해 지금까지 없었던 참신한 아이디어가 넘쳐흐르는 '창조의 장'의 중요성을 피력하며, 이러한 세렌디피티새로운 가치를 발견하는 능력가 생겨나는 장소가 많이 있는 도시를 창조도시라 불렀다. 랜드리 2000

한편 미국의 쇠퇴하는 도시였던 피츠버그 태생인 플로리다는 과학·예술·스포츠 등의 창조활동과 이를 지탱해 주는 매니지먼트나 변호사 등의 전문직 집단을 창조계급이라고 부르며, 창조계급이 모이는 도시야말로 21세기에 발전 가능한 도시라는 것, 그리고 그 발전을 위해서는 신기한 아이디어나 생활양식에 대한 관용성이 풍부한 사회환경이 중요하다고 주장하며, 그 지표로써 게이동성애자가 모이는 도시야말로 관용성이 높은 창조도시가 될 수 있다고 해서 화제를 모았다. 플로리다 2002

필자는 랜드리나 플로리다와 교류하면서 '창조도시'란 '시민의 창조활동의 자유로운 발휘에 근거하여, 문화와 산업에 있어서 창조성이 풍부하며 동시에 탈 대량생산의 유연한 도시경제 시스템을 갖추고 있으며, 글로벌한 환경문제나 로컬한 지역사회의 과제에 관하여 창조적 문

---

* 　미국 동북부 미시간 주 남동부에 있는 중공업도시로 자동차제조로 유명한 곳.

제해결을 해낼 수 있는 '창조의 장'이 풍부한 도시'라고 정의했다. 보다
간결하게 표현하자면 '시민 한 사람 한 사람이 창조적으로 일하고, 삶
을 꾸려나가며 활동하는 도시'라고 해도 좋을 것이다.사사키 1997, 2012

　창조도시론은 종래와 같은 기업유치나 공공사업에 의지하는 것이
아닌 지역의 독자적인 자원과 아트나 디자인의 창조성을 살려 새로운
산업이나 라이프스타일을 만들어내고 그에 따른 고용창출로 인한 쇠
퇴지구의 재생을 목표로 하고 있다.

　대량생산 = 대량소비에 의한 '성장의 한계'에 부딪힌 구미의 도시들
에는 이미 '구미문화 수도'사업 등과 같이 문화자본의 활용이나 창조
적 인재 유치로서의 재생시도가 성공을 이루고 있으며, 일본에서도
가나자와시金沢市, 요코하마시橫浜市, 고베시神戶市 등에서 아티스트, 디
자이너, 문화단체, 기업, 대학, 주민들이 연계하여 창조도시정책이
추진되어져 왔다.

　유네스코도 세계 각 도시의 다양한 문화유산이 가지고 있는 발전가
능성을 도시간의 연계로 최대한 발휘시킬 수 있는 테두리로서 2004
년에 '창조도시네트워크'사업을 개시하여, 영상, 문학, 디자인, 크라
프트와 포크아트, 음악, 미디어아트, 가스트로노미gastronomy: 문화와 요리
의 관계를 고찰하는 것(食)의 7분야에서 세계 41개 도시그 중 일본에서는 고베, 나고
야, 가나자와, 삿포로가 상호교류를 이어오고 있다.

'창조농촌'이란 무엇인가 - 그 정의

　이와 같은 세계나 일본의 창조도시론에 대한 조류 속에서, 기소정
이나 가미야마정 등에서는 선구적으로 그 본질을 응용하여 '창조농

촌'을 추구하는 시도가 시작되었다.

　본고에서는 이러한 선구적인 접근방식을 다음 장에서 소개하기 전에 공통된 요소를 일반화하여 아래와 같이 정의를 내려두고자 한다.

　다시 말해 '창조농촌'이란 주민의 자치와 창의에 근거하여 풍요로운 자연생태계를 보존하면서 고유의 문화를 육성하고, 새로운 예술·과학·기술을 도입하여 장인적 제조문화와 농림업의 결합에 따른 자율적이며 순환적인 지역경제를 갖추어 국제적인 환경문제나 로컬적인 지역사회의 과제에 관하여 창조적인 문제해결이 가능한 '창조의 장'이 풍부한 농촌이다.」

　앞에서 서술한 창조도시와 비교되는 창조농촌의 고유한 조건을 제시한다면 첫 번째로 촌락공동체나 커뮤니티의 자치와 창의를 중시한다는 점이다.

　이것은 생산과 생활의 일체성에 근거한 공동체의 유대가 약해져왔다고는 하나 여전히 도시에 비해 농촌에서는 중요성을 지니고 있는데, 그 자치의 정신이 지역재생의 원점이 되기 때문이다. 특히 급격한 지자체 합병에 의해 자치단위가 인위적으로 변경되어버린 농촌에게 있어서는 지역자치조직의 확립은 중요한 위치를 차지하고 있다.

　두 번째로 풍요로운 자연과 생태계를 보전하면서 고유문화를 육성해 가는 것이다. 이것은 도시라고 하는 인공적인 건축환경과 비교해서 압도적인 자연환경에 둘러싸여 이를 무대로 생산과 생활이 펼쳐지고 있기 때문이다. 따라서 자연환경이 갖는 진정한 고유가치를 보존하고, 자연과의 공생 속에서 문화를 키워가는 것이 주민의 아이덴티티가 되어 자부심으로 나타나게 되는 것이다. 이를 위해서는 '아름다운 자연환경'과 생물문화 다양성을 지키는 것이 지자체의 목표 또는

주민의 전체 의견이 되어 조례 등으로 무질서한 개발행위를 컨트롤하
는 것이 중요하다.

세 번째로 도시와 연계된 예술·과학의 도입과 장인적 제조문화의
중시이다. 도시에는 창조적 문화산업이 발전할 수 있는 시장이 있어
새로운 문화의 향유자를 키워내기 쉬운데, 농촌에서는 산업화하기에
는 시장이 좁기 때문에 도시와의 교류를 통해 창조적 문화활동을 전
개할 수 있는 아티스트와 같은 창조적 인재를 교류, 정주시키려는 노
력이 중요하다. 또한 첨단 디자인이나 기술로서 전통적 제조문화를
혁신하는 것이 전통공예의 부활재생에 도움이 되며, 이렇게 진품만을
고집하는 제조정신이 농경과 연결지어질 때 창조적인 농림업이 생겨
나게 되는 것이다.

네 번째로 자율적이며 순환적인 지역경제를 갖추고 있는 점이 중요
하다. 자연생태계가 갖는 생물문화 다양성과 창조성을 기반으로 하여
내발적 발전이 중시되어져 왔던 환경보전의 테두리 속에서 지역산업
연관구조를 탄탄하게 하는 것이 자율적이며 순환적인 지역경제를 이
루어낼 수 있다고 생각한다.

'창조농촌'의 사상적 계보

'창조도시'와 같이 이러한 '창조농촌'의 사상적 계보를 살펴보면,
문화경제학의 시조인 존 러스킨과 윌리엄 모리스로 거슬러 올라가게
된다.

러스킨은 이탈리아의 도시, 베네치아 등의 예술적인 건축환경이 갖
는 고유가치를 높이 평가하고 있으며, 아름다운 경관이야말로 창조적

인 사고나 예술을 낳는다는 주장과 함께 자연경관의 보전을 호소하였
다. 러스킨에 따르면 부는 본질적으로 가치가 있는 것으로부터 생겨
나고, 가치는 고유가치와 유효가치라는 이중성을 갖는다. 여기에서
고유가치란, 특정 물건이 가지고 있는 생명을 유지시켜주는 절대적인
힘이다. 예를 들면 밀이나 깨끗한 공기는 신체나 체온을 유지시켜 주
며, 아름다운 풀과 꽃은 감성에 자극을 주는 힘을 가지고 있다. 밀,
공기, 풀과 꽃에는 그들 자신의 힘이 내재되어 있으며, 이 독자적인
힘은 다른 어떤 것에도 존재하지 않는다. 무엇보다도 이것들이 지닌
고유가치가 유효가치가 되기 위해서는 이것들을 취하는 사람들의 일
정한 상태가 필요시 되며, 이 경우에는 소화기능, 호흡기능, 지각기능
이 완전하지 않으면 안 된다.

  이어서 러스킨은 가치 있는 것을 다음 5항목으로 분류하고 있다.
  ① 토지. 이에 속하는 공기, 물, 여러 생물.
  ② 건축물, 도구류, 기계류.
  ③ 재고상태인 식품, 의약품 및 의류를 포함한 취미용품.
  ④ 서적.
  ⑤ 예술품.

  즉, 인간의 생명을 키우는 토지, 공기, 물과 같은 자연환경이 먼저
제일 첫 번째로 중요시되며 그 다음으로 생활공간을 형성하는 주택이
나 도구류, 나아가 생산이 일어나고 있는 사무실 · 공장이나 기계류,
그리고 3번째로 일상생활에 필요한 소비재를 들었으며, 4,5번째로 서
적과 예술품과 같은 형태로 학술 · 예술문화를 가리키고 있는데, 여기
에는 생명을 유지하는 자연환경을 가장 중시한 러스킨의 사고가 선명
하게 나타나 있다. 이와 동시에 생명을 충실하게 하는 것으로서의 학

술·문화의 독자적 중요성을 지적한 것도 특징적이다. 그는 이러한
가치가 있는 것의 이중성을 다음과 같이 파악하고 있다. 사사키 1997

'토지. 그 가치는 이중적인 것이다. 첫 번째로는 식재료 및 에너지
를 생성해내는 것으로, 두 번째로는 감상과 사고의 대상이 되어 지식
의 힘을 산출해내는 것으로서' 이와 같은 자연환경에 대한 러스킨의
고유가치론은 후에 영국에서의 내셔널트러스트 운동의 지도이념이
되어 현대의 환경경제학에서 고유가치론의 전개로 이어지고 있다.

러스킨을 스승으로 삼고 예술경제학을 펼쳤던 모리스는《유토피아
통신》1890에서 산업혁명을 잇는 끊임없는 기술혁신에 지쳐 쓰러진 22
세기 런던의 도시주민이 아름다운 자연을 희구하며 템즈 강을 배로 거
슬러 올라가 '세계에서 가장 아름다운 마을' 코츠월드Cotsworlds의 전원
지대에 유토피아를 발견했다. 모리스는 "아름다운 것을 만들어내야
하는 인간들은 아름다운 장소에 살지 않으면 안 된다"라고 주장하며,
코츠월드의 게름스콧 마을에 아름다운 돌로 건물을 지어 화초를 모티
브로 한 테이블 크로스, 벽지, 커피 잔 등의 디자인을 하였고, 아츠 앤
드 그라프츠운동*으로 장인의 일을 복권시켰다. 현대 창조도시론의
기수 찰스 랜드리는 이 코츠월드에서 거주하였으며 허더스필드의 크
리에이티브 타운 계획에도 관계되어 있는 것도 우연이 아닐 것이다.

이와 같은 러스킨과 모리스의 사상은 다이쇼大正 시대의 일본에도
파급되어 이에 공감한 미야자와 겐지宮沢賢治는 라스치진협회羅須地人協会
를 창립하여 그 매니페스토로서《농민예술개론강요》를 저술하였다.
낮에는 농업, 저녁에는 농민과 함께 예술을 즐기고, 과학이나 에스페

---
*   모리스의 수제가구류 제작에서 비롯된 미술과 공예의 개혁운동.

란토어자멘호프가 만든 국제어를 배우는 '반농반학의 꿈'을 이야기하고, 스스로 이상사회 실현에 매진했던 것이다.오우치 2007 산리쿠三陸 대해일*이후 피폐해진 도호쿠東北 지방**의 농촌을 예술과 과학의 빛으로 재생하고자 했던 미야자와 겐지의 사상을 일본에서의 '창조농촌'의 선구라고 보는 것도 가능할 것 같다.

　겐지를 경애하는 야마가타 출신의 작가 이노우에 히사시井上ひさし는 《볼로냐 기행》에서 '창조도시 볼로냐'의 정신에 '창조농촌'의 진수를 발견하였고, 또한 작가인 히라다 오리자平田オリザ도 최근의 저술인 《새로운 광장을 만들다》에서 '미야자와 겐지나 이노우에 히사시가 남긴 큰 물음을 이정표로 삼으며 '성장'이 멈추어버린 이 나라에서 우리의 생활에 뿌리내린 문화적 성숙의 방향성을 찾아 예술의 역할을 생각한다'고 기술하고 있다.

　창조도시나 창조농촌에서 예술의 역할을 생각할 때 일본을 대표하는 이노우에 히사시나 히라다의 논고는 매우 시사하는 바가 크다고 할 수 있겠다.이노우에 2010, 히라다 2013

창조도시와의 연계로 일본사회 재생을

　철학자 우메하라 다케시梅原猛가 최근 저술한 《인류철학서설》에서 미야자와 겐지의 사상에 동물뿐만 아니라 광물, 식물에 이르기까지

---

* 　산리쿠란 지금의 미야기, 이와테, 아오모리를 가리키며, 산리쿠 대해일은 1933년 3월3일에 발생한 매그니튜드8.1의 지진으로 인한 해일.

** 　일본지역의 한 곳으로 혼슈 동북부에 위치한다. 아오모리(青森),이와테(岩手),미야기(宮城),아키타(秋田),야마가타(山形),후쿠시마(福島)를 일컬음.

남을 배려하는 이타적인 마음을 인지하고 농경에 필요불가결한 태양
과 물을 소중하게 여길 뿐만 아니라, 풀이나 나무의 생명과 그 끊임없
는 변화를 사랑하는 '숲의 사상'을 체현한 시나 동화를 저술한 것을 높
이 평가하며, 대지진 이후의 일본의 재생과 21세기 이후의 지속가능
한 인류사회를 위해 저변에 있어야 하는 것이라고 기술하고 있다.

동시에 우메하라는 인간중심주의에서 전개되어져 온 서구철학에서
는 자연에 대해 인간의 지성과 이성의 우월성을 인정하고 있어 이것
으로는 대량생산과 대량소비에 의한 환경오염이나 지구환경의 격변
에 동반된 대규모 재해의 빈발이라는 인류사회가 직면하고 있는 위기
를 넘어서기는 힘들 것이라고 보고 있으며, 조몬 시대 이후 가혹한 자
연과 대면하면서 배양되어진 자연과의 일체감을 기초로 두고 있는 일
본문화 속에서야말로 인류철학으로 발전할 수 있는 요소를 발견해 내
고 있다.

서구 기원의 창조도시론은 인간이나 시민의 창조성을 그 원점에 두
어왔는데, 이 우메하라의 제안을 받아들여 생각해 보면, 인간의 창조
성을 발휘하게 하는 전제로서의 자연생태계가 갖는 창조성에 주목할
필요가 있다. 다시 말해 자연생태계가 갖는 생물문화 다양성과 창조
성에 근거한 '창조농촌'의 중요성이 여기에 떠오르는 것 같다. 이후 창
조도시와 창조농촌과의 연계는 일본과 인류사회가 위기에서 빠져나
갈 수 있는 문을 열어 재생의 실마리를 찾아내 줄 것이다.

그런데 창조도시네트워크를 목표로 전국의 리더가 모인 회의가
2011년 1월 고베시 나가타구에서 개최되었다. 1995년 대지진으로 인
한 재해로 시민 다수가 희생된 고베시에서는 오랜 시간에 걸쳐 도시
기능이 마비되는 심각한 위기에 빠졌다. 지진재해 부흥과정에서 단순

히 물리적 복구에 그치지 않고 다른 사람에 대한 배려나 상처 입은 마음을 치료하고, 용기를 주는 예술문화의 힘을 많은 시민들이 실제로 체험함으로써 '예술문화에 의한 도시재생'의 기운이 점차 퍼져나갔다. 이리하여 마을의 역사나 기억에 입각하여 지진재해 10년을 맞이해 '고베 문화창조 도시선언'을 하여 예술문화를 살려 생기 있게 진화하는 창조도시 만들기를 목표로 삼게 된 것이다.

이 고베시에서 개최된 창조도시네트워크 회의에 참가한 기소정, 나카노조정 사사야마시, 센보쿠시 등의 수장들로부터 '상호경험을 교류하여 정보를 공유할 수 있는 플랫폼이 필요하다'라는 의견이 나왔다. 디자인 도시 고베를 추진해 온 사이키 다카히토斉木崇人 총괄감독당시은 창조도시 네트워크에 도시뿐만 아니라 농촌이 더해지는 것에 대한 중요성을 피력하고 명칭을 '창조도시 · 전원 네트워크'로 할 것을 제안하였다. 이 제안은 이후의 검토과제가 되었는데, 2011년 4월에는 제1회 창조농촌워크숍이 아키타현 센보쿠시에서 개최되어 13개 지자체 직원 등 약 100명이 참가하였다.

초대강연을 한 곤도 세이이치近藤誠一 문화청 장관당시은 동일본 대지진 재해를 언급하면서 자연에 대한 경외심의 회복과 함께 인간의 존엄이나 규율, 윤리의 회복도 필요하며 일본의 전통문화나 사상에는 이를 위한 해결의 열쇠가 있다고 했다. 노能의 '야시마屋島' '아츠모리敦盛'나, 정토를 표현했다고 여겨지는 모우쓰우지毛越寺 정원 등을 예로 들며 부흥의 열쇠 중 하나가 되는 것은 중소도시 및 농촌레벨에서의 문화예술에 의한 활성화라고 하였다. 앞으로는 사람들이 자연과 일체가 되어 고유성을 가지면서도 연대해 가기 위한 중소도시 · 농촌의 시대가 될 것이라고 토로했다.

 각지의 참가자는 지역 고유의 자원이나 문화를 살린 진행현황이 보고되었고, '각각의 마을이 창의적인 궁리에 힘써 자신감과 자부심을 가지고 활동하고 있는 모습에 무한한 가능성을 느꼈다' '도호쿠의 땅에서 지역문화의 가능성을 생각할 기회를 얻은 것은 큰 수확이었다' '내가 살고 있는 곳에도 선인들의 노력으로 집적되어 온 풍부한 전통문화가 있으며, 또한 새로운 문화도 새싹을 틔우고 있다. 문화의 힘이 일본을 건강하게 만드는 색인역할이 된다는 생각으로 스스로 할 수 있는 일부터 시작하고 싶다' 등의 감상을 들을 수 있었다.

 이러한 축적 위에서 2012년 2월 4일 문부성 강당에서 창조도시네트워크 회의가 개최되었고, 전국 32개 지자체에서 150명이 넘는 참가자들이 모여 다음 년도의 창조도시네트워크 일본을 세우기 위한 어젠다가 채택되었다.

 이에 이어 다음 해 2013년 1월 13일에 요코하마시에서 창조도시네트워크 일본설립총회가 개최되어 전국 22개 지자체현재는 31개 지자체가 찬성하여 정식으로 네트워크가 설립되었으며, 초대대표로 하야시 후미코林文子 요코하마시장이 선발되었다. 간사회幹事會에는 가나자와시, 고베시, 요코하마시 이외에, '창조농촌'의 대표로서 사사야마시, 쓰루오카시가 더해져 5개 지자체가 선정되었다.

 그 후 기념강연에 선 창조도시네트워크 캐나다의 초대대표를 지냈던 바크 테라는 캐나다에서는 약 300개 지자체가 네트워크에 참가하고 있으며, 런던시나 벤쿠버시와 같은 대도시뿐만 아니라 인구가 1만에도 못 미치는 농촌도 다수 참가하고 있으며 대도시는 주변 농촌이나 소도시를 지원하고 있다는 것, 그리고 마지막으로 철새의 편대비행 슬라이드를 보여주며 다음과 같이 발언하였다.

"당신이 빨리 가고 싶다면 혼자서 가십시오. 당신이 멀리가고 싶다면 함께 가십시오"

선두의 새는 끊임없이 커다란 공기저항을 받지만, 편대의 후미에서는 기류를 타고 편안하게 비행할 수 있으니 리더를 교대하면서 보다 멀리까지 계속 날아갈 수 있는 것이 중요하다. 대도시가 소도시나 농촌과 서로 지지해 주면서 전체가 보다 멀리까지 갈 수 있도록 하는 것이 사회 전체의 발전으로 이어질 것이며, 이를 위해서는 창조도시네트워크가 유효한 플랫폼이 되어야 할 것이다.

리질리언트resilient라는 말이 세계적으로 키워드가 되어가고 있다. 일본에서는 '강인화'라고 번역되어져 최근 '국토강인화기본법'이 제정되었다. 오직 대규모 재해에 대비하는 높은 제방과 같은 하드대책인 공공사업에 예산이 계속 충당되고 있는데, 본래의 의미는 반발력이나, 탄력, 복원력이라는 의미로서 유럽에서는 예술문화가 사회의 리질리언트를 높인다고 하는 연구도 주목받고 있다.

문화예술의 창조력으로 농촌이나 도시를 재생하는 창조도시네트워크 일본의 확산이 세계적인 금융위기의 연쇄連鎖와 미증유의 대지진 재해 속에서 폐쇄감이 퍼져 있는 일본사회를 창조적으로 부흥·재생하는 열쇠가 될 것이며, 진정한 복원력이 있는 사회, 리질리언트한 창조열도를 만드는 것이라고 생각한다.

세계의 전환기에서 새로운 사회를 열어나가는 시도가 시스템의 중추부가 아닌 주변부에서 일어났다는 것은 내발적 발전론의 생성기 때도 경험했지만, 눈앞에 닥친 초고령사회를 타개해 갈 새로운 운동이나 이론이 '한계취락'이라 불리던 지역에서 생겨나고 있는 것, 그 귀중

한 거듭된 실천이야말로 새로운 일본을 창조한다는 것을 확인하며,
이를 이 책의 메시지로 하고 싶다.

〈 주 〉

1. 본서에서 다룬 대상지역의 대부분은 「농산어촌」이지만 이것을 포함한 의미로 「농촌」 또는 「농
   산촌」을 사용하고 있으며 「창조농촌」에도 의미가 포함되어 있다. 또 도시지역에 대한 비도시지
   역이라는 의미로 「시골」이라는 단어도 사용하고 있다.
2. 현재 고베예술공과대학학장인 사이키 다카히토(斉木崇人)는 본래 하나였던 도시와 농촌을 도
   시계획법이 인위적으로 도시부와 비도시부로 구분하는 것이 문제이며 도시와 농촌을 구분하는
   것이 아니라 연속적으로 함께하는 중요성을 지적했다.

〈 참고문헌 〉

Florida, R. (2002)The Rise of the Creative Class(井口典夫訳(2008) 『크리에이티브 자본론』다
   이아몬드사)
Landry, C(2000) The Creative City : A Toolkit for Urban Innovators, London : Comedia
   後藤和子監訳(2003) 『창조적 도시』日本評論社)
Mumford, L. (1938) Creative of City 生田勉訳 (1974) Creative City 『도시의 문화』鹿島出版会
Morris, W. (1938) News form Nowhere(川端康雄訳(2013) 『유토피아소식』岩波書店)
井上히사시 (2008, 2010) 『볼로냐 기행』文芸春秋
梅原猛 (2013) 『人類哲学序説』岩波書店
大内秀明 (2007) 『賢治와 모리스의 환경예술』時潮社
小田切徳美 (2009) 『농산촌 재생』岩波書店
北川포럼 (2014) 『미술은 지역을 연다』現代企劃室
佐々木雄辛 (1994) 『도시와 농촌의 内発的 発展』自治体研究社
佐々木雄辛 (1997) 『창조도시의 경제학』勤草書房
佐々木雄辛 (2001, 2012) 『도시와 농촌의 内発的 発展』自治体研究社
佐々木雄辛編著 (2006) 『CAFE : 창조도시・오사카로의 序曲』法律文化社
佐々木雄辛編著 (2007) 『창조도시로의 전망』学芸出版社
佐々木雄辛・水内敏雄編著 (2009) 『창조도시와 社会包摂』水曜社
平田오리자 (2013) 『새로운 광장을 만든다』岩波書店
保母武彦 (2013) 『일본의 농산촌을 어떻게 재생할 것인가?』岩波書店
宮本憲一 (1982) 『현대의 도시와 농촌』日本放送出版協会
宮本憲一 (1989) 『환경경제학』岩波書店
宮本憲一・佐々木雄辛編著 (2000) 『오키나와 21세기로의 도전』岩波書店

'창조적 지역사회'의 시대
농산촌의 자립과 커뮤니티

마쓰나가 게이코(松永桂子)   chapter 2

최근 들어 도시와 농촌을 둘러싼 환경과 가치관이 크게 변화되었다. 사회나 경제시스템의 글로벌화가 진행되면서 사람들의 로컬 지향은 많은 관심을 가지게 되었다. 특히, 동일본 대지진* 이후 '커뮤니티'나 '관계'라는 단어가 왕성하게 사용되어지게 되었다. 전후의 일본이 경제성장과 풍요로움을 쫓아왔던 것과 반대로, 점점 잃어가고 있었던 것을 되찾아오기 위한 힘이 사회의 저변에 흐르고 있는 것처럼도 보인다.

일본은 근대부터 현재에 이르기까지 사람과 지역의 관계가 크게 변화되어진 나라이다. 전후는 농촌에서 도시로의 인구이동, 고용구조의 근대화가 경제성장을 뒷받침해 왔고 이와 함께 사람들의 사회에 대한 귀속의식이 크게 변용되어져 왔다. 경제성장과 도시화의 과정에서 일본인의 귀속의식은 '회사'라는 직업영역과 '핵가족'이라는 생활영역에 놓이게 되어 '생산의 공간'과 '생활의 공간'으로 분리되었다. 이들을

---

* 2011년 3월 11일 발생한 동북지방 태평양 바다에서 일어난 지진과 그와 동반되어 발생한 쓰나미 및 그 이후의 여진에 의해서 일어난 대규모 지진재해.

연결 짓는 장場이라고 할 수 있는 지역과 커뮤니티의 존재감은 옅어졌
다. 오랜 세월 동안 일본인은 직장이라는 '장'을 아이덴티티의 기반으
로 삼으며 자신이 어느 회사나 조직에 소속되어 있는지가 특히 남성
에게 있어서는 중요했다.

  하지만 탈성장과 탈공업화가 공통인식이 된 현재 이러한 귀속의식
이 흔들리기 시작했다. 한쪽으로 기울어져 있던 경제성장을 끝내고
종신고용을 가장 으뜸으로 여겼던 일본적 경제시대가 끝났기 때문만
은 아니다. 이에 더해져 고령사회의 문제가 현실로 다가왔기 때문이
다. 정년까지 일하고 그 이후 80세까지 살게 되면 마지막 20년을 어
떻게 보낼 것인가가 인생의 큰 테마로 엄습해 왔다. 직장을 떠난 후
스스로의 존재장소가 필요하게 되지만 그것을 구축해 가는 것은 매우
힘들다. 일관성이 무엇보다도 중요시되기 때문일까?

  '관계'라는 단어는 사회관계자본과 연결시켜 생각할 수 있는데, 사
회학에서는 커뮤니티와 어소시에이션association이라는 두 가지 개념을
포함한다. 커뮤니티는 지역공동체의 이미지가 강하고, 어소시에이션
은 공통의 관심과 목적으로 모인 테마형 집단이다. 커뮤니티는 하나
이지만 어소시에이션은 몇 개나 존재하며 중층화되어 있다. 어소시에
이션은 자기이익에 발단이 되는 활동에서 사회문제의 해결에 이른 활
동까지 폭이 넓다. 그러나 어떤 테마를 가지고 '협동'해 가는 것이 필
요시 된다.

  그런 점에서 최근의 농촌과 산촌의 경영에서 배울 점이 많다. 인구
감소와 초고령화가 진행되는 사이 조건 불이익 지역이라 할 수 있는
중산간 지역의 농촌과 산촌에서는 한정된 자원을 활용하여 지혜와 창
의적 연구로 '작은 산업'이 계속 창출되어지고 있다. 농촌여성들에 의

한 농산물 직매소나 가공공장, 취락단위의 산업화, 새로운 가치관을 지닌 젊은이들에 의한 사회적 기업 등의 시행이 두드러지게 나타나기 시작하였다.

성숙사회로의 방침이 요구되어지고 있는 오늘날, 종래의 경제지상주의의 가치관과는 다른 새로운 '지역의 가치'를 재구축하고 있는 듯하다. 그리고 지역에 뿌리내린 산업의 형성은 새로운 지역커뮤니티도 동시에 창출해내고 있다. '내발적 발전'의 중요성이 너무 오랜만에 화두되고 있지만, 이러한 상황이 차라리 농촌과 산촌이나 중산간 지역에서는 선행되고 있는 것처럼 보인다.

이런 상황 속에서 인구감소가 진행되고 고령화율이 50%를 넘길 정도로 초고령화 사회가 되어 재정난을 겪을 수밖에 없는 지방의 농촌과 산촌의 대행은 일본 미래의 축도를 반영한다. 성숙화사회, 탈성장 시대에서 농촌과 산촌이나 중산간 지역의 경영은 어떤 의미를 갖고 있는 것일까?

본 장에서는 이와 같은 물음에 '과소過疎' 발상지로 여겨지는 주고쿠* 산지나 동일본 대지진의 피해지 실정을 살펴보고자 한다.[1]

'자부심'의 공동화

과소 발상지

전후, 일본은 공업화가 진행되어 비약적인 경제성장을 이루어냈다. 이는 농촌에서 도시로의 인구 대이동을 동반한 것이었다.

----

* 일본의 산요(山陽)지방과 산잉(山陰)지방.

공업화 이전 농촌은 '잉여노동력'을 많이 보유하고 있었으며 공업화
가 시작되자 노동자는 농업부문에서 공업부문으로 대규모 이동이 일
어났다. 그러나 점차 농촌의 '잉여노동력'은 바닥을 드러냈고 도시부
의 공업부문에서 노동력부족이 여실히 드러나자 도시를 중심으로 임
금이 급상승하기 시작했다.

한편, 농촌과 산촌에서는 장남이 대를 잇고, 차남이나 삼남은 도시
로 이주하는 형태로 노동력의 이촌離村에 의한 인구유출이 가속화되어
지역기능의 쇠퇴가 진행되어져 갔다. 즉, '과소'란 전후의 고도성장기
에 생겨난 개념인 것이다.

'과소'라는 단어는 1996년 일본의 경제심의회가 정리한《20년 후의
지역경제 비전》에서 '과소'의 실태에 관한 보고가 이루어진 것을 계
기로 침투되어져 왔다. 이때 과소의 모델이 된 것이 시마네현 히키미
정匹見町*현재 마스다(益田)시이다. 고도성장기의 도시화나 공업화, 그에
따른 고용구조의 변화에 따라 주고쿠 산지에서도 게이한신京阪神**이
나 세토나이해 지방의 도시부로 대량의 인구가 유출되었으며 특히
1963년의 '38대설'***을 계기로 취로기회를 얻기 위한 이촌현상이 계
속 이어졌다. 가장 첨예하게 과소현상이 진행된 히키미정의 인구는
1960년 7,189명이었던 인구가 70년에는 3,871명으로 반감되었다. 노

---

* 　町은 일본어로 "정"라고 읽으며, 여기에서는 편의상 "정"으로 표기했다.
　　町의 의미는 ㉠ 町은 일본의 행정구역으로 군의 하부단위로 한국의 읍에 해
　　당, ㉡ 시 구를 구성하는 동(洞)에 해당
** 　교토시, 오사카시, 고베시의 총칭 또는 이 세 개의 시를 중심으로 한 긴키
　　(近畿) 지방의 주요부를 가리키는 지역명칭이다.
*** 1963년 1월 아키타 바다에서 맹렬하게 발달한 저기압으로 인해 각지에서 피
　　해가 속출하였다. 일본 후쿠이 시내의 적설량이 관측사상 최대인 213센티를
　　기록하였다. 일본연호로 쇼와 38년이었으므로 38대설이라고 표현한다.

동력뿐만 아니라 가족 모두가 이촌하는 현상도 두드러지기 시작해 1985년에는 2,465명, 그리고 2010년에는 1,384명으로 계속 감소했다. 50년 사이에 실제로 80% 이상의 인구감소를 보인 것이다. 고령화율은 2005년에 53.5%로 50%를 넘었고, 히키미정에서는 정 전체가 '한계취락'화 된 것이다. 하지만 지금은 히키미정만의 특수한 현상이 아닌 주고쿠 산지에서는 다른 대부분의 시골마을이 같은 상황 하에 놓여 있다.

지역공동화

화제를 바꾸어 이런 농촌과 산촌 및 중산간 지역의 과소화의 실태에 관해 먼저 주목한 것은 경제학자가 아닌 농업분야 연구자들이었다. 농업경제학자인 오다기리 도쿠미小田切德美 씨는 농촌과 산촌에서는 과소화와 함께 '사람·토지·마을 세 가지의 공동화'가 일어났다고 지적하고, 이들이 서로 다른 시기에 일어난 것에 대해 주목하였다.[2]

오다기리 씨에 따르면 '사람의 공동화', 즉 인구감소는 1970년 전후로 과소화에 의한 사회감소로 시작되었는데 80년대 중반 이후의 감소는 자연감소에 의한 것으로 보인다. 인구감소가 일어난 '토지의 공동화'는 80년대 중반부터 현저하게 나타난다. 그리고 사람과 토지의 공동화를 지나 90년대부터 '마을의 공동화'취락기능의 후퇴가 일어났다. 그리고 이 '세 가지 공동화'가 특히 첨예하게 진행되고 있는 곳은 서西일본, 그 중에서도 주고쿠·시코쿠四國 지방*이다.

---

*   일본 본토 4개의 섬 중 하나로 시코쿠 지방은 도쿠시마, 가가와, 아이치(愛知), 고우치(高知)현으로 이루어져 있다.

그렇지만 오다가리 씨는 이와 같은 세 가지 공동화는 사태의 표층에 불과하며, 보다 심층적이며 근본적인 문제가 잠재되어 있다고 지적하고 있다. 그것이 '자부심의 공동화', 즉 '지역주민이 그곳에 계속 살아갈 의미나 자부심을 계속 잃어가고 있는 것'이다. 확실하게 농촌과 산촌과 중산간 지역의 재생을 고려할 때에는 이런 심리적 측면까지 파고들지 않을 수 없다.

지역이란 사람들의 생산기반과 생활기반을 모두 가지고 있는 장場이다. 따라서 지역산업연구에 있어서는 그 환경변화가 어떻게 주민 한 명 한 명의 내면에 영향을 미쳐왔는지까지도 깊이 응시할 것이 요구되어진다.

이와 같은 농촌과 산촌의 현장에서는 심각한 과소와 같은 조건불리를 과감하게 극복하고 중앙정책현장을 거꾸로 색인하는 형태로 '자치' '산업화'를 에워싼 사상을 뛰어넘는 독창적인 시도가 계속 중첩되어지고 있다. 그렇다면 이러한 지역자치의 시도를 현황분석에 의한 위기의 메시지성을 넘어 어떠한 학문적 계보와 가치관으로 다루어야 할 것인가?

'창조적 지역사회'가 의미하는 것

인구증가와 경제성장시대의 지역사회 경제의 키워드는 '경제발전' '공업화' '도시화' 등이 있다. 그렇지만 인구감소와 탈경제성장의 시대는 '지역의 자립'을 촉진하는 개념으로서 '창조성' '커뮤니티'라는 단어가 키워드로 부상되고 있다.

지역과 '창조성'

지역의 '창조성'은 지금까지 주로 도시론의 문맥에서 논해져 왔다. 글로벌한 지역 간 경쟁, 도시 간 경쟁 속에서 지역이나 도시가 지속가능한 성장을 달성해 가기 위해서는 종래의 대량생산·대량소비·대량폐기 시스템에 근거한 공업화와 산업화를 초월한 새로운 시스템이 요구되어진다. 이때 '창조성'은 중요한 개념이 된다.

내발적 발전의 합의

세계화의 진전과 병행하여 로컬성을 중시한 발상은 결코 새로운 것이 아니다. 이미 1970년대에는 구미歐米적인 근대화론에 근거한 경제발전이 환경문제와 남북문제를 일으키고 있다고 보고 대안적인 발전을 추구하는 사상이 제창되어져 왔다. 내발적 발전론이다.

미야모토 겐이치 씨에 따르면 내발적 발전이란 '지역의 기업이나 개인이 주체가 되어 지역의 자원이나 인재를 활용하여 지역 내에서 부가가치를 창출해내고 각종 산업과의 연결고리를 만들어 사회적인 잉여이윤과 조세를 가능한 한 지역에 환원하고 지역의 복지·교육·문화를 발전시키는 방법'이다.미야모토 2006

내발적 발전은 본래 국제개발·국제협력분야에서 제창되어진 개념이었다. 선진국이 도상국을 '밖에서' 원조하는 지원은 일시적이기 쉬우며, 대부분의 경우 도상국의 지속적 발전으로는 연결되지 못한다. 구미에서 유래한 근대화론을 강요하는 것이 아닌 지역주민이 스스로의 힘으로 지속적인 경제시스템을 구축해 갈 필요가 있다고 여겨져 왔다. 이는 결국에는 보다 광의의 대량생산·대량소비·대량폐기를 특징으로 하는 경제성장 모델에 대치하는 개념으로서 다루어졌다.

또한 후술한 것처럼, 도시론의 분야에서는 도시의 단위에 시장원리만으로는 잴 수 없는 문화나 사회시스템의 충실에 역점을 둔 이탈리아나 일본의 도시를 대상으로 한 연구 등이 축적돼 왔다. 한편에서는 농촌과 산촌의 지역자립이라는 문맥에 있어서도 내발적 발전이 의식되어지는 것이 많았다. 국제개발분야에서 논의되어져 왔던 내발적 발전을 확대하여 채용한 형태로 다루어진다.

기업유치 등의 지역활성화 정책은 고용이나 소득의 향상 등 큰 효과가 있지만, 경기 등 경제정세의 변화에 좌우되기 쉬우며 또한 환경 부담도 크기 때문에 장기적인 지역의 편익 향상으로 이어지지 않는 경우도 적지 않다. 이에 반해 작지만 자립적인 산업화, 지속가능한 산업화를 지역 내에서 창조하는 것을 추구하는 것이 내발적 발전이며, 지역 고유의 가치를 인출해내는 것에 중점을 두고 있다.

내발적 발전은 그 단어의 사용여부에 관계없이 지역을 대상으로 하는 모든 연구에 있어서 사회적 정의에 근거한 개념으로 널리 공유되어지고 있다고 해도 과언이 아니다.

'창조도시' '창조적 지역'으로부터의 시사

내발적 발전에 있어서는 산업이나 문화의 '창조성'이 중시된다. 특히 도시론의 계보에서 뚜렷한 경향을 보이고 있다.

재빠르게 도시의 창조적 활동에 주목한 제인 제이콥스는 도시는 인간의 창조적인 활동을 매개로 하는 장소이며, 경제발전의 단위는 국가가 아닌 도시나 지역에 있다고 하였다.[3] 통상 경제학은 국민국가마다 성립하는 경제를 상정해 왔지만, 이 개념을 뒤집은 것으로 도시경제학의 존립기반을 확고하게 하였다.

이에 근거하여 예술활동의 창조적인 활동을 도시의 원동력으로 재정립한 것이 사사키 마사유키 교수의 '창조도시' 논의이다. 이탈리아의 볼로냐와 일본의 가나자와를 창조도시의 대표로 들며, 특히 가나자와에 관해서는 '내발적 창조도시'라고 이름붙이고 지역의 특징을 심도 있게 발굴하였다. 가나자와는 시대의 변화에 즉응하며 전통산업에 있어서의 장인적 생산시스템을 기반으로 한 문화적 생산도시로서의 성격을 계속 유지해 왔다. 문화활동과 경제활동의 밸런스를 유지하며 독자적인 발전을 보이고 있다는 점에서 포스트 대량생산시스템에서의 하나의 도시상을 형성하고 있다.

더 나아가 사사키 교수는 창조적인 도시뿐만 아니라 지방권역에서도 넓혀갈 필요가 있는 개념이라는 것을 시사하고 있으며, '모두가 창조적으로 생활하며 일할 수 있는 지역'을 '창조적 도시'라고 부르고 있다.

이와 같은 '창조적 도시'의 개념을 계승하면서 농촌과 산촌의 자립과 창조성 그리고 사회적 기능 및 인구감소시대에 착목하여 '창조적 지역사회'라는 단어를 제시하고 있으며, 여기에서 한 가지 더 의식한 것이 히로이 요시노리広井良典 씨의 '커뮤니티' 개념이다.

'커뮤니티'와 관계성

지역의 사회경제 특히 농촌과 산촌의 사회경제를 생각할 때 인구동태나 경제조건과 같은 환경의 변화와 함께, 사람들의 생활기반으로서의 '커뮤니티'가 어떻게 변화되어져 왔는가, 또는 어떻게 자립해 왔는가를 논의할 필요가 있다.

커뮤니티를 둘러싼 논의에 관해서는 2000년대 이후 대부분의 논의자가 사회과학 전반을 횡단하는 테마로 다루고 있다. 이런 논의의 근저에는 경제성장을 이룬 성숙화된 사회에서는 한쪽으로 치우친 성장을 추구하는 시대와는 다른 새로운 커뮤니티의 존재가 추구되어짐과 동시에 만들어가지 않으면 안 된다고 하는 공통의식이 있다.

그리고 '프리터'* '니트'** '무연사회' 등으로 상징되는 고독한 도시생활자의 의지할 곳으로서도 커뮤니티에 큰 기대가 모아지고 있다. 그리고 동일본 대지진을 거쳐 커뮤니티의 재구축은 일본사회 전체의 테마로서 한층 관심이 쏟아지게 되었다.

'도시형'과 '농촌형' 커뮤니티

예전부터 일본사회의 커뮤니티는 '집단'에 대한 귀속의식이 강하다고 일반적으로 생각되고 있었다.

사회인류학자인 나카네 치에中根千枝는 '종적 사회의 역학'에서 '우치안'와 '소토外'를 명확하게 구분하는 일본사회에서는 사람들의 행동을 규제하는 것은 법이 아닌, 개인 또는 집단 간에 작용하는 역학적인 규제가 있다고 하였다. 자신이 속한 집단인 '우치'에는 이상하게 신경을 쓰지만, '소토'의 집단에 대해서는 자기 마음대로 행동한다는 일본인의 특징을 다루고 있으며, 히로이 씨는 일본사회에 있어서 사람과 사람과의 관계성의 특징을 '집단이 내측을 향하여 닫힌다'라고 표현하고

---

*   프리 아르바이터: 일본식 조어로 대학 졸업 후 일정직에 있지 않고 아르바이트로 사는 자유 직업인을 일컬음.(역주)

** NEET: 취학, 취로, 직업훈련 중 어느 것도 하고 있지 않은 상태를 가리키는 용어이다. 일본에서의 니트족의 해석은 청년실업자로 독립해야 될 나이가 되었음에도 불구하고 부모에게 얹혀살며 아무것도 하지 않는 실업자를 말함.

있다. 이와 같이 일본형 커뮤니티는 '우치'로의 의식이 강하게 작용하는 성질이 있다고 인정되어진다.

게다가 히로이 씨는 '도시형 커뮤니티'와 '농촌형 커뮤니티'의 차이에 주목한다. 도시화나 공업화 이전의 일본에서는 '생산 커뮤니티'와 '생활 커뮤니티'는 거의 일치되어 있었으나, 고도성장기를 지나면서 두 커뮤니티는 분리되어 갔다. '생산 커뮤니티'로는 회사가 압도적인 존재로서 대두되었고 '생활 커뮤니티'는 핵가족화로 대표되듯이 일본적인 커뮤니티가 도시화와 동시에 형성되어져 갔다. 히로이 씨는 사람과 사람과의 관계성에 주목하면서 농촌형 커뮤니티는 '공동체적인 일체의식'에 근거하고 있는 것에 반해 도시형 커뮤니티는 '개인을 베이스로 한 공공의식'에 입각해 있다고 보았다.

농촌형 커뮤니티의 바탕에는 확실히 '동질성'과 '공동체적인 일체조직'이 있다고 생각된다. 하지만 성숙사회에 대응한 농촌형 커뮤니티는 새로운 형태로의 변용, 진화를 꾀하며 거기에는 새롭게 탄생한 창조적인 행위도 있다. 이런 점에 관해서는 어떻게 파악하면 좋을까?

농촌 커뮤니티의 창조성

첫 번째로는 사람과 사람과의 관계성을 뛰어넘은 곳에 커뮤니티의 존재의식이 있다는 것을 재인식할 필요가 있겠다. 군마현의 산촌에서 사는 철학자인 우치야마 다카시内山節 씨는 커뮤니티라는 단어가 아닌 '공동체'라는 말을 자주 사용하고 있다.

"외래어인 '커뮤니티'는 인간의 공동체를 가리키고 있으며, 자연과 인간의 공동체를 의미하는 일본의 지역사회관과는 다른 개념이라는 것을 염두에 두지 않으면 안 된다. (중략) 예를 들면 마을이나 취락이라고 말할 때 일본의 마을이나 취락은 전통적으로는 자연과 인간의 마을을 의미하고 있다. 자연도 또한 사회의 구성원인 것이다."우치야마 2010

다시 말해 우치야마 씨에 따르면 농촌의 커뮤니티/공동체란, 자연과 인간이 함께 구축하는 일체적인 세계이며, 자연도 사회의 구성원으로 중시되어야 한다는 것이다. 농촌 커뮤니티/공동체에 관하여 고찰하고자 한다면 이러한 자연과의 관계를 무시할 수 없다. 단순하게 사람과 사람과의 관계만으로 커뮤니티/공동체를 다루어버린다면 농촌에서의 여러 가지 창조적인 경영, 특히 자연과의 시간을 들인 대화로서 성립하는 '농사'와 '먹거리'를 축으로 한 산업화나 그것을 가능하게 한 커뮤니티 활동이 보이지 않게 된다.

또한 이와 관련하여 자연과 밀접하게 관계된 농촌형 커뮤니티는 느긋한 시간 속에서 생성되는 것으로, 반대로 표현하면 농촌 커뮤니티를 성립시키기 위해서는 충분한 시간이 필요하다고도 할 수 있을 것이다. 그러나 물론 시간을 들여 숙성시킨 커뮤니티가 정상적·고정적이 된다고 하기는 어렵고 실제로는 시대에 대응한 형태로 유연하게 변화시켜가야 하는 것이다.

즉, 농촌형 커뮤니티는 사람과 사람과의 관계성에 있어서는 '동질성'과 '공동체적인 일체의식'을 특징으로 삼으며, 시간과 공간의 성질로서는 자연과의 일체성을 가지고 시대에 따라 변해 왔다. 여전히 '생활의 장'과 '생산의 장'이 일체가 되고, 공동체로서의 결속을 계속 유지하면서도 성숙사회 속에서 자립을 모색하고 독자적인 시도를 통해 '창조적 지역사회'를 구축해 오고 있다.

이하에서는 '창조성' '커뮤니티'를 키워드로 그것을 상징하는 것 같은 중산간 지역의 조류인 '지역자치조직'과 '여성창업'이라는 두 가지에 초점을 두고 현대에 있어서의 사회적 의의, 경제적 의의에 관해서 생각해 보고자 한다.

'지역자치조직'으로 보는 새로운 지역 커뮤니티

먼저 현대판 '농촌형 커뮤니티' 모델로서 자립적인 주민자치의 시행과 현재에 이르는 프로세스에 주목하고자 한다. '지역자치조직'은 주민이 스스로 생각하여 스스로 행동에 옮겨가는 것을 목적으로 한 지역조직이다. 각지에서는 지역의 초·중등학교의 폐교, 농협農協:농업협동조합의 준말에 의한 슈퍼마켓이나 주유소의 사업철회, 지역버스 등 지역교통의 철회가 연속해서 일어나고 있다. 더욱이 시정촌市町村합병*이후 행정과 재정의 긴축으로 철회사업은 가속화되어 갔다. 이러한 사태를 방치하지 않고 주민이 아이디어를 내어 계속해서 재건해 가는 움직임이 눈에 띄게 되었다. 이것을 전국에서 선구자적으로 실시한 곳이 히로시마현広島県 아키타카타시安芸高田市(구 다카미야정)의 '가와네川根 진흥협의회'이다. 가와네 진흥협의회는 과소가 심각해진 1970년대 초에 활동을 개시하여 현재까지 40년간 주민 전원이 계획에 참여하여 지역자치를 스스로 운영해 왔다.

아키타카타시는 히로시마현의 중북부에 위치하며 2004년 3월 1일에 구 다카타군의 6개의 정요시다정(吉田町), 야치요정(八千代町), 미도리정(美土里町), 다카미야정(高宮町), 고우다정(甲田町), 무카이하라정(向原町)을 합병하여 탄생된 시이

---

*   헤이세이 11년(1999)부터 정부 주도로 이루어진 시정촌의 합병. 지자체를 광역화하는 것에 의해 행정재정 기반을 강화하고 지방분권의 주친에 대응하는 것 등을 목적으로 한다.

다. 인구는 3만 1487명2010년 국세조사으로 20년간 인구는 약 5000명 감소, 고령화율은 35.2%, 히로시마현 중에서 인구감소, 고령화가 가장 많이 진행된 지역 중 하나이다.

가와네 진흥협의회의 시도

아키타카타시의 최북부 지역에 위치하는 가와네 지구는 19개의 취락으로 구성되어 있다. 지구 인구는 570명, 247세대, 고령화율은 46.2%까지 미치고 있다.2009년 3월 시점 또한 75세 이상의 인구는 210명 36.8%이며, 주고쿠 산지를 대표하는 초고령 지구라 할 수 있다. 전후 직전인 1946년에는 인구 2198명410세대을 기록하고 있는 것으로 미루어 보아 60여 년 사이에 인구가 4분의 1까지 줄어든 것을 알 수 있다.

인구가 도시로 흘러들어간 1972년 가와네 지구는 사상초유의 대홍수로 인해 큰 피해를 입었고, 이를 계기로 과소화가 가속되게 되었다. 그리고 지구의 존속위기에 직면하게 되어 지역유지들이 힘을 모아 같은 해 '가와네 진흥협의회'사진 2-1가 설립되게 되었다. 계속된 삶의 유지를 위해서 지구의 장래를 자신들의 힘으로 개척해 나가는 것, 주민의 연대로써 지역의 발전을 추진해 나가는 것을 설치목적으로 삼았다. 1972년 2월에 시행된 협의회의 규약에서는 '회원 상호의 연대로 지역의 발전과 활성화를 꾀하고, 민주적이며 밝은 마을 만들기를 목적으로 한다'규약 제3조 '본 회는 가와네 지구 전원을 회원으로 한다'규약 제5조 등이 명문화되었다.

또한, 지역주민의 회원참가, 그리고 생활이나 복지면에서의 산업진흥, 지역개발, 문화 등에 이르기까지 지역을 널리 활성화하기 위한 여

사진 2-1 가와네 진흥협의회 추진에 대해
듣고 있는 학생들

러 가지 시도를 주민들이 주체적으로 담당해 가는 것도 명시되었다.
지금으로부터 40년 전에 장래의 지역사회를 제대로 응시하고 주민자
치의 조직을 세운 것은 매우 선구자적이라 할 수 있을 것이다. 과소화
가 사회문제로서 클로즈업되는 시기에 가와네 지구에서는 지역의 리
더들이 지혜를 결집하고 행동으로 옮겨나갈 수 있게 되었다.

그리고 가와네 진흥협의회의 최대 특징은 부회제部會制를 만들어 사
업계획의 추진에 관하여 자신들끼리 할 수 있는 일은 행정에 기대지
않고 시행해 나간 것이었다. 부회는 총무부, 농림수축산부, 교육부,
문화부, 여성부, 교류부, 체육부, 개발부 등 8부문으로 구성되어 있
다. 전국에서도 이런 주민에 의한 지역자치조직의 전례가 없는 상황
에서 이렇게 부회제를 조직화하고 한 사람 한 사람의 주민의 역할을
명확하게 한 것은 로컬 거버넌스local gavernance라는 점에서도 주목할
만한 것이다. 가와네 진흥협의회의 부회제는 현재의 지방자치조직의
원형이 되었다고도 할 수 있다.

협의회 활동의 기초거점으로 삼고 있는 것이 '에코뮤지엄 가와네'이
다. 정부가 시정촌에 1억 엔을 교부한 '고향 창조사업'을 이용하여
1992년에 구 가와네 중학교의 폐교사를 리폼하여 숙박시설과 레스토
랑이 갖춰진 교류시설로 개설한 것이다. 당초 옛 다카미야 기초지방
자치단체 사무소는 역사가 있는 가와네 중학교 건축물을 그대로 살려
교류시설로 하자고 제안하였다. 그러나 주민들의 의견은 달랐다. 낡
은 그대로가 아닌 새롭게 손을 보아 여기를 거점으로 하여 장래에 대
한 꿈을 펼쳐가고 싶다는 생각으로 당사자들끼리 플랜을 강구했던 것
이다. 현재는 여성들이 중심이 되어 레스토랑과 민박운영을 하고 있
으며, 연간 약 4000명이 이용하고 있다.

가와네 지구에서는 도로의 설계나 복지사업 및 간이슈퍼나 주유소
의 운영 등 공공성이 높고 고용창출로 이어지는 사업도 주민의 손으
로 만들어가고 있다.

이사장 쓰지코마 겐지辻駒健二 씨는 '행정만으로는 지역을 움직일 수
는 없다. 주민이 머리를 써서 생각하지 않으면 안 된다. 가와네와 같
은 중산간 지역에 70대의 노인을 고용해줄 기업이 들어올 가능성은
굉장히 낮다. 그러므로 가와네 지구에서는 스스로 고용의 장을 만들
어 가고 있다'라고 이야기하고 있다.

슈퍼, 주유소, 디맨드 버스의 자주적 운영

고령화가 진행되고 인구가 급감하는 와중에 지구에서는 주민들의
생활을 유지하기 위한 기반 또한 흔들리기 시작했다. 시정촌 합병을
전후로 대부분의 농촌과 산촌에서는 농협의 사업철회가 연이어 일어

났다. 가와네 지구도 예외에서 벗어나지 못한 채 2000년에 농협이 운영하고 있던 슈퍼마켓과 주유소병설점포가 폐업되었다.

지구에서 유일했던 점포가 없어진 것으로 주민 사이에서는 갑자기 위기의식이 높아져 갔다. '농협은 1정町 1JA의 원칙을 유지해야 한다' '주민을 버리는 것인가?'라는 의견이 다수 나왔다. 그러나 전국적으로도 농협의 철회가 계속되어지는 상황에서 그 방향성을 지구의 목소리로 바꾸는 것은 극히 어려운 일이었다. 그래서 가와네의 주민들은 '그렇다면 우리가 하자'라며 일어났다. 지구의 240호 전체가 1000엔씩 출자하여 약 24만 엔을 모았다. 진흥협의회 회장인 쓰지코마 씨는 먼저 이를 자본으로 점포와 주유소를 자주적으로 경영하고자 생각하였다.

한편 주민들로부터 '처음은 1000엔이지만 머지않아 적자를 보충하기 위해 증자해야 하는 것 아니냐'라는 불안의 목소리도 들려왔다. 그러나 쓰지코마 씨는 '적자는 나지 않는다. 지구의 주민 전체가 이용한다면 적자는 나오지 않을 것이다'라며 전 주민의 협동으로 운영

사진 2-2　지역에서 유일한 상점 '요로즈야'

해 가자는 의사를 고무해 갔다. 굳이 전 세대가 출자·가입으로 한 '상호부조'의 형태를 채용한 것은 '전원운영'이라는 방침에 근거한 것이었다.

이리하여 구 농협의 점포에서 주민운영의 슈퍼인 '후레아이 마켓'과 주유소인 '후레아이 주유소'가 오픈되었다. 그 후 2004년에 하천개수 공사와 함께 본래의 장소에서 100m 떨어진 곳으로 이전하게 되었고 이전 보상금으로 새 점포를 건설했다. 이로써 슈퍼마켓은 요로즈야万屋(사진 2-2)로, 주유소는 아부라야油屋라는 명칭으로 재출발하게 되었다. 지구의 방재센터로서의 기능도 갖추어져 방재수조도 설치했다. 그리고 이 지역에는 후에 유자가공시설과 우체국도 집약되어져 농촌과 산촌의 역사적 경관을 살리면서 지구의 산업·서비스기능의 집약화도 진행시켜가게 되었다.

교통에 관해서도 획기적인 진전이 있었다. 2009년부터 지역의 공공교통버스인 '가와네 모야이편'의 운행이 시작된 것이다. 이전까지는 지구 내에 공공교통편이 없어 노인들은 병원 등에 갈 때도 비싼 택시비를 지불해야만 했다. 다리가 아파 병원에 다녀야 하는데도 긴 거리를 걸어가는 사람도 있었다. 누구나가 가볍게 목적에 따라 이용할 수 있는 디맨드 버스demand bus*의 운행은 지역주민 모두의 의견이었다. 사업화에 있어서 아키타카타시로부터 연간 600만 엔의 위탁을 받았고 통학과 통원을 시작으로, 시의 중심부로의 운행 등 개개인의 이용자의 요구에 맞춘 유연한 운행을 실시하고 있다. 운전수는 전속운전자가 1명, 시간제로 근무하는 주민 13명이 등록되어 있다. 협의회 전

---

*   기본노선 이외에도 이용객의 호출에 따라 일정 지구 내를 운영하는 버스.

체에서 마이크로버스 1대, 8인승 원박스 왜건이 1대, 간호차량 1대를 갖추고, 산간부 마을까지 서비스를 하는 등 지역의 실정에 맞춘 형태로 운영되고 있다.

또한 가와네 지구에서는 복지사업의 일환으로 고령자가 데이 서비스*를 지역 내에서 받을 수 있는 체제도 정비하였다. 아키타카타시 내의 특별양호 노인정에 '새틀라이트satellite형 데이 서비스'**라고 하는 출장대응을 의뢰하여 지구 내의 마을센터에서 데이 서비스를 제공하고 있다. 고령자의 교통편은 디맨드 버스인 '가와네모야이편'사진 2-3이 활약하고 있다.

슈퍼나 주유소의 운영에서 디맨드 버스의 운행, 데이 서비스의 실시까지 가와네 지구에서는 지역자치조직을 거점으로 주민들 스스로가 공공서비스를 담당하고 있다. 각종 사업의 철회나 고령화라는 외

사진 2-3　디맨드 버스 '가와네모야이편'

＊　시설에 입소하지 않고 낮시간 동안 이용할 수 있는 개호 서비스.
＊＊　기존시설 활용형 1일 간호. 1997년도부터 제도화된 노인 데이 서비스의 한 형태로 고령자나 요간호자를 데이 서비스 센터로 데려오는 것이 아닌 지역의 기존시설에 시설직원이 가서 데이 서비스를 제공한다.

적·내적문제를 하나씩 해결해 나간 결과, 조직의 사업 다양화와 범
위의 확대를 꾀할 수 있게 되었다고 할 수 있겠다.

이와 같이 가와네 지구에서는 주민들의 여러 가지 창의적 연구로
공공성이 높은 유니크한 사업이 시행되어져 온 것이다.

자주·자립의 지역사회 모델

가와네 지구에서는 인구유출이 두드러지게 나타났던 시기인 40년
전부터 선구적으로 지역자치조직을 설치하고 행정에 의존하지 않은
마을만들기나 산업부흥을 진행시켜 왔다. 부회제를 도입하여 여전히
조직체계를 구축하고 주민 한 사람 한 사람이 조직구성원으로서 전원
참석하는 지역자치형태를 만들어 왔다. 부회제로 각 부문마다 목표가
명확해져 주민은 서비스를 받는 입장에서 끝나지 않고 누구든지 '스스
로가 사업을 일으킨다'라는 자주·자립의 의식을 가지고 참가하고 있
다. 농협의 철회와 함께 시작된 슈퍼인 '요로즈야'와 주유소인 '아부라
야', 지역의 발로써의 역할을 해내는 디맨드 버스인 '가와네모야이편',
지역 내에서 고령자 데이 서비스 실시 등 행정에 의존하지 않고 주민
이 자주적으로 구축한 상호협동구조가 가와네 지구의 생활기반을 구
성하고 있다.

이런 공공서비스나 복지사업을 지지하기 위해서는 소득을 안정
적·계속적으로 취득하는 것도 빼놓을 수 없다. 그래서 지역자원인
유자생산을 확대하여 가공·판매까지 착수하는 6차 산업화도 적극적
으로 진행해 왔다. 인구의 반을 차지하는 고령자가 생애에 걸쳐 일한
보람을 얻을 수 있도록 하는 것에 목표를 두고 체구에 맞는 비즈니스

가 전개되어져 왔다.

이와 같은 착수는 서로 얼굴을 아는 범위에 있는 소규모지역이기 때문에 가능했던 것일지도 모른다. 지연을 베이스로 둔 커뮤니티에서는 사람들 의식의 저변에 신뢰관계가 있어 자치나 상호협조를 위한 합의형성이 이루어지기 쉬웠을 것이라고 본다. 그러나 I·U턴의 새로운 세대도 참가하여 지금은 열린 지역커뮤니티로서의 특징도 가지게 되었다. 때로는 행정과의 대립을 보이기도 했지만, 그것은 가와네 진흥협의회가 주민참가 실천에 입각하여 정책 지향을 돈독히 해온 증거라고도 볼 수 있다. 불리한 조건에 대항하여 주민주체로 새로운 '마을'의 형태를 모색해 왔다. 가와네 지구는 지금은 '자주자립'의 지역사회 모델이 되었다.

농산촌에 있어서 여성창업의 대두

농산촌, 중산간 지역에 있어서의 자립적인 농업화가 계속되어지며 그 실천자로서 여성들이 산업활동의 정식무대에 서고 있다. 농촌과 산촌의 여성기업 수는 지금은 전국에서 1만 건에 이르고 해마다 증가 추세이다. 축소되는 일본경제 속에서 약진하는 몇 안 되는 기업분야라고 할 수 있겠다.

농림수산성 〈농촌여성에 의한 기업 활동 실태조사〉에 따르면 2010년도의 여성기업 수는 전국에서 9,757건으로 1997년의 조사개시 이후 해마다 증가하고 있는 추세이다. 법인*이 있는 조직은 아직 적으

---

*   권리능력이 있다고 인정하는 법률상의 자격

며 임의조직이 주를 이루고 있지만 최근 20년 정도 전국적으로는 사
업소의 수가 계속 줄고 있는 가운데 '여성창업'분야는 건투하고 있다
고 할 수 있다.

농촌여성이 사업을 시작하는 동기와 의의

옛날부터 농협의 여성부나 생활개선그룹에 의한 지역식재의 가공
판매 등이 이루어지고 있었지만 최근 경향으로 소비자나 시장을 더욱
의식한 개발이 눈에 띄게 되었다. 이런 상황에서 농촌여성이 지역산
업을 이끌어갈 인물로 대두되었고, 동시에 농촌과 산촌의 지역사회에
있어서 여성의 역할도 크게 변화되고 있는 것으로 보인다.

여성기업 중에서도 '농산물 판매소' '농산물 가공공장식품가공' '농촌농
업 레스토랑' 등 세 가지가 현대 '여성창업'의 대표적인 사업형태라고
할 수 있겠다. 실제로 여성이 지역의 리더가 되어, 지역산업이나 교류
의 거점으로서 직판장을 운영하고 있는 케이스나 여성그룹이 반찬이
나 과자의 가공, 지역 식재료를 활용하여 전통식을 제공하는 케이스
가 각지에서 많이 보이고 있다. 모든 리더, 멤버가 '이 사업을 시작해
서 좋다' '매일이 즐겁다' '농촌과 산촌의 좁은 생활이 완전히 바뀌었
다'라고 웃는 얼굴로 이야기하는 것을 들을 수 있었다.

그녀들이 직판장, 가공공장, 레스토랑 등을 경영하는 목적은 먼저
무엇보다도 지역 외의 사람들의 방문으로 야기되는 지역 활성화를 기
대하고 있었다. 그리고 이러한 사업화로 인하여 고용이나 소득이 창
출되어지는 것도 컸다. 그러나 그녀들의 이야기에 귀 기울여 보면 이
것이 사업목적의 본뜻이 아니고, 목적은 보다 근원적인 곳에 존재하

고 있다는 것을 알아챌 수 있었다.

자신들 스스로 '노동의 대가'를 창출

긴 세월동안 농촌 여성들은 조상대대로 내려온 토지를 지키기 위해서 농업에 종사하고, 한편으로 집안일, 육아, 부모의 간병, 마을 유치 사업 등 힘든 노동에 쫓겨 왔다. 농업과 노동의 양립은 특히 소규모 겸업농가가 대다수를 차지하는 주고쿠 산지에서는 뚜렷하게 나타나고 있다.

그러나 매일 바쁘게 일을 한다 해도 '노동의 대가'를 손에 쥘 수 없었고, 농촌사회 안에서 여성의 역할은 당연하게 '그런 것'이라고 간주되어왔다. 그런 연유로 노동에 대한 감사인사를 받지도 못했다. 그런데 일본이 경제성장을 이루고, 여성의 자립이 대두된 1980년대 중반 무렵부터 가치관의 변화가 일어났다. 농촌여성들도 자신들의 '노동의 대가'를 찾기 위한 행동에 나선 것이다.

자신들끼리 간단한 건물을 지어 직판장을 시작하거나 부식이나 절임류, 빵이나 과자, 잼이나 주스와 같은 농산물 가공사업을 준비하는 사람들이 나타났다. 이러한 사업은 머지않아 지역음식을 제공하는 농촌 레스토랑이나 택배사업 등으로 연결되어져 갔다. 1983년에 우체국에서 '후루사토 고츠즈미고향소포'를 개시하여 농촌과 산촌의 생산물이 전국으로 보급되는 구조가 짜여지게 된 것이 순풍을 타게 되었다.

농촌여성들은 '노동의 대가'로서 자신들의 수입을 자신들 스스로가 창출해낸 것이다. 또한 사업을 시작하는 데 있어 태어나서 처음으로 자기 전용은행계좌를 갖게 된 것이 한층 더 자극제 역할을 하게 되었다. 그녀들은 지금까지 농작물을 농협에 출하하더라도 대금은 남편명

의의 농협계좌로 송금되어질 뿐이어서 대가를 직접 받는 일은 없었다. 그랬던 그것이 자신명의의 계좌를 갖게 됨으로써 자신들의 수입을 자력으로 얻는 것임을 의식해 가기 시작했다. 액수의 많고 적음의 문제가 아니라 자신들이 계좌를 갖게 되고, 수입을 자신이 얻는 것이 중요했던 것이다. 그리고 그것이 사업에 참가하는 장점으로 작용되었다.

왜 '여성창업' 시대인가

많은 여성이 '이런 것이 팔릴까라며 처음에는 불안감을 가지고 있었다'라고 회상한다. 소박하고 검소한 지역음식이 지역 외의 사람들에게 받아들여질 것인가라는 불안감도 있었다. 그렇지만 그런 꾸미지 않은 시골밥상이야말로 현대의 소비자에게는 슬로푸드로서 받아들여졌던 것이다.

이와 같이 중산간 지역에서 '여성창업'이 늘어난 첫 번째 요인은 소비자 특히 도시생활자의 '음식'에 대한 요구를 새로이 환기한 것을 들 수 있을 것이다. '음식'에 대한 안심, 안전에 대한 의식이 높아지고 있는 요즘, 생산자의 얼굴을 확인할 수 있는 농작물이나 유기농 채소들이 소비되었다. 그 바탕에는 성숙사회 속에서 '도시와 농촌'에 있어서의 관계성이나 가치관이 바뀌어져 왔다는 것을 들 수 있다. 대량생산·대량폐기의 경제성장 모델에서 탈피가 의식되어지면서 '시골'은 이미 낡은 이미지가 아닌 새로운 시대의 생활스타일을 창출해내는 場으로 재평가되어지고 있는 것이다. 이러한 가치관의 변화에 근거한 농업과 농촌과 산촌에 대한 관심의 고조도 중산간 지역 여성들의 활동을 고무하고 있다고 할 수 있을 것이다.

'여성창업'이 늘어난 두 번째 요인은 농촌여성들이 시간적으로 여유가 생긴 것도 관계있을 것이다. 특히 겸업농가의 경우 집안의 농업을 책임지고 있는 것은 여성인 경우가 많다. 이것은 남편의 정년에 의해 달라진다. 남편은 '귀농'하여 적극적으로 농작물을 책임지며 지역의 모임이나 자치회에도 열심히 참가하고, 자치조직이나 취락영농 등과 도 관계를 맺어간다. 이에 따라 여성들은 시간적 여유를 얻게 되지만 시간제근무로 일하는 것은 어렵다. 농촌과 산촌에 이미 예전부터 있 었던 여성들의 직장유치기업의 봉제공장 등은 거의 폐쇄, 또는 축소되어버렸 기 때문이다. 그래서 지역에서 여성들이 일할 곳을 내발적 · 자발적으 로 창출해 낼 필요가 생겨난다. 이리하여 남편의 정년 · 은퇴시기를 경계로 시간적으로 여유가 생긴 여성들은 새로운 사업을 일으키는 것 으로 지역의 과제에 참여한다.

커뮤니티로서의 측면

　그리고 세 번째로는 커뮤니티 만들기라는 측면을 들 수 있을 것이 다. 그것은 단순히 친하게 지내는 그룹이 아닌 고령을 맞이할 시기에 서로 지지해 줄 수 있는 동료를 의미한다.

　이것은 농촌과 산촌만이 아닌 초고령사회가 된 현대 일본이 안고 있는 매우 중요한 과제일 것이다. 특히 여성은 남성보다도 일반적으 로 장수하기 때문에 독신의 노후생활을 맞이할 가능성이 높다. 해를 거듭할수록 '있을 곳'으로서의 지역커뮤니티가 갖는 의미는 커진다.

　예전에 시마네현 오난정邑南町에서 농산물 직판장인 '고라쿠이치香樂 市'를 운영한 데라모토 게이코寺本惠子 씨에게 직판장 시작 계기를 물 은 적이 있다. 그리고 다음과 같은 이야기를 들려주어 강한 인상이 남았다.

"인생에서 짊어지지 않으면 안 되는 짐은 무거운 법입니다. 일을
할 수 있는 동안에는 자신의 짐은 어떻게든 되겠지만 우리가 80세가
되었을 때 자식들이 나를 유지해 줄까요? 이 직판장은 지역 활성화나
지역농업의 진흥을 위해 시작한 것이 아닙니다. 돈을 벌기 위한 것도
아닙니다. 모두가 여기에 와서 웃는 얼굴이 되게 하는 장소. 노인의
지혜를 살리는 장소. 모두가 80세가 되었을 때 여기에 오면 웃는 얼
굴이 되는 장소로 만들고 싶었습니다."

데라모토 씨는 1970년대 오난정합병 이전의 이와미정(石見町)의 농가의 장
남에게 시집왔다. 이후의 일상은 가사, 대가족의 보살핌, 노부모의 간
호, 육아, 마을 유치기업에서의 시간제근무, 그리고 농작물에 쫓기는
나날이었다. 데라모토 씨뿐만 아니라 마을에는 그런 여성이 여러 명
있었고, 자신을 죽이고 '농가 큰며느리'의 사무치는 고달픔을 공유해
왔다. 그 동료 중에 데라모토 씨가 리더가 되어 '큰며느리들을 위로하
는 모임'이라는 지역동호회를 결성했다. 회원수가 늘어나자 모임을
확대하여 '활력 있는 이시미石見회'라는 지역동호회를 결성하였다. 초
기에는 30명 정도의 여성그룹이었는데 반성한 남성들이 '사과'의 뜻
을 비치며 참가하게 되어 지금은 300명 규모로까지 늘어났다. 전원이
홈 헬퍼 자격 3급을 가지고, 지역에서 해를 거듭하며 서로를 돕는 계
획을 착실하게 구축해 왔다. 그러던 중 시마네현에서 여성의 지역 활
동에 대한 지원을 받기로 확정된 1995년 지역유지들이 농산물 직판장
인 '고라쿠이치'를 시작시킨 것이다.

데리모토 씨에 의하면 농촌여성들이 직판장이나 가공공장을 만들
고 사업으로서 경영하는 것은 단순히 지역 활성화나 농업진흥만이 목

적이 아닌 것을 알 수 있었다. 거기에는 고령화된 지역사회에서의 자기 자신이 있을 곳을 만들고 커뮤니티 만들기에 대한 희망이다. 나이 들어서도 '거기에 가면 동료를 만날 수 있고 같이 웃을 수 있는' 장소가 있었으면 좋겠다, 만들어 두지 않으면 안 된다는 농촌여성들의 절실한 마음이 기업의 원동력이 된 것이다.

　일본 전국의 농촌과 산촌에서 살고 있는 여성들의 활동 대부분은 이런 '마음'에 근거한다고 보아도 좋을 것이다.

재해지역에서 교류거점을 만들다

　동일본 대지진의 재해지에서도 여성들은 새로이 일보 전진하여 지진에 의한 재해 후에 의의 있는 활동을 하고 있는 곳이 있다.

　이와테현岩手県 가마이시시釜石市 고우시정甲子町에 있는 '창조농가 레스토랑 코스모스'는 원래 작은 산지 직매활동을 시작한 농가 레스토랑이다. 대표인 후지이 사에藤井サエ 씨사진 2-4는 2000년 모리오카盛岡에서 가마이시시로 귀향한 경우이다. 부모가 소유하고 있던 농지에 코스모스를 파종하여 30아르* 규모의 코스모스 밭을 혼자서 만들었다. 그 후 코스모스 밭 옆에 '미니 산지직매 코스모스'를 열었다. 지역농가에서 채소를 가져와 판매하게 되었고 동료들도 차례로 과자나 경단 같은 것도 제공하게 되었다. 코스모스가 피는 8월 말부터 10월에 걸쳐서는 압화 만들기, 패치워크patchwork: 쪽모이 세공같은 체험사업도 전개하게 되었다. 2007년에는 '창작농가 레스토랑 코스모스'를 개업하였다. 레스토랑은 옛 민가풍으로 땔감을 넣는 스토브도 놓여 있

---

*　기호: a, 1아르는 100평방미터, 30평 남짓.

사진 2-4 가마이시시 '코스모스'
후지이 사에 씨

다. 계절채소를 이용한 메뉴를 제공하고 있으며 낮에는 평균 20명 정
도, 밤에는 예약제로 서비스를 제공하고 있다. 활동은 진화를 거듭하
고 있었다.

　그러던 중 동일본 대지진이 일어났다. '코스모스'는 높은 지대에 있
었기 때문에 화를 모면하였지만 후지이 씨의 일상은 완전히 바뀌어버
렸다. 가장 먼저 시작한 것은 가까운 피난소에 식사를 제공하는 것이
었다. 하루에 저녁식사를 50인분 제공하는 것이었는데 시의 의뢰로 2
개월 반 정도 지속되었다.

　가마이시 시내의 숙박시설도 큰 피해를 입어 친하게 지내던 여관의
주인으로부터 숙박객을 받아주었으면 한다는 의뢰를 받고 후지이 씨
는 즉각 행동으로 옮겼다. 지진 이후 1개월 정도 지난 후부터 많을 때
는 10명 정도를 받는 체제를 정비하였다. 지진으로부터 1년간 숙박한
사람은 100명이 넘는다. 후지이 씨는 '좋은 만남을 가질 수 있었다'고
감사의 말을 하였다. 건설관계에 종사하는 사람들이나 외국인 자원봉
사자들도 함께 숙박하였다. 또 숙박객들과 이야기를 나누며 새로운 아

이디어를 얻게 되었다.

임시주택 설치가 진행되는 동안 공원도 주택 설치장소로 사용되게 되어 아이들이 뛰어놀 장소가 없어져 버렸다. 후지이 씨의 남편 사토루 씨는 '가마이시의 아이들이 뛰어놀 장소를 만들자'라는 생각을 해냈고, 숙박객인 자원봉사자들이 손수 공원을 만들었다. 십여 명의 자원봉사자가 땀을 흘려 나무의 온기를 살린 미끄럼틀과 그네 등을 완성시켰다. 제빵기술을 가진 사람은 빵이나 피자를 구울 수 있도록 돌화덕을 만들어주었다.

그렇게 2012년 6월에 '공원'을 임시 오픈하였다.사진 2-5 가마이시의 유치원이나 보육원의 아이들이 웃는 얼굴로 뛰어노는 모습을 보며 후지이 씨 부부는 기뻐했다. 오픈 전날에는 캔들 라이트를 개최하여 아이들부터 노인들까지 모두 모였고, 부부는 돌화덕에서 피자를 구워 모두에게 대접했다. 지금은 아이들이 밭에서 채소를 기르고 있다.

후지이 씨는 '자연이 학교가 되어야 한다. 학교가 아닌 즐기는 것을 중시한 '락교樂校'가 좋다. 노인분들도 오셨으면 좋겠다'라고 말한다.

사진 2-5 자원봉사자가 만든 공원

공원 만들기뿐만 아니라 후지이 씨의 활동스타일도 시민에게 다가
가면서 변화가 일어나고 있다. 지역의 유치원생 90인에게 주에 2번
자기 집에서 직접 기른 채소를 이용하여 손수 만든 급식을 제공하고
있다. 한 사람 한 사람의 알레르기에도 대응한 식사 만들기를 하고
있다.

재해지에서는 여성들이 이와 같은 새로운 한 걸음을 내디며 지역사
회에서 뜻깊은 활동을 전개하고 있다. '음식'은 지역의 문화나 전통을
이어 온 요소이며 이를 더욱 발전시킴으로써 새로운 발견이 탄생된
것이다.

인구감소 · 초고령사회에서는 '작은 산업'을 많이 탄생시켜 키워갈
수 있는 환경이 필요하게 될 것이다. 산업의 장場뿐만이 아닌 커뮤니
티로서의 요소도 겸비하고 있기 때문이다. 그 점에서 농산어촌의 여
성들의 활동은 새로운 가치를 탄생시키고 있다고 할 수 있을 것이다.

지역사회와 '호혜성(Reciprocity)*'

지역자치조직이나 여성창업의 대부분은 현대판 '연결結'=지역커뮤
니티를 베이스로 하고 있다. 바꾸어 말하면 그것은 '보상을 기대하지
않은 관계'에 의해서 성립되어진다고도 할 수 있다.

인간관계나 사회경제의 여러 상相은 거래나 교환을 전제로 하는 시
장경제 · 자본주의의 테두리에서는 설명할 수 없는 점이 많다. 육아나

---

*   Reciprocity는 문화인류학, 경제학, 사회학 등에서 이용되는 개념으로, 의
    무로서의 증여관계나 상호부조관계를 의미하며, 일본어로 互酬性이라고 해
    석되기도 한다.

가사 등의 재생산활동, 동료끼리의 도움, 관혼상제부터 일상적으로 주고받는 선물까지 인간생활이나 인간사회의 상당한 부분은 반드시 '보상'을 기대하지 않는 증여나 상호부조扶助의 행동으로 이루어져 있다. 마르셀모스와 레비스트로스 같은 문화인류학자는 이것을 '호혜'라고 정의하고, 사람·가족·부족사회의 관계성을 파악하려고 했다. 그리고 경제학자 칼 폴라니는 '호혜'를 현대의 비국가적 경제의 특징적인 형태로 보았다. 최근에는 도리고에 히로유키鳥越皓之 씨가 인류학자 마셜 데이빗 살린스의 이론을 이용하며 지역사회에서의 사람들의 연결을 읽어내고 있다.[4]

  살린스의 의견에 의하면 '일반적 호혜성'이란 매우 친한 사람끼리의 사람들 사이에서만 보이는 애타주의에 근거한 행위이다. 그러나 도리고에 씨는 '일반적 호혜성'은 단순한 애타주의만으로는 설명할 수 없다고 주장한다. 즉, 일반적 호혜성은 장기적으로 보면 이익이 자신에게 돌아온다는 계산이 있을지도 모른다고 상정하며 '단기적 애타주의' 그 장소에서 착상된 애타주의와 '장기적 자기이익변환'장기적으로 보면 결과적으로는 자신에게도 이익이 돌아온다이 세트가 된 것이라고 주장하고 있다. 그 장면에서는 보상을 생각하지 않지만, 언젠가 자신에게 이익이 돌아올 것이라는 기대가 있다.

  이렇게 생각해 보면, 지역자치조직이나 여성창업·커뮤니티에 의한 지역 내 부조扶助의 행위도, 도리고에 씨가 말하는 것처럼 '일반적 호혜성'에 근거한 행위라고 볼 수 있을 것이다. 특히 데이 서비스 등과 같은 복지사업이나 디맨드 버스에 의한 병원의 통원 등 고령자 복지에 관계된 부조사업의 경우는 딱 들어맞는다. 첫 번째는 무엇보다도 지역의 노인들을 생각하는 '단기적 애타주의'에 의한 행동이지만,

그것만으로는 지속되기 어렵다. '언젠가 자신도 신세지게 될지도 모르니까'라는 '장기적 자기이익반환'도 작용하고 있기 때문에 활동에 뛰어드는 것이 가능한지도 모른다.

비교적 좁은 지역범위에서 세대를 넘어선 서로 돕는 구조가 보이는 것은 이러한 '일반적 호혜성'에 근거한 관계성이 성립되어 있기 때문이라 할 수 있다. 순수한 자원봉사가 아닌 언젠가 자신도 신세질 수 있다는 의식이 있기 때문에 비로소 사람들은 안심하고 생활할 수 있는 지역을 목표로 공익을 추구해 가는 것일 것이다. 그렇기 때문에 활동을 지속하는 것이 가능하게 되는지도 모른다.

본 장에서는 주고쿠 지방을 시작으로 동일본 대지진 재난지역에서의 활동내용을 근거로 지역의 창조성, 커뮤니티, 자립에 관하여 검토했다. 결과적으로 정답이 없는 과제를 열심히 해온 불리한 조건 지역에서는 틀에 얽매이지 않는 새로운 가치관을 가진 조직이나 일이 계속 생겨나고 있다. 도호쿠의 재난지역을 시작으로 전국에서 이러한 생산의 장·커뮤니티의 장을 창조해 가는 것이 풍요로운 지역사회를 형성해 가는 길일 것이다.

<주>

1. 본고의 내용은 마쓰나가(2012)의 일부에 근거한 것이다.
2. 오다기리(2009) 참고.
3. 제이콥스(2012) 참고
4. 도리에쓰(2008) 참고. 살린스는 '호혜성'을 '일반적 호혜성' '균등적 호혜성' '부정적 호혜성' 등 세 가지로 분류하고 있다. '일반적 호혜성'이란, 친한 사람들 사이에서 교환되어지는 '나눔' 등, '보상을 바라지 않는 선물'을 가리킨다. 서로에 대한 인심이나 배려가 동기가 되며, 답례나 대가를 바라는 경우는 없다. '균등적 호혜성'은 시장에서 거래로 대표되어지는 것처럼 '서로가 같은 가치라고 납득하고 물건을 교환하는 것'이다. 시장에서는 상품과 등가의 가치를 갖는 화폐

로 교환되어진다. 손득이 발생하지 않는 호혜라고 할 수 있다. 이에 반해 '부정적 호혜성'은 자신에게 이익이 생기는 것을 기대하고 상대의 이익을 바라지 않는 것이다.

〈참고문헌〉

内山節(2010)『공동체의 기초이론』농산어촌문화협회

小田切德美(2009)『농산촌재생』岩波書店

佐々木雅幸(2001)『창조도시로의 도전』岩波書店

Jacobs, J. (1984) Cities and Wealth of Nations: principles of Economic Life, Random House(中村達也 외 번역(2012)『발전하는 지역 쇠퇴하는 지역』筑摩書房)

関満博, 松永桂子 편(2010)『〈농업〉과〈물건만들기〉의 中山間지역』新評論

関満博, 松永桂子 편(2013)『재해복원과 지역산업4-마을의 자립을 지지한다〈가설상점가〉』新評論

鳥越皓之(2008)『〈사자에 씨〉적 커뮤니티의 법칙』NHK출판

中根千枝(1978)『종적사회의 역학』講談社

広井良典(2009)『커뮤니티를 다시묻다』筑摩書房

松永桂子(2012)『창조적 지역사회』新評論

宮本寛一(1989)『환경 경제학』岩波書店

창조농촌의 구축과 지속가능성

하기하라 마사야(萩原雅也)   chapter 3

　본 장에서는 창조농촌의 구축과 지속적 발전을 위한 핵심인재Key Person와 그 주위에 형성되는 중층적인 네트워크, 지역에 묻혀 있는 문화자원이 가지고 있는 중요한 역할에 대해 사례를 통해 생각해 보고자 한다.

창조도시론의 확장

　뉴욕과 도쿄 등 세계 도시는 세계를 상대로 하는 다국적 기업, 금융시장과 그것을 뒷받침하는 전문 서비스업이 집중적으로 모여 글로벌 금융·경제시스템의 중심으로 국경을 초월해 부富를 창출함과 동시에 압도적인 매스미디어의 송출력을 바탕으로 엔터테인먼트, 미디어 아트 등의 매스컬처 면에서도 헤게모니패권를 쥐고 있다.

　그러나 은행, 증권이나 보험 등에서 일하는 고액 연봉자가 거주하면서 그것을 지탱하는 레스토랑이나 호텔, 건설업 등의 비전문 서비스업에 종사하는 이주민이나 비정규직 등 상대적으로 저소득자들도 함께 살고 있어 하나의 도시 속에 사는 사람들 사이에 경제적 격차가 확대되어 왔다.

　이러한 비인간적이고 거대한 세계도시에 대극하는 것이 창조도시이며 그 전형적 예가 볼로냐나 가나자와 등 지방 중규모의 도시이다.

　시민들의 창조적 활동을 바탕으로 지역에 뿌리를 둔 문화·산업을 발전시키고 있는 인간적인 스케일 도시의 존재가 점차 연구자, 행정 관계자의 관심을 끌게 되었다.

　창조도시에 대한 관심이 높아짐과 동시에 창조도시로의 재생을 목표로 한 지자체 정책이나 시민주도형 운동이 일어나게 되었다. 2004년에는 유네스코UNESCO에 의해 창조도시 국제연대Creative Cities Network, CCN가 창설되었으며 일본 문화청에서는 '문화예술 창조도시 부문'의 장관 표창과 문화예술 창조도시 추진사업을 실시했다.

　이처럼 창조도시 만들기를 진행하는 실천적인 시도가 나타나고, 창조도시가 21세기의 하나의 도시 상으로 정착되면서 실증연구의 대상이 되는 도시나 지역의 영역도 두 방향으로 확장되어 왔다고 생각된다.

　첫째, 도쿄 도시마구豊島区의 문화 창조도시, 오타구太田区의 크리에이티브 타운CREATIVE TOWN, 크리에이티브시티 요코하마 등의 사례는 세계도시를 지향해 온 대도시가 갖는 창조성에 대한 재평가와 그 내부에 잠재되어 있는 창조지역, 그 일대를 주목하게 되었다는 것이다.

　둘째, 여기서 테마로 하는 나가노현 기소정, 아키타현 센보쿠시, 효고현 사사야마시 등 인구감소가 심한 지방권의 소도시나, 농산촌 지역에서의 창조도시상으로서의 '창조농촌'에 대한 확장이다.

2013년 1월에는 정령지정 도시에서 농산촌 지역까지 이르는 폭넓은 지자체21시읍면과 1현의 참여에 의해¹ 창조도시를 추진하려는 지방자치단체의 지원, 연계·교류 촉진을 위한 플랫폼으로 창조도시 네트워크 일본CCNJ이 창립되었다.

창조농촌을 위한 자원

창조도시/농촌 인구 동태

CCNJ 창립에 참여한 시군구는 인구 370만 명의 요코하마시부터 인구 8000명의 히가시카와정東川町 등 규모나 재정적 능력이 실로 다양한 시市나 마을이 포함되어 있다. 이 가운데 인구집중 지구의 상황이나 산업별 취업인구대비 등의 기준으로 창조농촌이라는 범주에 넣을 수 있는 지자체로는 히가시카와정, 센보쿠시, 쓰루오카시, 나카노조정, 난토시南砺市, 기소정, 사사야마시일 것이다. 창조도시/농촌으로 가꾸어 가고자 하는 지자체간에는 경제력, 인구나 사회기반 등의 면에서 지극히 차이가 크다.

이처럼 전혀 규모가 다른 지자체가 비슷하게 창조도시론에 호감을 갖는 요인의 하나는 하드웨어 중심의 기존 재개발과 같은 대규모 투자를 반드시 요구하지 않는다는 것이다. 창조도시는 여러 분야 사람들의 자유로운 창의와 활동으로 지역 재생, 발전의 원동력을 찾고자 하는 것으로, 그 최대의 자원은 인재人材, 인적 자원이다.

그러나 21개의 시읍면의 국세조사 결과를 보면, 현청県庁 소재지와 홋카이도 히가시카와정을 제외한 모든 지자체는 인구가 감소하고 있

는 상황으로 창조도시/농촌에서 무엇보다 중요한 인적 자원의 지속성
이라는 측면에서의 불리한 점을 가지고 있다.

인적 자원의 중요성

　창조적 활동 인력을 파악하여 열거하는 것은 쉬운 일은 아니며, '누
가 창조적인가'는 속성 등에 의해 쉽게 판단할 수 있는 것 또한 아니
다. 고향을 떠나지 않고 남아 있는 사람 중에 그런 인재가 있을 런지
도 모르고 비록 소수이지만 외부의 이주자로 새로운 아이디어를 가지
고 활동을 시작할 수 있는 사람이 있다면 창조적 활동이 전개되어 질
가능성도 있다.

　인구가 적고 지연적 관계가 뿌리 깊게 남아 있는 많은 농산촌 마을
지역에서는 창조적 인재의 특별한 행동이 현지사람들과 결합되면서
비교적 단기간에 파급되어 지역 전체를 바꾸어가는 경우도 생각할 수
있다.

　창조적 인재의 활약공간으로서의 농산촌 지역은 문화적 자극이나
다양한 만남의 기회가 많은 대도시와는 다른 측면에서 또 다른 창조
의 가능성을 가지고 있다고 할 수 있다.

　일본 총무성総務省 2012은 지방권에서도 예술가 등 창조적 인재의 정
착 · 교류, 지적知的 부가가치 창조에 의해 지식의 거점이 되는 인재교
류 노드결절점가 형성되어 주민의 지역에 대한 애착이나 긍지, 창조성
이 풍부한 지역토양이 잘 형성된 사례로서 40개 지역에 대한 문헌 ·
현장조사를 하였다. 그 결과 지방권의 핵심도시에서 창조적 인재를
끌어당기는 것으로 '〈인적 자원〉 〈지역 자원〉 〈소통의 장〉 〈창조적

활동의 지원 환경지자체의 적극적인 지원, 기업의 공헌, 대학의 지역 교류, 창작·교류 장소〉〈편리성·안심〉'이라는 5가지 요소를 추출하고 있다. 여기서 제일 중요하게 거론되는 것은 지역의 인적 자원으로 내외에 폭넓은 네트워크를 가지는 핵심인재와 좋은 것의 가치를 이해하는 활동적이며 관대한 주민층의 존재이다. 특히 핵심인재는 그 한 가지 요소만으로도 다른 요소를 대체할 수 있다.

핵심인재

창조농촌을 지향指向하여 성공시키는 열쇠가 되는 것은 지역과 그 외부까지 펼쳐지는 폭넓은 네트워크와 현지의 장점이나 문화자원에 관한 지식을 가지고 있는 활동 프로듀서, 코디네이터가 핵심인재라는 상기의 총무성 조사에 필자도 동의한다.

그러나 동시에 지적해 두고 싶은 것은 안팎으로 폭넓은 네트워크와 자원을 가지고 사람을 끄는 특별한 핵심인재가 I·U턴 등에 의해 갑자기 출현하는 것은 별로 기대할 수 없다.

오히려 많은 핵심인재는 지역에서 터 잡고 살아온 여러 사람들 중 한 명으로 여러 사람과의 교류나 새로운 가치와의 만남을 계기로 지역의 장점을 자각하여 핵심인재로 성장해 가는 것은 아닐까? 본래 지역에 핵심인재가 될 수 있는 사람이 몇 명이라도 잠재해 있다고 생각하는 것이 건설적이고 그들이 주체적 변용의 기회를 언제 어떻게 갖느냐가 창조농촌을 위해 보다 중요하다.

겉으로 나타나는 핵심인재 배후에도 대부분의 경우 자신과 다른 배경을 가지고 있는 인지적 거리가 먼 사람과의 만남과 교류가 숨어 있다. 이 점에서 다양한 교류를 일상적으로 행하며 수평적 관계성에 바탕을 둔 시민활동이나 NPO가 큰 가능성을 갖는다고 할 수 있을런지 모른다.

창조농촌에 대한 자연환경과 문화자원

앞서 말한 일본 총무성 조사에서는 인적 자원 이외의 요소로 녹색, 들새 등의 자연환경, 거리풍경, 역사적 건조물, 현지의 식재료 등 문화자원의 중요성을 들고 있다.

일반적으로 도시 지역에 비해 창조농촌을 목표로 하는 지자체나 지역의 자연환경은 풍부하고, 원시림에서 사람 손에 가꿔져 온 마을 숲 등 2차적 자연까지 풍부하게 있다. 또 풍토에 적응한 재래작물과 향토요리, 풍경 속에 녹아든 전통 민가나 역사적 경관, 춤이나 민요 등 전통 예능이나 행사, 지역 특유의 방언이나 전승 등 유·무형의 독자적인 문화자원도 있어, 이런 면에서도 지역자원은 풍부하다.

그러나 그곳에 살고 있는 사람들에게는 지역역사와 풍토에 뿌리박은 지역 고유의 문화자원, 자연환경은 평소 접하는 낯익은 것으로 일상생활 속에 묻혀 있어 그것들의 가치를 알아내는 경우가 적다. 한편, 그곳에 없는 문화, 가치나 기량을 갖춘 외래의 창조적 인재는 지역자원에 관한 지식이 얕아 그것에 접근조차 어렵다.

이 양자가 지속적으로 교류함으로써 지역 고유의 자원을 적절히 평가할 수 있는 이념과 사상이 만들어지고, 그것들이 갖는 가치를 공유하는 주민층이 형성되어 새로운 활동, 문화나 지식이 창조될 것이다.

이상과 같이 창조농촌으로의 과정에는 인식이나 활동의 변화를 가져오는 다양한 사람들의 교류와 문화적 가치에 대한 재평가가 깊게 관여하고 있다고 생각된다. 이와 같은 인식을 바탕으로 다음 절에서 두 개 도시를 사례로 검토한다.

창조농촌에 대한 사례연구

가미카쓰정과 가미야마정의 개황

도쿠시마현 산간에 위치한 가미카쓰정上勝町과 가미야마정은 최근 언론에서 거론되어 그 활동이 잘 알려지게 되었다. 이 두 마을은 가미야마정이 가미카쓰정의 3배 정도의 인구를 가지고 있지만 모두 중산간 지역이며 과소지역으로 공시되어 있다는 것, 1950년대 시읍면 합병에 의해 탄생한 지자체로서 현재까지 지속되고 있다는 것, 각각 아쿠이강鮎喰川과 가쓰우라강勝浦川의 원류·상류 지역에 있다는 것 등의 공통점도 많다표 3-1. 또 이 두 마을은 남북으로 인접하고 있지만 2000m급 쓰루기산劍山 つるぎさん의 험준한 산봉우리 사이에 있기 때문에 지방도로를 사용해 크게 동쪽으로 우회하지 않으면 왕래가 어려워 사람이나 차의 왕래는 활발하지 않다.

표 3-1　가미카쓰정과 가미야마정의 개황

명칭	총인구 (인)	구성비(%)			05~10년 인구 증감수 (인)	인구 증가율	노동력 인구	산업별 취업인구 구성비(%)			고등 교육 졸업자 비율 (%)	주야간 인구 비율(%)
		0~14	15~64	65 이상				1차	2차	3차		
가미카 쓰정	1783	8.1	39.4	52.4	-172	-8.8	919	45.3	14.8	39.6	12.5	104.3
가미야 마정	6038	6.5	47.1	46.4	-886	-12.8	3080	31.3	21.6	46.8	12.2	92.3

출전 : 2010년 국세조사

명칭	면적(㎢)	가주면적(㎢)	가주면적비율	취업자수	과세대상 소득 (백만엔)	재정력지수	시읍면 세출총액 (2009년결산)백만엔
가미카 쓰정	109.7	16.0	14.6	1003	1231	0.13	2773
가미야 마정	173.3	30.7	17.7	3522	4302	0.24	4406

출전 : 총무성통계국(통계로 보는 시읍면의 모습 2012)

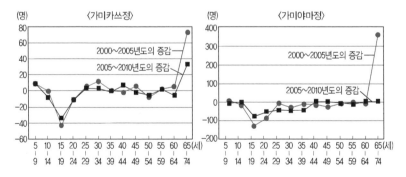

그림 3-1　가미카쓰정과 가미야마정의 5세별 인구증감(2000~2010년)

이 두 마을의 인구동태에 관해서 네모토 유지根本祐二 2013의 코호트 분석법cohort analysis으로 그래프화한 것이 그림 3-1이다². 두 그래프는 같은 파형을 나타낸다. 가미카쓰정에는 고교가 없고 가미야마정에 현립 성서고등학교 가미야마 분교가 있을 뿐이다. 이 두 마을은 고교 진학할 때 대부분의 학생이 마을 밖으로 나가기 때문에 15~19세의 인구가 감소하고 있다. 그러나 그 후 대학졸업 연령 이후 젊은층의 동태를 비교해 보면, 가미카쓰정은 적은 인구지만 증가하고 있는데 반해, 가미야마정에서는 40대까지 감소가 계속되는 경향이 있다.

이처럼 인구감소나 고령화 등 공통의 과제를 안고 있는 소규모 지자체이면서도 이 두 마을은 각각 창조적으로 대처함으로써 동시에 아주 큰 주목을 끌고 있다.

가미카쓰정의 '쓰마모노 비즈니스'

가미카쓰정에는 마을 인구수를 넘는 수가 매년 방문한다³. 주요 방문목적은 일본 요리에 곁들여 장식하는 나뭇잎이나 가지, 꽃 등의 '쓰마모노역주: 음식 장식물, 사진 참조' 재배, 이른바 잎사귀 사업과 쓰레기 분류, 감량화를 비롯한 환경문제에 대한 독특한 대책을 알려고 오는 것이다.

쓰마모노는 1981년 대한파로 괴멸적 타격을 입은 온주밀감 농가의 대체 작물로서 당시 농협 영농지도원으로 일했던 요코이시 도모지橫石知二 씨에 의해 시작되었다. 지금까지는 요리사 수행의 일환으로서 요리사 자신이 야산 등에서 채집해 왔던 나뭇잎이나 가지를 야채와 마찬가지로 청과시장에 내다 팔려고 한 것이다. 요코이시 씨가 그 아이

디어를 생각해낸 것은 오사카 음식점에서 요리에 곁들인 단풍잎을 소
중히 싸가지고 가는 젊은 여성을 보았을 때였다.

그 후 지금까지 유통되지 않았던 쓰마모노의 판로개척, 폐쇄적인
주방의 요리장식 노하우 습득, 고객이 될 음식점이나 요리사와 관계
형성, 방재 무선 FAX부터 템플릿 이용까지 시장정보 제공 · 출하 예
약시스템 개발의 과정은 바로 창조적 문제해결의 프로세스였다고 할
수 있다.고토 · 다쓰키 2006, 요코이시 2007

1999년에는 마을 출자에 의해서 ㈜이로도리가 설립되어 농협과 제
휴하면서 쓰마모노를 키우는 농가이로도리 농가를 지원하는 체제가 갖춰
졌다. (주)이로도리에서 인터넷을 통해 등록 농가에 매일 시장의 거래
정보가 제공되고 그것을 본 농가가 예약하고 점심때까지 농협공동선
과장에 반입하는 흐름으로 쓰마모노는 도쿄 등지의 청과시장에 매일
출하되고 있다. 이로도리 농가는 팩 마무리한 쓰마모노를 소형 트럭
등으로 동네 한 곳의 공동선과장에 반입하지만 가끔 고령자용 전동차
로 가져오는 노인도 있다.

쓰레기 문제와 NPO법인 제로 웨이스트 아카데미

쓰레기 문제에 대한 대처도 위기로부터 시작된다. 가미카쓰정에서
는 1997년까지 쓰레기는 집에서 처리하는 것을 기본으로 그렇게 할
수 없는 것은 동네에 한 곳 있는 소각장에서 처리해 왔다. 그러나 환
경 문제에 대한 관심 고조 등으로 소각처리를 할 수 없어 1998년에 소
형 소각기를 설치했지만 2000년에는 폐쇄되어 쓰레기 감량화가 긴급
한 과제로 되었다.

사진 3-1   구루구루 공방(가미카쓰정)

　이런 시행착오의 결과 현재는 주민에 의한 철저한 쓰레기 분리수거를 통한 자원회수, 재사용을 위한 구루구루 공방사진 3.1 등 운영, 일회용 종이컵 · 종이접시 대신 축제 등에 재사용할 수 있는 식기 대여 등 종합적인 대처로 큰 폭의 쓰레기 감량화에 성공했다.[4]

　가정에서 나오는 쓰레기 중, 우선 식물성 쓰레기는 밭과 식물성 쓰레기 처리기에 의해 퇴비화 되며, 기타의 것은 각 집에서 동네 쓰레기 수집장으로 옮겨져 그 자리에서 34종류로 분류된다. 수집장까지 가져오기 어려운 고령자 등을 위해서는 지구별로 등록제 회수를 두 달마다 하고 있다.

　2003년에는 미국인 연구자의 조언에 따라 일본 최초의 '제로 웨이스트ZERO WASTE 선언'을 실시했다. 제로 웨이스트는 나온 폐기물을 사후 처리로 없애는 것이 아니라 원래 낭비적인 것, 쓰레기가 되는 것을 없애자고 하는 견해이다. 2005년에는 행정의 지원을 얻어 추진단체가 되는 NPO법인 제로 웨이스트 아카데미zero waste academy가 설립되어, 마을의 홈페이지를 통해 공모된 초대 사무국장은 유학갈 국가인 덴마크에서 지원한 마쓰오카 나쓰코 씨현 이사가 취임했다.

쓰레기 문제와 더불어 제로 웨이스트 아카데미는 실버인재센터 사업의 일환으로 차를 운전하지 못하는 고령자 등을 위한 유상 봉사택시 사무국도 운영하고 있다. 인구감소로 가미카쓰정 읍내에서 민간버스 · 택시회사가 철수하게 되면서 노인 등 교통약자의 이동 수단 확보를 위해 가미카쓰정이 구조개혁특구로서 일본 최초로 신청하여 만들어진 사업으로 마을의 등록 봉사운전자가 자가용으로 수송하는 유료 봉사택시이다.

제로 웨이스트 아카데미는 여러 가지 지역과제에 대응하는 민간분야로서 한 층 더 의미가 있다.

위 두 개의 사업에 대해 가미카쓰정은 일자리를 확보해 산업을 활성화하기 위해 ㈜이로도리 외에도 4개의 주식회사를 설립, 운영하고 있다. 이 제3섹터 사업은 외지에서 I · U턴한 사람들의 취업의 장이 되고 있어 코호트 분석의 결과에서 25세 이상의 인구 유지나 증가로 이어진다고 생각된다.

지구별 아트 프로젝트

2007년 도쿠시마현에서 제22회 국민문화축제가 열려 가미카쓰정은 '고향의 색'을 목표로 아트 프로젝트가 진행되었다. 2005년부터의 준비 단계에서는 에치고츠마리 대지의 예술제를 니가타현까지 견학하며 종합 디렉터 기타가와 후라무 씨 등의 조언을 얻어 실행위원회를 설치하고 기업화를 검토했다. 2007년에는 마을 다섯 개 단위의 지구실행위원회를 설치하여 다호리츠코 씨 등 5명의 현대미술가의 구상에 의한 야외 예술작품의 제작과 설치를 진행했다사진 3-2. 이들 작품은 모두 삼나무 간벌재를 중심으로 마을 주변 산에서 나오는 재료를 사용해야 한다는 조건으로 5지구에서 총 3000명에 달하는 지역 주민들의 자원봉사활동에 의해 만들어졌다.

2013년, 지금까지 작품의 제작·설치에 종사한 마을 사람들이 생생하게 활동하는 모습이나 작가와의 만남이 계속되면서 '삼림 아트 프로젝트 2013사업'이 추진되었다. 이것은 아트 프로젝트를 유치한 오키타大北·다니쿠치谷口 마을의 주민과 대학생 등 자원 봉사자 손으로 아티스트의 쓰치야키 미오土屋公雄 씨 구상을 바탕으로 야외무대가 되는 작품을 쓰루기산 임도 근처 다니강 옆 계단식 논에 설치한 것이다.

이들 지구별 프로젝트의 바탕이 된 것은 행정당국에서 1988년에 시작한 1Q운동회이다. 동네 5지구大字마다 주민 자신이 지혜로 지역만들기를 위한 사업을 벌여 운동경기처럼 지역 간에 그 성과나 아이디

사진 3-2 계단식 논 중 다호리츠코 씨의 작품

어를 서로 경쟁함으로써 즐겁고 생기 있는 마을만들기를 하는 활동으로 현재까지 실시하고 있다.

가미카쓰정에 내장된 문화자원

가미카쓰정의 활동을 조사하면서 인상 깊은 것은 그동안 지역에서 길러지고 전해오는 무형의 문화자원과 공유해 온 생활 스타일의 저력이다.

예를 들면 쓰레기 분리는 각 가정이 차로 쓰레기를 동네 한 곳밖에 없는 쓰레기 수집장까지 옮기고 손으로 분리한다는 자율적인 행동에 의해 이루어지지만 이것은 마을 주민에게 부담을 강요하는 것으로 다른 지역에서는 쉽게 모방할 수 없을 것이다. 가미카쓰정에서는 화전을 하고 있던 시절 이전을 포함해 쓰레기수거차가 왔다 간 적이 없다. 그래서인지 모르지만 쓰레기의 분리에 대한 불평은 있지만 쓰레기 수집장까지의 반입에 대한 불만은 적다. 쓰마모노의 출하도 마찬가지지만 가미카쓰정에서는 마을 주민이 스스로 움직인다는 행동양식이 당연한 것으로 공유되어 있으며, 이것이 현재의 과제해결의 보이지 않는 자원이다.

마찬가지로 지역별 아트 프로젝트는 많은 주민들의 자원봉사에 의해서 진행되고 있어 지역 활동참가의 회피는 도시 지역에서는 생각하기 어려울 정도로 낮다. 이 배후에는 농림업의 작업을 중심으로 한 취락단위의 결속과 함께 마을 신사에 꼭 있었던 농촌무대에서 전후까지 성행해 왔다는 인형극주: 사진 3-4 참조에 맞는 극장 운영이나 직접 연기에 관련된 것의 체험이 공유되어 면면히 살아 숨 쉬고 있는 것처럼 느껴진다.

가미야마정과 NPO 그린밸리

　행정당국이 적극적으로 과제해결을 위한 새로운 대처를 전개하고
있는 가미카쓰정에 대해 가미야마정에서 활동의 중심이 되고 있는 것
은 오미나미 신야大南信也 씨가 이사장을 맡은 NPO법인 그린밸리제11장
참조이다. 그린밸리는 2004년에 설립되었으나 그 전신이 된 것은 1992
년 창립의 가미야마정 국제교류협회이다. 미국에서 대학원을 수료하
고 가업인 건설업을 하고 있던 오미나미 씨가 국제교류에 관련되게
된 것은 모교이기도 한 군립 신령초등학교에 남겨져 있던 파란 눈의
인형 '앨리스'의 미국 귀향운동에 PTA로 참여하게 된 것으로 부터이
다. 이때의 다양한 체험을 공유한 5명이 그린밸리의 창립 멤버가 되
었다.
　앨리스의 귀향을 실현시킨 뒤 국제교류협회를 설립했지만 활동이
부진하여 괴로워하던 시기가 5년 정도 이어졌다. 1997년에 도쿠시마
현 장기계획으로 '도쿠시마 국제문화마을 프로젝트'에 대한 작은 신문
기사를 기회로 주민 수준에 맞는 국제문화마을을 현県에 제안하려는
움직임이 시작된다. 그 해 4월에는 국제문화마을위원회에서 이미
1989년 미국 여행에서 관심을 갖고 있던 어댑트ADOPT · 로드 · 프로그
램역주 : 지역주민이 하천 등 공공물을 양자로 간주하여 청소 등 관리하는 미국식 운동과 아티
스트 인 레지던스KAIR라는 두 개의 사업을 제안했다. 이 '환경'과 '예술'
이 오늘날까지 이어지는 활동의 두 가지 방향성이 되었다.
　국제교류협회는 문화청 등의 지원금을 얻어 1999년 가미야마 아티
스트 인 레지던스를 시작한다. 첫 번째에는 외부 큐레이터를 불러 운
영을 맡겼는데 제2회부터는 유명 작가를 초빙하기 위한 예산도 없고

아트 전문가도 없다는 것을 역으로 활용해 아마추어가 저예산으로 운영할 수 있는 무명의 '아티스트를 키운다'라는 사업을 진행했다. 2004년에 국제교류협회는 NPO법인 그린밸리로 개편되었고 KAIR는 지역주민의 협력 아래 작가가 창작활동에 전념할 수 있는 환경을 제공하고 여기서 얻은 체험이 앞으로의 창작활동에 좋은 영향을 미치는 것, 아트와의 교류의 기회가 적은 지역주민들의 새로운 발견, 가치관, 교류를 누릴 수 있는 것을 목표로 현재까지 진행되고 있다.

빈집 재생과 이주자, 지사

게다가 장기간 체류, 제작이 가능한 장소를 마련하여 아티스트를 불러들여 지역에서 돈을 쓰게 함으로써 마을에 경제적 효과를 가져오게 하기 위해 빈집의 재생을 진행했다. 이것이 화제가 되면서 가미야마정으로 이주 희망자 문의가 쇄도하게 되었다. 그린밸리에서는 이주에 의한 단순한 인구증가를 목표로 하는 것이 아니라 지역활동의 유지·활성화, 젊은층의 감소를 막거나 학교 학생수 유지 등 가미야마정의 과제해결로 연결될 인재를 불러들이는 기회라고 생각했다.

그 때문에 행정당국에서 가미야마정 이주교류지원센터 운영사업을 위탁받고 이주 희망자의 등록정보로서 물적 조건 외에 기술이나 이주 후에 '무엇을 하고 싶은지'를 기재하도록 하였다. 이것을 바탕으로 빈집이 있는 지역측의 요구에 바람직하다고 생각되는 이주자를 역逆으로 지명했다.work in residence 이로써 빵 굽는 조리사나 디지털 크리에이터 등 다양한 인재의 이주를 실현해 2011년도에는 가미야마정에서는 처음으로 인구가 증가하였다.

사진 3-3　툇마루 사무실
(가미야마정)

사진 3-4　재생된 요리이좌
(가미야마정)

　　가미야마정의 풍부한 자연이나 인터넷 환경에 끌려 크리에이터가
전통민가를 리노베이션한 공간으로 이주해 오면 그와 알고 지내는 사
람들의 연결로 이주자가 차례차례 등록하였으며, 지사를 짓는 도쿄의
ICT기업도 나타났다.

지사를 둔 기업은 2013년 현재 10개사로 이 가운데 2사는 본사도 이곳으로 이전했다. 전통 민가를 개장하고 지역 주민이 자유롭게 사용할 수 있는 툇마루를 마련한 사무실도 오픈했다사진 3-3. 재생된 빈집은 차례차례 상가로 활기차 갔다. 이 과정에서 봉제공장으로 전용된 뒤 방치되던 과거의 극장 요리이좌의 재생도 진행되어 KAIR의 집회장으로 활용하고 있다.사진 3-4

이처럼 환경과 예술을 토대로 하는 오늘까지의 노력의 결과로 셔틀라이트 오피스 개설로 이어진 셈이지만 그린밸리가 처음부터 그것을 귀착점으로 계획적 · 이론적으로 활동하던 것은 아니다. 하나씩 과제를 뛰어넘어 보다 좋은 지역 만들기를 진행하는 창의적 궁리를 반복하면서 인연이 없었던 사람과의 관계가 맺어지면서 네트워크가 생성되는 예기치 않은 성과로서 얻어진 것이 가미야마정으로 옮긴 이주자이며 지사였던 것이다.

가미야마정의 유형 · 무형 문화자원

일본 각지의 후보지 중에서 가미야마정을 선택한 ㈜프랫 이즈Plat ease의 스미다 씨는 가미야마정에 왜 지사를 마련하게 되었는가라는 질문에 대해 자연환경과 광섬유 망 등의 인프라에 더해 '시골스럽지 않고 여유로움'이 결정적이었다고 한다. 오피스 주위에 설치한 툇마루를 주민에게 개방하였지만 실제로 사용할까가 걱정되었다. 하지만 지금은 저녁때가 되면 밭에서 채소를 따온 주민이 툇마루에 걸터앉아 사무실에서 일하는 사람과 자연스러운 교류가 일어나고 있다.

가미야마정에는 시코쿠 88개소 중 하나인 소산사와 순례자의 원조로 전해져 오는 장삼암도 있다. 마을에는 순례자를 위한 여관도 있고 순례자가 걷는 모습도 보인다. 관용이라고 하는 가미야마정의 커뮤니티센터에는 순례자를 대접해 온 문화가 남아 있다고 지적하고 있다. 또 가미야마정도 인형극이 많이 상연되었던 역사를 가지고 있으며, 농촌무대는 한 곳을 제외하고 대가 끊어진 것으로 무대에서 썼던 그림 172조1459장가 현존하고 있다5. 이 마을의 인형극은 지금도 각지에서 상연되고 있다. 가미카쓰정과 동일하게 이러한 무형·유형의 문화자원도 현재의 활동에 영향을 준다고 생각한다.

창조농촌의 구축과 지속

창조농촌을 추진하는 두 개의 주체

가미카쓰정과 가미야마정의 창조적 지역 만들기는 그 추진자를 보면 대조적이라고 할 수 있다. 가미카쓰정에서 활동을 선도하는 주요한 역할은 행정당국, 농협 등의 조직이나 거기에 속하는 전문가로 그들의 전문분야 밖에 속하는 외부 인사와도 교류하면서 강력하게 활동을 추진하고 있다. 그 활동은 대체로 산업재생 → 환경문제 → 예술문화로 발전하고 있으며 현재는 마을이름·리의 지역 활성화를 염두에 둔 아트 프로젝트에 힘을 쏟고 있다.

이에 대해, 가미야마정에서는 NPO가 추진자로서 환경문제, 문화·예술 → 문화 비즈니스로 활동을 전개하고 있으며 행정은 지정관리자 위탁 등의 측면에서 지원하는 역할을 하고 있다. ICT기업의 지사 유치를 위한 인프라가 된 광섬유 망은 가미야마정이 나라현 사업으로 설치한 것으로 기업활동의 기반정비를 위한 것이 아니라 마을 주민의 ICT환경정비나 지상디지털 TV방송 난시청 문제에 대한 대책으로서 추진되었던 것이었다.

두 마을 사이에 있는 다른 점을 찾아보면 직면한 과제에 대응해 온 행정력의 차이에서 기인되는 것은 아닐까? 가미카쓰정은 쇼와기에 마사키댐 건설 등 대규모 공사의 담당자로서 산업쇠락이라는 매우 중요한 과제에 직면한 행정당국은 마을운영에 대한 위기감을 지속적으로 가지고 있었다. 한편, 가미야마정에는 댐을 건설하지 않고 대표적 1차 산품인 스다치유자나무류(類)의 상록 낮은 나무가 오늘날에도 경쟁력을 갖고 있으며 시다레 벚꽃이나 가미야마 온천 등의 관광지에 사람을 끌어들였기 때문에 행정은 비교적 여유를 가지고 마을 건설을 추진할 수 있었다고 생각된다. 이러한 행정의 모습과 앞으로 다가올 과제와의 간극을 메우며 재빨리 움직여 온 주체가 NPO라고 할 수 있을런지 모른다.

행정 주도의 지역재생과 NPO 등의 주민 섹터 주도형 마을 건설, 양측이 협동하여 추진해 나가는 것이 이상적이지만 현실적으로는 꽤 어렵다고 생각된다. 어느 방식이 뛰어나다는 것이 아니라 지역의 특성과 역사를 바탕으로 창조농촌 구축에 어울리는 주체의 바람직한 모습이 요구되고 있다고 할 수 있다.

3층 구조의 네트워크 모델과 핵심인재

그러나 어느 경우에도 빼놓을 수 없었던 것은 활동을 진행하는 핵이 되는 다양한 사람들과의 네트워크이다. 이 네트워크의 다양성을 고찰하기 위한 틀로서 이것을 가지고 있는 사람의 친밀성이나 효용 면에서 네트워크를 분절하여 3층의 레이어 모델을 제시할 수 있다.그림 3-2. 이 모델에서는 가족, 친척, 이웃관계와 직장 등 일상적으로 얼굴을 맞대어 강한 유대감으로 연결되어 지역에 뿌리 내려 닫혀 있는 네트워크가 제1층에 있다. 그 위에 있는 제2층은 거래관계, 지연단체 등 정기적으로 커뮤니케이션하는 관계가 있다. 제3층에는 비공식적으로 SNS 등으로 정보를 교환함으로써 형성된 것과 같은 개방적으로 펼쳐지는 네트워크를 두는 모델이다.

우리가 가진 모든 네트워크는 이러한 어딘가에 속하지만 개개인이 갖는 일의 내용, 생활 스타일, 문화적 환경, 성향 등에 의해 각 층의 네트워크의 조밀稠密에는 차이가 있고, 라이프 이벤트 등에 의해서도 변화한다고 생각한다. 개성이나 특이성은 신체적·정신적 특질, 쌓아 온 경험, 내재된 지식·스킬인 것과 같이, 그 사람이 가진 사회적 관계, 네트워크로 표현된다. 예를 들어 지역에서 계속 살고, 거기서 일하는 사람은 제1층, 2층에 둘 수 있는 밀도 높은 관계를 유지하고 있는 반면, 제3층에 위치한 네트워크는 약한 것으로 추측할 수 있다. 한편 외부로부터의 방문자는 제3층에 위치하는 연결관계에서 들어온 것으로 제1층의 네트워크를 형성하기에는 시간이 걸린다.

제2절에서 창조농촌을 구축하기 위한 핵심인물의 존재와 그 생성에 대해 말했지만 그린밸리의 오미나미 씨는 바로 그 핵심인물 가운

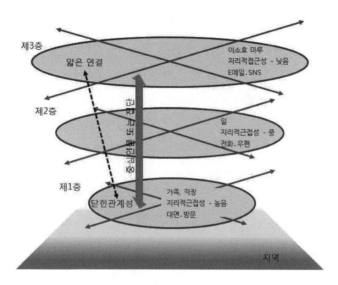

그림 3-2　계층구조의 네트워크 모델

데 한 명으로 폭넓은 네트워크의 결절점이 되는 역할을 하고 있다. 그러나 오미나미 씨는 해외거주 경험도 있는 U턴한 사람이었지만 지역활동을 시작했을 당시에는 아티스트나 크리에이터라고 하는 이후 활동에 중요사항이 되는 사람들과의 연결은 거의 없었다.

활동 추진과정에서 우연한 만남으로 인해 네트워크가 차례로 연결되고 동시에 오래된 민가, 자연, ICT환경 등 가미야마정의 잠재적인 가치를 제대로 알게 되었다. 가미카쓰정 경우에서 언급한 요코이시씨 등도 같은 것을 지적할 수 있다.

이 처럼 창조적 활동의 기점으로 활동을 진행하는 핵심인재는 필요한 3층에 걸친 네트워크 등의 자원을 처음부터 모두 가지고 있었던 것은 아니다. 오히려, 오미나미 씨가 아티스트나 크리에이터와 연결

되듯이 제3층에 자리 매김 되는 기존의 네트워크가 얇다는 것이 특별
한 아이디어나 새로운 활동을 태동시키는 가능성을 가지고 낯선 사람
과 가변적으로 연결할 수 있는 여백을 가져온 것은 아닐까 싶다.

　한편, 가미카쓰정의 경우, 지역에 밀도 높은 네트워크를 가지는 조
직이 핵이 되어 NPO 등을 플랫폼으로 하는 비일상적인 활동을 개입
시키는 것에 의해 지속적으로 타 분야의 사람과 신뢰를 가지고 연결
되는 네트워크를 만들어내는 데 성공했다.

　농산촌에 비해 대도시는, 정동情動, 사회적 관계, 습관, 욕망, 지식,
문화회로로 형성된 스킬의 모임을 가지고 있는 사회환경으로 예측할
수 없는 우연한 일의 만남, 타인他者性과의 만남, 여러 특이성끼리의
예측할 수 없는 만남의 기회로서의 특성을 가진다Negri, Hardt 2009, 미즈시
마 2012. 이러한 대도시에 있는 창조적 활동을 유발하는 집합적 특성을
농산촌이 갖추는 것은 극히 어렵고 일상적인 교류 속에서 다양성이
풍부하게 펼쳐지는 네트워크를 형성하는 것은 곤란하다. 그러나 이
농산촌에서 중층적인 네트워크를 가지고 활동을 시작하는 기점이 되
는 핵심인재나 집단을 만들 수 있는 길은 본 장의 사례에서 시사하고
있다.

문화 견해의 시점

　가다 유키코嘉田由紀子 2002는 장기간에 걸쳐 비와코琵琶湖: 교토 근처의 큰
호수에서 물 환경과 생활에 관한 조사를 통해 생활환경의 구조를 물질
세계, 사회관계 · 조직, 정신세계 · 가치관으로 구성되는 것으로 파악
하고 각각에 관련된 '물질적 거리' '사회적 거리' '심리적 거리'라는 시

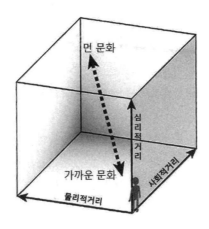

그림 3-3　문화의 견해

점에서 고찰하고 있다. 이 견해에 의하면 집 근처의 호수로부터 얻은 물은 물질적으로도 사회적으로도 심리적으로도 '가깝다'라고 하는 데 비해 수십 km 떨어진 수원에서 관을 통해 자동적으로 보내주는 수돗물은 모든 시점에서 '멀다'라고 생각하고 있다.

　이 견해를 빌어 문화와 사람 사이를 물질적 · 사회적 · 심리적 거리라는 시점에서 보면 무엇이 보일까?그림 3-3 예를 들어 가미카쓰정과 가미야마정 주민들에게는 현대예술이라는 '멀리 있는' 문화를 직접 만지고 작품제작에 직접 관여하는 것에 의해 '가까워진' 것으로 되었으며, KAIR 등에 참여한 젊은 아티스트에게는 그곳에서 살면서 교류함으로써 '멀리 느꼈던' 농촌의 전통적 문화가 '가까운' 것으로 되었다. 또 오래된 민가와 전통인형극 등 그곳에 사는 사람들도 사회적 · 심리적으로 '멀어져 있던' 문화의 가치가 외부 방문자들의 시사나 새로운 활동에 의해 발굴되어 '가까워졌다'는 프로세스도 알 수 있다.

이렇게 문화 투시도라는 관점에서 보면, 가미카쓰정과 가미야마정의 사례에는 '먼' 문화의 반입과 지역에 파묻혀 있었던 '가까웠던' 문화자원 발굴 등의 문화에 대한 거리 변화, 문화의 재배치와 교차가 내포되어 있어 그것이 지속적인 창조적 활동의 한 동기가 되었다.

또 도쿄에서 방송 등을 통해 일방적으로 흘러오는 소비되어질 뿐인 '먼' 문화의 홍수에 대해 생활을 풍요롭게 하는 '가까운' 문화를 어떻게 복원하여 새로이 만들어낼 수 있는가가 창조농촌의 한 과제라고 지적할 수 있다. 먼저 말한 네트워크 모델에서 다룬 중층적이고 다양한 네트워크는 그것을 추진하는 사회적 장치로서 필요하다고 할 수 있다.

창조농촌의 지속적 발전과 창조도시 네트워크

심리학의 창조성 연구에는 두 개의 커다란 패러다임이 있다고 한다. 하나는 창조성을 개인 안에 있는 특성, 능력으로 파악해 일상생활에서의 문제해결에 있어서 '개인 입장에서의 새로움'을 생각하는 '소문자 창조성small creativity'이고, 또 하나는 창조성을 사회·문화적인 측면에서 파악해 예술과 과학을 비롯한 '사회적 입장에서의 새로움'을 만들어내는 것을 그 본질로 보는 '대문자의 창조성large creativity'이다. 나츠 보리 2005

창조농촌으로 가기 위해서는 이 양쪽의 창조성을 배려할 필요가 있다. 주로 '대문자 창조성'에 관련된 첨단적인 예술문화 행사에 따라 현대예술 등 '먼' 문화를 사람들에게 '가까운' 것으로 하는 것도 필요하다. 그러나 동시에 사람들로부터 '멀리 사라져 있던' 지역문화를 재발견하고 그것을 '가깝게 하는' 것, 모든 사람에게 '소문자 창조성'을 양성하는 것도 중요하다. 이 모두가 함께 어우러져 가야 그곳에 사는 사람들에게 일상적인 새로움이 갱신되어 발견과 창조를 동반한 삶이 풍부하게 지속되는 지역을 실현할 수 있다.

물론, 이것은 하나의 자치단체나 지역의 힘만으로 이뤄질 것은 아니다. 이 두 가지 창조성에 관련 활동을 만들려면 떨어진 다른 지역에 사는 다양한 사람들이 관계하는 중층적인 네트워크의 형성이나 물질적 · 사회적 · 심리적인 거리를 가지고 부설된 문화적 가치와 그 가치 검토과정이 깊게 관여하고 있으며 서로 다른 자원이나 특성을 가진 지역과 열린 교류의 열쇠가 된다.

그 때문에, 창조도시/농촌을 목표로 자치단체들이 자발적으로 네트워크를 형성하여 규모나 환경이 전혀 다른 대도시와 농산촌 관계자가 정기적으로 대화할 수 있는 플랫폼을 가지는 것은 단순한 정보교환의 기회를 만드는 것이 아니라 보다 중요한 의미를 가지고 있다. 창조농촌과 창조도시의 긴밀한 상호교류와 대등한 관계에 의한 대화는 창조적인 지역만들기와 그 지속을 위해 필요한 도구라고 인식해야 한다.

게다가 이런 지역 간 네트워크의 최종 끝부분에는 창조도시/농촌에 관심을 보이는 모든 조직과 사람이 자유롭게 접속할 수 있는 커먼 스페이스Common Space의 창설일 것이다. 그곳에 가면 다양한 문화에 대한 폭넓은 지식 · 스킬과 동시에 창조적인 지역만들기에 관한 실천활동에 대한 노하우를 얻을 수 있고 예측할 수 없는 만남과 새로운 관계를 형성시킬 수 있는 장소로서 만들어지면 모든 창조농촌과 창조도시의 지속적 발전을 지탱시키는 공유 문화자원이 되는 것이 틀림없다.

⟨주⟩

1. 창조도시네트워크 일본(CCNJ) 참가단체 일람 참조.
2. 2000년, 2005년, 2010년의 3번의 국세 조사결과를 바탕으로 5년간별 5세 단계별 코호트의 인구증감을 추계한 것이다. 이 5년간에 그 코호트에 속하는 인구증감이 없으면 0을, 인구감소가 있으면 마이너스, 늘어난 경우는 플러스 값이 된다. 또한 4세까지의 연령은 5년 전 조사단계에서는 태어나지 않기 위해 데이터를 나타내는 것이 없다. 또 75세 이상은 자연감소가 커지지 않고 시읍면별 사회증감의 경향은 별로 반영되지 않다고 생각되므로 생략하고 있다.
3. 『홍보 가미카쓰』(2012.6 및 2013.6)에 의하면, 견학자수는 2011년도 3004명, 2012년도 2455명이다.
4. 『홍보 가미카쓰』(2012.5 및 201.3.7)에 의하면, 가미카쓰정의 쓰레기재활용율(자원 쓰레기 양/소각 쓰레기 양+자원 쓰레기 양 ※거의 100% 가정에서 처리되고 있는 쓰레기는 포함되지 않는다)은 2010년 54%, 2011년 55%, 2012년 59%이다.
5. 가미야마정 문화재보호심의 회장으로서 맹장지에 그린 그림의 조사를 계속하고 있는 아이하라 아키오 씨의 할아버지는 이야기의 명인으로 알려져(도쿠시마현 지정 무형문화재 예능기술 보유자로 인정되고 있다), 오사카 분라쿠의 상급 연예인과의 교류도 깊었다.

⟨참고문헌⟩

池田剛介・東京芸術大学美術学部先端芸術表現科たほりつこ研究室編 (2011) 『上勝 Earth work 2010』上勝 Earthwork2010
笠松和市・佐藤由美 (2008) 『持続可能なまちは小さく 美しい』学芸出版社・嘉田由紀子 (2002) 『環境社会学』岩波書店.
上勝町アートプロジェクト実行委員会編 (2007) 『上勝町アートプロジェクト』第22回国 民文化祭上勝町実行委員会
上勝町誌続編編さん委員会編 (2006) 『上勝町誌続編』上勝町・神山町 (2011) 『第4次神山町総合計画』神山町
神山町文化財保護審議会編 (2000, 2002) 『人形芝居の襖(1)・2)』神山町教育委員会・後藤晶子・立木さとみ編著 (2006) 『いろどり』立木写真館・後藤和子 (1999) 『芸術文化の公共政策』勁草書房・佐々木雅幸 (2001) 『創造都市への挑戦』岩波書店
Jacobs, J.(1984) *Cities and the wealth of nations: principles of economic life*, Ranaom House (中村達也ほか訳 (2012) 『発展する地域衰退する地域』筑摩書房)
創造都市ネットワーク日本ホームページhttp://ccn-j. ne(/?page_id = 2 (2013.8.18.閲覧)
総務省地域力創造グループ地域自立応援課 (2012) 『創造的人材の定住・交流の促進に向けた事例調査』総務省
総務省統計局 (2012) 「平成22年度国勢調査人口等基本集計結果.産業等基本集計結果. 職業等基本集計結果」総務省ホームページ
http://www.stat.go.jp/data/kokusei/2010/index.htm (2013年6月13日最終確認)
総務省統計局 (2012) 『統計でみる市区町村のすがた2012』総務省
徳島県勝浦郡上勝町誌編纂委員会編 (1979) 『上勝町誌』上勝町

德島県上勝町『広報かみかつ』2012年6月号・7月号, 2013年5月号・7月号

德島県上勝町編 (2011)『いっきゅうと彩の里かみかつ』上勝町

特定非営利活動法人阿波農村舞台の会編 (2007)『阿波人形浄瑠璃と農村舞台』特定非営利 活動法人阿波農村舞台の会

夏堀睦(2005)『創造性と学校』ナカニシヤ出版・根本祐二 (2013)『「豊かな地域」はどこがちがうのか』筑摩書房

Negri, A. Hardt, M. (2009) *Commonwealth*, Belknap Press of Harvard University Press, 水嶋一 憲監修, 幾島幸子・古賀祥子訳 (2012)『コモンウェルス』(上・下) NHK出版

横石知二 (2007)『そうだ 葉っぱを売ろう！』ソフトバンククリエイテイブ

생물문화 다양성을 살린 투어리즘

시키다 아사미(敷田麻美)   **chapter 4**

크리에이티브 경제모델이 도시 경제의 존재방식에 큰 영향을 미치
고 있다. 또한 국내에서도 도시재생이나 사회적 포섭을 포함한 창조
도시 정책추진이 중요시되어져왔다. 도시사회나 경제를 움직이는 구
동력으로서의 창조도시 이론은 존재감이 증가되고 있다.

　이러한 도시에서의 시도 뒤에 농촌은 그저 자연이 풍부한 '시골'이
며 도시에 대한 농산물 공급지로서 인식되어져 왔다. 그러나 2006년
에 OECD가 발표한 〈The New Rural Paradigm〉에서 볼 수 있듯이
농촌은 이미 농업생산지대가 아닌 자원이 풍부한 '가능성이 있는 새
로운 시골'로서 기대되고 있다. 그 제안 중 하나인 '창조농촌'은 제1
장의 사사키 마사유키의 제안에서 보는 것처럼 창조성을 발휘하고,
농촌과 자원을 고도하게 활용한 창조산업의 집적지로 바꾸자는 시사
점이 있다.

　그 열쇠는 농촌의 풍부한 자연 그리고 그곳에서 생산되는 생산물을
도시문화와 융합시킨 창조적 활용에 있다. 지역자원을 그대로 소비하
는 것이 아닌 지속가능한 소비가 고도소비를 농촌에서 창출해내는 것

이다. 이것은 농촌의 자연을 포함한 지역자원인 '문화자원화'이기도
하다. 이 장에서는 자연과 문화의 상호작용을 평가할 수 있을 것이라
기대하고 있는 '생물문화 다양성'에 대한 개념을 소개한다. 그리고 자
연과 문화로 역할을 분담시킨 도시와 농촌의 관계를 재구축하고자 시
도하는 것이다. 투어리즘에 의한 자연과 문화의 융합 프로세스와 그
사례에 관해서 논하고자 한다.

생물문화 다양성에 근거한 농촌과 도시의 관계

농촌의 생물 다양성과 생태계 서비스

1992년 6월에 브라질 리우데자네이루Rio de Janeiro에서 개최된 '지구
정상회의'에서는 지구환경의 보존과 지속가능한 관계를 위한 구체적
대책이 논의되었고, 그때 '생물 다양성'이 정의되었다. 현재 그 단어
는 우리의 생활에 있어서 일상적이 되었고 자연환경의 질과 건전도健
全度를 나타내는 지표로서 상용되어지기 시작했다.

2012년에는 정부가 '생물 다양성 국가전략 2012-2020'을 결정하고
이후의 정책에도 생물 다양성이 도입될 것이라는 것이 명기되었다.
이 전략에서는 '모든 생물이 각기 다르다는 것'이 바로 생물 다양성이
며 유전자단계에서 생태계단계까지 다양성의 충실이 중요하다고 보
고 있다. 하지만 '그린 이미지'와는 반대로 생물 다양성을 정확하게 설
명하는 것은 의외로 어렵다.

관련 개념인 '생태계'를 쉬운 표현으로 하면 식물이나 동물 등의 생
물과 비생물환경을 종합한 각 요소가 서로 영향을 주고받는 복합계라

고 설명되어져 있다. 그러나 이대로는 무엇을 의미하는지 확실하게
알 수 없다. 그리고 생물연구자나 환경보존 관계자만이 오로지 사용
해 왔던 과학용어인 생물 다양성도 사회의 이해가 애매한 채로 이미
지로서만 친근해져 왔다.[1]

생물 다양성과 관련지어 최근 사용되어지게 된 단어로 '생태계 서
비스'가 있다. 생태계 서비스란 작용에 의해 생겨나는 가치이다. 유모
토湯本(2011)는 인간이 생태계의 기능을 이용할 때의 가치 전체라고 설
명하고 있다. 그것은 생태계로부터 얻어진 '이점'이며, 지불대상이 되
는 것이다. 생태계 서비스는 기반 서비스, 공급 서비스, 조정 서비스,
문화적 서비스 등의 네 가지로 분리되어Millennium Ecosystem Assessment
2007, 모든 생태계 그 자체의 '존재가치'가 아닌 생태계가 제공하는 서
비스의 내용이다. 서비스에 관해 생각할 경우에 이익을 얻는 주체를
상정할 필요가 있는데 생태계 서비스 제공에서의 이익자란 바로 우리
인간이다[2]. 즉, 우리는 생태계에서 발생되는 여러 가지 서비스를 주체
적으로 소비하고 있다.

도시와 농촌의 괴리

생태계 서비스를 얻기 위해서는 건전한 생태계가 필요하다. 그 건
전도를 나타내는 기준이 생물 다양성이라고 생각하면 될 것이다. 그
러나 실제로 생물 다양성을 유지하는 활동이나 실천은 어디에서 일어
나는 것일까?

생물 다양성과 관련된 생물의 분포량은 도시가 아닌 농촌이나 도
시 주변부의 인구가 비교적 적은 지역이 많다. 도시, 특히 대도시 내

부에는 인공적으로 만들어진 도시 공원이 많으며 소위 말하는 자연환경을 그대로 유지하고 있는 장소는 신사의 숲 등을 제외하면 의외로 적다. 그렇기 때문에 생물 다양성의 무대는 아무래도 도시 이외가 될 가능성이 높아진다. 이 배경에는 도시로의 인구집중이 있다. 국내에서는 고도 경제성장기에 농촌에서 도시로의 인구이동이 일어나 특히 대도시권에 인구가 집중되었다. 2010년의 국세조사에 따르면 '인구 집중지구'는 국토면적의 3.4%에 지나지 않지만 거기에 전 인구의 3분의 2에 해당하는 8600만 명이 거주하고 있다. 그러나 농촌은 개발 압력에 노출되는 일이 적고 자연환경의 혜택을 받은 장소가 도시에 비해 또한 많다. 그 때문에 현실에서는 생물 다양성을 생각하거나 보존하거나 할 장소는 농촌인 경우가 많다. 그러나 농촌에서의 생물 다양성 유지는 중요하지만 이것만으로 모든 것을 판단하는 것은 '자연이 소중하다'라는 것일 뿐 우리의 '경영'을 경시하는 것이 될지도 모른다. 자주 보고 듣는 것 중에 희소종을 보존하기 위해 그것을 이용해 온 선주민들의 전통적인 이용을 배제한다는 케이스이다. 이 경우 '소중한 것이 자연인가 인간의 생활인가'라는 대립구도가 되기 쉬우며 해결이 어렵다.

이와 같은 예시는 문화적 가치가 이미 인정되어지고 있는 전통적인 이용의 경우에 눈에 띄는데 전통문화뿐만 아니라 '현대문화'에서도 일어날 수 있다. 어느 사토야마*에 생식하는 희소종을 보호할 것인가, 근린 주민에 의한 사토야마에서의 레크리에이션활동을 허가할 것인가 하는 선택 등은 그 예시라 할 수 있겠다. 그리고 지역경제 진흥이

---

* 사토야마란, 취락, 사람이 사는 마을에 인접한 결과 인간의 영향을 받은 생태계가 존재하는 산을 일컬음.

라는 현실의 이익까지 포함하여 어떤 지역에 있어서의 생태계나 생물 다양성의 유지 또는 문화나 생활이라는 '이항대립구도'가 생겨나게 된다. 그러나 그것은 생태계 보존 자세를 취할 것인지, 문화를 취할 것인지가 겹쳐진 선택이다. 그것은 또한 생물 다양성이나 생태계라는 다시 말해, 국제기준과 지역사회의 문화가 갖는 기준과의 대립구도라고 생각할 수도 있을 것이다.

그런데 이런 대립구도는 도시에서는 성립되기 어렵다. 도시는 본래 개발을 전제로 하고 있으며 기업활동이나 고용기회, 즉 경제적인 도시의 매력이 우선시되기 때문이다. 더 나아가 도시에서는 예술이나 창작활동, 엔터테인먼트와 오락이라는 도시의 '문화 다양성'의 가치가 인정되고 있으며 생물 다양성이 다소 낮더라도, 경제활동이나 현대문화의 존재로 도시를 관대하게 봐준다. 물론 도시라 하더라도 물이나 식료품 등의 제공과 같은 생태계 서비스를 받지 못하게 된다면 유지되기 어렵다. 개인이 자유롭게 활동하고 현대문화를 기반으로 한 경제활동 면에서 풍요로워지고, 생태계 서비스를 농촌에서 구입하는 것으로 도시는 유지되어진다.

역으로 농촌에서는 지연地緣을 기본으로 한 지역 공동체가 유지되며 그 조직이나 조직을 기반으로 생산이나 활동이 유지되어져 왔다. 이것은 봉건적이라는 비판의 대상이 되기도 했지만 문화에 삽입되어 공고하게 구축되어진 조직은 최근까지 유지되어져왔다. 그것이 결과적으로 개발을 억제하는 것으로 이어져 농촌은 생물 다양성을 유지하고 생태계 서비스를 창출하는 장소가 되었다. 이와 같이 우리의 사회는 생물 다양성을 유지하고 생태계 생산을 떠맡은 농촌과 생태계 서비스를 향유하며 환경을 배려하면서도 쾌적한 도시생활을 즐기는, 경제나

문화활동의 중심으로서의 도시라는 두 개의 세계가 갖는 '괴리'에 직
면해 있다. 그러나 생물 다양성의 유지는 자연환경의 혜택을 받는 농
촌뿐만 아니라 사회적 과제로서 공유하지 않으면 해결할 수 없다. 생
태계 서비스를 농촌에서 일방적으로 공급시키고, 도시에서는 소비만
을 생각하는 방식이 유지될 수 없다는 것은 확실시되어지고 있다. 생
태계 표본이나 생태계 서비스의 공급을 이대로 농촌만이 짊어지고 있
는 것으로 괜찮을까

도시·농촌 상호작용계(系)를 위한 생물문화 다양성

이러한 도시와 농촌의 '괴리'는 시점을 바꾸어보면 쌍방이 부족함을
느끼는 것을 서로 잘 보충해주는 역할분담이다. 서로가 잘하는 역할
을 수행하면 된다는 발상인 것이다. 그러나 농촌은 문화를 짊어지지
않아도 된다는 사고방식은 세련된 '도시적 문화'만을 인정하는 것이
된다. 또한 도시에 전혀 생물 다양성의 요소가 없다고 생각하는 사고
도 도시 내의 신사 숲 등 도시 녹지생태계의 잘못일 것이다.

그러나 이와 같이 생각해도 계속 생태계냐 문화냐 라는 사고를 하
는 한, 어느 쪽이 우선인가를 고민하게 된다. 그 배경에는 생태계와
문화는 상호관계가 없다는 전제가 깔려 있다. 하지만 실제로는 생태
계와 문화는 밀접하게 관련되어져 있으며 그 상호작용에 주목할 필요
가 있다. 그것이 '생물문화 다양성Biocultural diversity'이라는 전제이다.

이 생물문화 다양성은 1988년 브라질의 베렌에서 행해진 국제민족
식물학회International Congress of Ethnobiology의 선언문에서 이미 사용되어
졌다[3]. 또한 Lob and Harmon[2005]은 생물문화 다양성이란 출신을 불
문하고 세계에 다름이 있다는 것의 총화라고 표현하고 있다.

하지만 중요한 것은 '다름'이 아니라 생태계와 문화의 다양성에는 상호관계가 있으며 그 관계가 있기 때문에 각각의 다양성다름이 유지될 수 있는 것이다. 그럼 실제로 상호작용은 있는 것일까? 여기에서 먼저 문화의 생성과 생태계의 관계에서 생각해 보고자 한다. 지역 고유의 문화는 지역의 생태계와 우리의 '관계' 속에서 생성되어져 왔다. 풍요로운 생태계에서 풍요로운 문화가 산출되어지는 것은 미야기현宮城県 아야정綾町의 '조엽수림문화'나 미야모토 쓰네이치宮本常一에 의한 어촌민속 소개의 예 등을 생각하면 상상하기 어렵지 않다. 그러나 관계 자체가 문화인 것이 아니라 실제로는 생태계와의 관계방식 스타일, 즉 '관계양식'이 문화이다.

그리고 시간과 함께 그것이 건축물이나 음악, 문화, 제례 등 여러 가지 형태로 사회에 고정되어져 간다. 예를 들면, 수렵방식이나 잡은 동물의 처리방식이 지역에 따라 다른 것은 지역마다 생태계가 다르고 또한 수렵대상이 되는 생물이 다양하고 다르기 때문이다. 그리고 다양한 생물을 수렵하려고 여러 가지 수렵용구가 개발되어져 간다. 더 나아가 이런 다양한 문화끼리 교류하는 것으로 거기에서 새로운 문화가 생겨난다. 이질적인 문화의 교차에 의해 새로운 문화가 생겨났던 예는 각지에 존재한다.

이와 같은 생태계의 다양성과 문화 다양성이라는 양쪽이 갖추어져야지만 지역은 풍요로워진다. 그래서 자연이 풍요로운, 즉 생태계만의 풍요로움이나 반대로 문화만에 착안한 풍요로움의 지표에서는 지역 전체의 풍요로움이 표현될 수 없다. 이 두 가지를 종합한 것이 바로 전술한 생물문화 다양성이다.

국내에서는 아직 적지만 생물문화 다양성에 관한 언급도 나오기 시

작했다이마무래(今村) 외 2011. 단, 생태계와 문화의 관계를 시사했던 것뿐
인 연구가 많고, 구체적인 관계성이나 메커니즘이 일반화되어진 예는
적다. 더욱이 언급이 있다하더라도 농촌사회의 전통적 사회형성이나
유지에 관심을 두는 것이 많았다스개(須賀) 2012 등. 물론 전통적 문화는
중요하지만, 그것만으로 한정해버리면 문화보존이나 보호가 무엇보
다도 중요하다는 대답밖에 없고 사회적·경제적으로 사람들이 충실
하기 위해서 필요한 현대문화가 평가되기 어렵다.

　이와 같이 생물문화 다양성에 관한 논의는 아직 불충분하다. 하지
만 그것은 종래에 완전 다른 것이라 생각해 온 생태계와 문화, 각각의
다양성의 종합뿐만 아니라 생태계와 문화의 '상호작용'에 주목한 사고
방식이다. 생물 다양성이 문화 다양성을 생성하고 또한 문화가 다양
하면 생물 다양성을 유지할 수 있게 된다. 즉, 생태계와 문화 사이의
'상호관계가 다양한 것'이 바람직하고 그 충실도를 '생물문화 다양성'
으로 평가한 것이다.

　이 평가에 의해 생태계와 문화를 짊어지는 역할을 분담하고 있는
농촌과 도시의 관계를 재검토할 수 있게 된다. 물론, 농촌의 생태계와
도시의 문화가 멋대로 상호작용하는 것은 아니다. 거기에는 매개하는
사람의 행동이나 구조가 필요하다.

　그 구조의 예로서 본 장에서는 '투어리즘'[4]을 들고자 한다. 투어리즘
은 농촌과 도시 사이에 교류를 만들어내고 이런 고정된 역할분담을 해
소할 가능성을 가지고 있다. 물론 도시사람들이 농촌으로 관광에 나서
면 된다는 단순한 이야기가 아닌, 도시의 현대문화와 농촌의 생물다양
성이 교류에 의해 재결합하는 것이다. 이를 위해 투어리즘의 사람을
교류시키는 기능이나 커뮤니케이션 창출기능을 활용할 수 있다.

도시와 농촌을 잇는 투어리즘

그린 투어리즘의 보급과 과제

일반적으로 농촌관광을 '그린 투어리즘'이라 하고, 농촌지역에서의 농업체험이나 농촌경관, 농촌에서의 체재 자체를 즐기는 것을 목적으로 발전되어 왔다사진 4-1. 그린이란 농작물을 재배하는 '푸름이 가득한 농촌경관'의 이미지를 나타내고 거기에는 도시에 없는 매력을 지닌 농촌에 대한 기대가 담겨져 있다. 또한, 이른바 '시골'이 갖는 자연을 연상할 수 있으면 도시주민에게 있어서 관광매력으로 작용하며 그린 투어리즘이 성립한다. 유럽에서는 '루럴rural 투어리즘'이나 '어그리agri 투어리즘'이라 불리고 있는데, 그린 투어리즘은 농촌을 포함한 시골을 대상으로 한 체험이나 체재를 목적으로 한 관광이다.

또한 그린 투어리즘과 동시기에 발전된 관광형태로서 '에코 투어리

사진 4-1 와이나리 투어를 즐기는 관광객
(홋카이도 소라치 지방)

즘'이 있는데[5], 그린 투어리즘이 자연환경에 더해진 농업활동이라는
사람들의 경영이나 농촌을 자원화하고 있는 반면, 에코 투어리즘은
원생자연에 가까운 사토야마에 이르는 자연환경을 관광자원화하고
있다. 농촌에서의 새로운 관광자원 개발이라는 점에서 양쪽의 차이는
미미하나 에코 투어리즘이 가이드투어나 사람과 자연을 연결 짓는 인
터프리테이션interpretation에 의한 환경학습을 강조한 것에 비해 그린 투
어리즘은 농촌에서의 체험이나 체재에 중점을 둔다[6]. 즉, 농촌을 배우
는 것보다 체재하고 체험하는 것이 중요한 요소이다.

　도시 주민에게 인기가 많은 그린 투어리즘이지만, 실제로 도시 측
의 이미지에 맞는 '적합지'는 국내에 많지 않다. 그것은 농촌이 무질서
한 도시화나 개발에 의해 매력을 잃어버렸기 때문이다. 또한 도시주
민의 대부분은 유럽의 농촌과 같은 '아름다움'을 고집하고 있기 때문
이기도 하다.

　그러나 관광객이 농촌을 이미지할 수 없더라도 이미지는 '구축'할
수 있다. 여기에서 도시로부터 오는 관광객이 바라는 이미지에 맞추
어 농촌경관이나 체재장소인 농촌 그 자체를 창출해내는 것재구축이 진
행되었다야베(矢部) 2005. 그것이 과도하게 진행되면 농촌이나 농업이 본
래 추구하고 있던 그린 투어리즘에 의한 농업재생을 지나쳐 앞질러
버리게 된다. 극단적인 경우에는 농업을 그만두더라도 관광그린 투어리즘
으로 지역이 재생될 수 있으면 좋다는 식이 되어버린다.

　여기에서 국내 투어리즘의 보급경과를 간단하게 다루고자 한다. 그
린 투어리즘이 정책적으로 인정되어진 것은 농림수산성이 1992년에
발표한 '새로운 음식·농업·농촌정책의 방향신정책'이다. 당시는 농업
외 수입확보나 근대화에 따라 변용된 농촌재생 등 농업측에서의 접근

이 눈에 띄었다. 그러나 2000년대에 들어서서는 관광입국 추진정책
으로 관광객이나 관광사업자들의 농촌으로의 접근이 두드러지게 되
었다. 농촌측도 도시의 요구needs나 기대를 감지하여 관광요구에 대응
하였다. 그것은 농산물을 소비하는 소비자로부터 농촌의 경관이나 이
미지를 소비하는 소비자로 '고객' 대상을 넓히는 것이었다.

 무엇보다 쓰즈이筒井(2008)가 지적한 것처럼, 도시와의 새로운 관계구
축은 지역개발에 대항한 농촌 독자적 지역만들기 운동으로서 이미
1970년대부터 시행되어지고 있었다. 그것은 농업 외의 수입에 대한 착
목이나 경영 다각화가 목적이었다. 그러나 2000년대에 들어서 농촌의
새로운 가치에 대한 주목이 확연해지기 시작했다. 그것은 도시주민에
의한 새로운 소비대상으로서 농촌을 재인식하는 것이었다.야베 2005

 이러한 농촌 내 · 외로부터의 접근은 농업정책의 한계와도 관련된
다. 전술한 정부의 신정책에서는 지역자원의 유지 · 관리가 명기되어
졌는데 2005년에 발표되어진 '음식 · 농업 · 농촌 기본계획'에서는 관
광입국의 시도와 관련된 그린 투어리즘에 의한 도시 · 농촌 교류가 제
시되어 있다. 위의 계획에서는 농업만의 접근에서 관광정책과의 연계
필요성이 제시되어져 도시와의 관련 없이는 농촌사회나 경제의 재생
을 추진할 수 없다는 것을 인정하고 있다.

 단, 그린 투어리즘이 농촌재생에 기여하는가에 관해서는 에코 투
어리즘이 자연환경보전에 기여하는지 어떤지와 같은 불명확한 점이
많다. 그린 투어리즘 추진은 농촌 지역자본의 유효활동이기도 한데,
고객이 되는 지역 외의 소비자 의향에 따라 농촌은 크게 좌우된다.
또한 농업 서비스 산업화에 호응한 생산자는 한정되어 있으며, 할
수 없는 사람과의 차이가 생겨 농촌의 '모자이크화'가 진행되었다다치

가와(立川) 2005. 이와 같은 그린 투어리즘 보급의 과제는 생산자와 소비자라는 농촌과 도시와의 관계가 기본적으로 변화되지 않는 것에 원인이 있다.

도시와 농촌의 관계성 재구축

도시와 농촌의 현재 관계는 ①도시가 농촌에서 농산물 제공을 받는 관계와 ②도시주민에 의한 농촌에서의 농산물 작업참가나 새로운 농업참가로 크게 나누어진다. 이 관계를 전제로 양쪽의 관계성 재구축을 검토하고자 한다. 먼저 제1의 관계는 도시주민이 소비자로서 농산물을 구입하는 것이다. 도시 내부의 농업지에서 농산물을 제공하는 경우도 있지만 그것은 모든 도시에 들어맞는 것은 아니고 대부분의 도시에서는 전국 또는 세계 규모의 농산물 공급에 따른 식생활이 성립되어 있다.

도시주민의 대부분은 일상생활에서 농업생산현장을 상상하는 것은 적다. 슈퍼의 상품 진열대에는 야채가 진열되어 있는 것이 당연하며 농산물도 공업제품과 같이 '상품'이라는 감각으로 구입한다. 그것은 이른바 기토우鬼頭(1996)가 말한 '생선토막의 관계'로 도시와 농촌은 생산물의 생산과 소비지라는 역할을 다해내는 것일 뿐이다.

하지만 최근에는 도시와 농촌의 이러한 괴리관계를 바꾸려고 하는 움직임이 있어 그것이 농업생산에 좋은 영향을 미치는 것이라는 주장도 제기되고 있다. 예를 들면 쓰타야鵄谷(2013)는 농촌의 생산자와 도시의 커뮤니티가 연계한 해외의 움직임인 CSA[7]를 소개하여 생산자와 소비자의 '찌그러진' 관계성을 바꿀 필요가 있다고 주장하고 있다.

CSA에서는 소비자가 의식하여 농산물을 고르는 것으로 유기재배농가[8] 등 의식 있는 생산자를 도시측에서 지원하는 구조이다.

그리고 CSA의 상대인 농업생산자의 생산현장을 방문하는 것으로, 농업이나 농촌 자체에 대한 관심이 높아져, 거기에서 후술할 원농援農: 농사일 돕는 일 등으로 이어지는 사례도 많다. 그리고 일단 상실된 도시와 농촌의 관계, 즉 소비자와 생산자의 관계 재구축에 도움이 되고 있다. 더 나아가 도시의 소비자가 농촌의 생산자와 관계를 맺을 때 생산물을 매개로 하여 커뮤니케이션을 하는 것이 괴리된 양쪽의 관계개선으로 이어지고 있다.

제2의 관계는 도시주민에 의한 직접적인 농작물 작업 참가나 새로운 농업 참가가 시작되는 경우도 있다. 이러한 예로서 먼저 원농이나 농산물 작업봉사를 들 수 있겠다. 고지엔広辞苑: 일본 국어사전에 따르면 원농이란 '농업 종사자가 아닌 특히 도시주민이 농산물 작업을 돕는 것'이라고 되어 있는데 원농이라는 표현 이외에도 도시주민에 의한 농업봉사로서 각지에서 행해져왔다. 그리고 최근에는 그것이 도시에서 떨어진 지역에서 행해지고 있으며, '봉사투어'나 WWOOF[9]로서 성립된 경우도 있다. 이런 투어는 이전부터 있었지만 도시주민에 의한 농업이나 시골에 대한 동경과 농업의 다각화를 추진하는 농업정책이 이를 촉진시키고 있다. 지금까지 폐쇄적이라고 일컬어졌던 농촌에 대한 도시 주민들의 어프로치를 공인할 '루트'로서도 주목할 수 있겠다.

한편, 본격적으로 농업에 취업하는 패턴도 있다. 그것은 도시에서 은퇴한 중년과 노년세대가 이후의 삶의 의미를 쫓아 본격적으로 농업을 시작하는 사례나 젊은층이 도시에서 노동조건의 취약함이나 장래성이 없다는 이유로 노동을 실감할 수 있는 직장을 동경하여 농업에 종사하게 되는 경우도 있다. 최근 '농업을 시도해 보자' '농업으로 살아보자'라는 메시지성이 강한 책이 출판되고 있는데 도시주민이 생각하는 이상적인 시골생활농업생활과 농업을 잇는 움직임이라 생각할 수 있다. 또한 그에 호응하여 즐기는 대상으로서의 '농업'도 시민권을 얻어오고 있다. 농업관계자 이외로부터 어그리 라이프의 제안 등이 이에 해당하는 예이다[10]. 이런 도시측에서의 어프로치는 시민농업 요구의 확대를 보면 명백해진다.[11]

　한편, 과제도 지적할 수 있다. 도시 주민은 농산물의 생산이 아닌 농촌체험이나 농업에 대한 일시적 참가로 충실한 시간을 보내는 자기실현에 관심을 가지고 있는 것이 많다. 그런 이유로 농촌이나 농업의 존재양식보다도 자신의 관심에 따라 농촌에 눈을 돌리고 있다. 농업이주자도 스스로의 과제실현을 위해 이주하는 패턴과 농촌에서의 풍요로운 삶을 추구하는 패턴이 있는데, 어느 쪽도 개인으로서의 요구의 실현이며 공익적인 의미는 적다.

　또한 도시측이 소비자라는 것에는 변함없다. 도시측은 지금까지 관여하기 어려웠던 농촌을 새로운 소비대상으로 삼거나 자기실현의 장으로서 이용하거나 하는 것을 지향하고 있다. 즉, 도시측에서의 농촌에 대한 요구는 자기실현의 장의 제공이다. 이 때문에 농촌 이미지를 일방적으로 강요당해 새로운 계발이 진행될 리스크 또한 있다.

　더 나아가 농작물 작업시 부족한 인력담당자을 도시에서 구하는 기본수요도 여전히 강하고, 교류보다도 노동력 확보가 중시되어지고 있다. 도시주민이 봉사나 원농자로서 농촌을 지원하는 경우라도 이와 같은 사정이 배경에 있는 경우가 많았다. 여기에는 공감이나 상호관계 충실의 시점은 적다.

하지만 이상과 같은 도시와 농촌이 상대를 이용하는 것을 기본으로
한 관계가 아닌 협동이나 창조에서 가치를 창출하는 새로운 도시 · 농
촌 교류가 필요해진다. 그것은 농촌이 갖는 풍부한 생태계와 생물 다
양성, 그리고 도시가 갖는 현대문화나 문화 다양성을 베이스로 한 상
호 교류나 커뮤니케이션에 의해 실현할 수 있다.

또한 농촌 입장에서 보면 도시가 풍부하게 가지고 있는 현대문화를
이용하여 농촌에서 가치창조를 하는 것이다.

생물문화 다양성과 와인 투어리즘

여기에서 하나의 시도로서 주목할 수 있는 것이 와인 투어리즘[12]이
다. 와인 투어리즘은 와이너리양조시설나 빈 포도밭을 방문해 경관이나
와인 테이스팅을 즐기는 관광형태로 야마나시山梨현이나 홋카이도 소
라치空知 지방이 유명하다사진 4-2. 그린 투어니즘이나 루럴 투어리즘의
일종이라 생각할 수도 있겠다. 그러나 와이너리 등을 방문하는 와이
너리 투어가 특별한 것은 도시와 농촌의 상호 교류나 상호작용이 있
어야 성립한다는 점이다.

먼저 와인 투어리즘은 포도밭 경관이 매력적이다. 경관은 그 지역
고유생태계의 구성요소이며 생물 다양성의 근원이다. 포도농원에서
생산된 포도는 다른 지역으로 이동시키기 어렵고[13], 포도 생산지와 양
조장소가 함께 있는 경우가 많다. 일본 술은 쌀곡류을 사용하므로 원료
미를 전국에서 조달할 수 있다. 그리고 소비지에 가까운 장소에서 생
산하는 것이 특징이다. 그렇기 때문에 일본 술의 생산과 지역의 생태
계는 이어지기 힘들다.

사진 4-2 농촌에서의 체험을 중시하는
그린 투어리즘(홋카이도 소라치 지방)

  그에 반해 와인제조는 포도 채집장소에서 바로 양조하는 것이 이상
적이며 지역 생태계와 생산물인 와인과의 접속이 견고하다. 일본 술
의 경우는 주조를 관광자원으로 한 '주조투어'가 주를 이루는 투어리
즘이 되는데 와인 투어리즘에서는 산지특정지역를 대상으로 한 와이너
리 투어가 성립된다야사카다(八坂田) 외 2011. 즉, 생산된 와인을 생산지인
농촌과 밀접한 관계가 성립되는 것이다.

  또한 기후나 일조, 토양의 성질 등 주변 생태계로부터 영향을 받
는 와인제조에서는 어떤 지역에 귀속되어 있다는 것을 생산자가 의
식하기 쉽다. 또한 지역 생태계를 구성하는 경관은 와인제조의 특징
이며 생산된 포도와 그것을 가공한 와인과 그 주변 경관은 한마디로
동체이다. 그렇기 때문에 와인을 즐기는 소비자는 그 와인의 '기원'
을 추구하여 와이너리를 방문하고 포도농원의 경관을 즐긴다. 생산
자나 생산지였던 농촌과의 이러한 '커뮤니케이션'이 와인 투어리즘의
매력이 된다.

단, 와인 제조방식은 소비지의 식문화를 담당하는 범위가 넓다. 와인은 생산지에서도 소비되지만 대부분은 지역 밖으로 유통되어 도시의 레스토랑이나 가정에서 소비된다. 거기에는 와인을 즐기는 식문화가 발달하여 치즈나 빵 등 다른 식재료도 포함하여 풍요로운 식문화를 성립한다. 또한 그것은 와인에 대한 평가나 해설 등의 창작활동을 포함한 창조적인 활동으로도 넓혀져 갈 것이다. 기호식품인 와인은 영양보급을 위해 소비되어지는 것이 아니라 가족이나 친구와 대화를 즐기며 와인을 매개로 커뮤니케이션하면서 소비된다. 그런 점에서 와인은 다른 농산물 가공품과는 다른 성질을 갖는다. 식문화나 대인 관계를 풍요롭게 할 수 있는 것이 와인이라는 식품이 갖는 특성이다.

한편 소비자에게 와인을 평가받기 위해서는 도시의 식문화를 의식함과 동시에 생산지인 와이너리나 포도농원 경관, 제조방침 등이 포인트가 된다. 이들을 무시하고 효율만을 추구한 와인제조는 가격이 싸다는 것 이외에는 좋은 평가를 받지 못할 것이다. 그리고 와이너리 투어에 참가하는 관광객은 생산지의 경관을 포함한 생태계와 생산자가 거주하는 지역 그리고 와인에 관한 도시의 식문화를 접속시키는 역할을 한다. 그것이 도시와 농촌의 새로운 관계성 구축이며, 생물 문화 다양성의 유지로 이어진다고 생각한다.

또한 도시에 유통된 와인이 생산지의 '증표'를 갖는 것으로서 도시에서도 원료 포도와 와인이 생산된 장소를 상상할 수 있다. 도시의 소비자도 오로지 와인의 맛만을 즐기는 것이 아닌 생산지를 방문하여 농촌의 생산자와 교류하며 와인을 즐기면서 농촌의 생태계를 실감할 수 있다. 이것은 와이너리 투어로의 참가의욕이나 와이너리에서의 구매로 이어지므로 와인 투어리즘에서는 지역과 괴리 없는 지역진흥을 꾀할 수 있을 것이다.

이와 같은 와인 투어리즘은 포도산지와 와인 제조장소인 지역의 경관을 포함한 생태계, 그리고 도시의 식문화가 상호교차되는 것으로 생물문화 다양성을 충실하게 하는 것을 가능하게 하는 투어리즘이다. 그리고 생물문화 다양성이라는 사고방식을 통해 생태계와 문화의 단순한 합산이 아닌 어떤 지역자원의 활용을 통해 생겨난 지역 내외 관계자의 상호작용을 창출해 낼 수 있다.

지역자원을 살리는 커뮤니케이션

생물문화 다양성의 보전과 지역 이미지

생물 다양성의 보존과 같이 생물문화 다양성을 유지하기 위해서는 궁리가 필요하다. 먼저 생태계와 문화의 상호작용 다양성인 생물문화 다양성에서도 문화의 근원인 생물 다양성의 보전에 힘쓰지 않으면 안된다. 또한 문화의 다양성은 생태계와의 관계나 문화교류에서 산출되어지므로 보호가 아닌 '활용'하는 것이 포인트이다. 그리고 지역에 있는 문화자원도 포함한 지역자원에 대한 작용이나 이문화와의 교류를 포함한 지역자원 이용이 생물문화 다양성을 결정한다. 그래서 와인 투어리즘을 예로 자원이용에 관하여 설명해 두고자 한다.

와인용 포도는 지역과 연결되어 생산된다. 즉, 포도는 지역 생태계로 이어진 지역자원이다. 와인으로 만들어 판매하는 것은 그 지역자원을 '직접소비'시키는 것이다. 이 경우, 지역과 생산물의 확실한 관련짓기, 즉 '어디에서 딴 포도이며, 어디서 제조한 와인'이라고 하는

연결이 명기되어 있으면 도시의 소비를 위한 농촌 생산물의 일방적인
'상품화'가 되진 않는다.

그런데 이 형식의 소비는 지역자원인 포도의 생산량으로 제약되어
진다. 그런 연유로 수요가 생산량을 웃돌면 충분히 시장에 상품을 제
공할 수 없게 될 우려가 있다. 그래서 모처럼 토지와 연결되어 있는
생산체제를 원료용 포도를 지역 밖에서 조달하여 생산하면 공급은 늘
릴 수 있겠지만 토지와의 '단절'이 발생해버린다.

이를 방지하기 위해 직접 소비할 때에 지역자원인 와이너리나 포도
농원 경관을 '지역 이미지'로 표현하는 것이 효과적이다.

도시에서 온 관광객은 와인뿐만 아니라 와이너리나 포도농원을 포
함한 멋지고 도회적인 농촌 이미지를 소비한다. 그리고 지역 이미지
가 와인과 연결되면 와인을 풍족하게 즐길 수 있다. 그것은 농촌경관
을 포함한 생태계를 유지하면서 와이너리에서의 양조문화, 식문화도
우수하다는 생물문화 다양성에 의한 지역의 '의미 짓기'이기도 하다.
이 이미지는 대외적으로 나타나는 것뿐만 아니라 지역 내부에 있는
자기 이미지와의 상호작용에 의해 '지역 아이덴티티' 형성으로 이어진
다. 물론 그러기 위해서는 지역 관계자의 커뮤니케이션에 많은 노력
이 요구된다.

지역자원을 이미지로 변환하여 소비하는 것은 와인이라는 제품으
로 지역을 PR하는 것이 아닌, 지역 생태계나 관련된 문화도 포함하여
지역 전체를 마케팅하는 '플레이 브랜딩'이라 생각한다Govers and Go
2009. 이와 같은 활동을 진행하여 농촌이 지역 아이덴티티를 확립하면
서 지역자원을 관리해가는 것이 창조농촌의 형성에 있어서 중요한 프
로세스가 될 것이다.

단, 이런 이미지화에는 문제도 있다. 이미지로 변환된 농촌경관이 지역 생태계나 문화로부터 분리되어 와인을 즐기기 위한 '경관'으로서 사용하게 되어버리는 문제이다. 와인을 제조하고 있는 농촌 경관은 와인을 즐기기 위한 배경 이미지에 불과하며 특정 농촌에 구애될 필요가 없다고 생각할 수 있기 때문이다. 그것은 농촌이 어떤 목적을 위한 배경으로서 소비하는 '배경적 소비'의 대상이 되는 것이다. 배경적 소비는 농촌의 지역자원이나 토지와 분리하여 효율을 추구하며 새로운 소비를 모색하는 것만이 될 것이다. 농촌 이미지를 이용하는데 '즐김'이 중심이라는 지역 내외 관계자들의 교류가 없어도 성립 가능한 와인을 즐기는 것만을 위한 와이너리 투어의 위험함을 지적할 수 있다.

창조농촌과 투어리즘

지금까지 농촌은 도시로 식료품을 공급하는 생산지로서의 역할이 강조되었다. 그린 투어리즘이나 루럴 투어리즘의 보급으로 생산지에서 관광지로 변화하는 농촌도 나타나고 있는데 도시 주민에게 생태계 서비스를 제공하는 입장에는 변함이 없었다. 그리고 이러한 '공급'은 질을 무시해 버리기 쉬우며 도시의 거대한 요구에 응하기 위해서 양의 확대를 우선시해 왔다.

또한 생물 다양성의 유지가 사회적인 과제로 떠오르는 중에 생태계 보존을 위한 농촌의 역할도 강조되게 되었다. 그리고 농업생산에 더해서 환경보존의 역할까지 기대되고 있다. 한편 도시는 이러한 생태계 서비스를 향유하며 현대문화의 충실과 거기에서 발생된 창조적인 도시경제를 실현해 왔다.

하지만 쌍방이 역할기대를 하고 있는 동안 새로운 가능성을 발견해 낼 수 없게 되었다. 그런 이유로 도시는 더욱 더 창조도시를 목표로 창조경제를 추구하여 '창조계급'이 도시에 모인다는 순환을 만들어냈다. 창조계급은 창조적인 활동에 의해 개인이 주체적으로 일을 창출해 가는 것을 긍정하고 일 이외에서도 같은 지향을 갖는다하시모토(橋本) 2007. 바야흐로 창조적인 활동으로 자기를 표현해 가는 '창조적인' 삶의 방식이 공감을 얻고 있다.

그러나 이러한 '이상적'이며 최첨단적 활동방식이나 삶의 방식이 전부는 아니다. 개인이 놓인 상황의 차이는 크다. 국내에서는 노동환경의 악화나 그 반전으로서 이상적인 일에 대한 한결같은 희구가 진행 중이다스즈키 2005. 본래 모든 일이 창조적이어야만 한다는 것에는 무리가 있다. 의사와 같은 고도한 일이라도 날마다 평범한 일정이 있으며 그것을 완수해내는 것으로 일정 레벨의 치료가 행해져 성과가 나오는 일이 많다. 환자에게 의사가 창조적인 궁리를 매번 시도한다면 곤란할 것이다. 창조적인 일과 이러한 일상을 유지하는 일이 쌍방 모두 함께 했을 때 사회는 유지되는 것이다. 여기에서 농촌에 요구되는 역할과 도시에 있는 개인의 창조적 수요의 괴리라고 하는 문제에 대한 제안이 창조농촌이다. 창조농촌은 역할고정에서 도시와 농촌을 해방하고 도시주민의 개인적 수요를 변환하여 농촌에서 활용하고 반대로 농촌이 갖는 가치를 지역 이미지에 따라 도시에 지시하여 투자를 촉진하는 도시와 농촌의 새로운 관계를 구축할 가능성을 가지고 있다. 이 구조를 모델화한 것이 그림 4-1이다. 그림 4-1의 좌측은 농촌이고 자연 등의 '지역자원'이 풍부하다. 한편 그림 오른쪽은 도시로, 소비자로서의 도시주민이다. 이 두 가지를 잇는 것이 창조농촌에서의 '투어리즘'이다.

　먼저, 좌측의 농촌의 지역자원을 활용하기 위해서는 그 가치를 지역 내의 커뮤니케이션에 따라 공유할 필요가 있다그림 4-1의 ①. 그러나 그대로 '어떤 지역에서 인정된 가치'에 지나지 않는다. 사회적으로 중시되기 위해서는 그림의 우측에 있는 도시주민의 공감이나 이해를 얻을 필요가 있다. 거기에서 지역 자원을 '지역 이미지'로 변환시켜 그것이 가지고 있는 중요한 자원이라고 지역 외를 향하여 어필하는, 즉 지역 외外와의 '커뮤니케이션'이 필요하다.그림 4-1의 ②

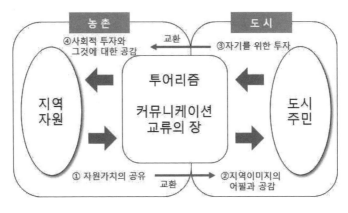

그림 4-1　창조농촌을 실현하는　투어리즘

　한편, 우측에 있는 도시주민은 자기실현을 위한 활동과 소비에 관심이 많다. 그들은 사회문제보다 생활 만족도에 관심이 많고, 자신에 대한 투자를 우선하는그림 4-1의 ③, 예를 들면 그것은 관광지에서의 감격이나 힐링이며 또한 자연의 아름다움 등에 몰두하는 것이다. 그런데 이런 행동이 농촌 측에 도움이 된다는 보장은 없다. 도시주민이 농촌의 자원을 일방적으로 소비하고 끝내는 경우도 많다.

그래서 농촌은 이런 도시주민의 자기표현을 위한 투자를 지역에게 유효한 '사회적 투자'로 변환할 필요가 있다그림 4-1의 ④. 그렇게 하는 것으로 도시주민의 활동도 농촌에 도움이 된다는 '공감'을 농촌주민들로부터 얻을 수 있다.

이와 같이 창조농촌의 장소에서는 농촌의 지역자원이 갖는 이미지를 사회적으로 고유하여 도시주민의 참가나 투자를 꾀하고, 그것을 농촌에 도움이 되게 하는 도시주민 개인과 농촌의 지역사회 사이에서의 상호교환이 필요하다.

그렇게 하기 위해 활용 가능한 것이 그림 4-1의 중앙에 나타난 커뮤니케이션의 장의 하나인 투어리즘이다. 전술한 OECD의 〈The New Rural Paradigm〉에서는 이후의 농촌은 농업의존에서 다양한 지역투자를 활용하여 부가가치를 창출해내는 지역으로 이행해야 한다고 했다. 그것은 보조를 받는 농촌에서 매력적인 제안을 농촌에서 발신하여 투자를 기대할 수 있는 지역경영으로의 전환이다. 이 수단의 하나로써 투어리즘을 들 수 있다. 물론 투어리즘의 추진이 그대로 창조농촌의 실현으로 이어지는 것이 아닌 투어리즘이 갖는 기능을 효과적으로 활용한 지역정책이 창조적인 경제나 사회를 갖는 농촌을 구축하는 것이다. 그것이야말로 창조농촌의 실현이며 투어리즘이 수행할 역할이다.

투어리즘은 지역투자를 발견할 자원개발기능, 그것을 관광자원으로서 발신하는 지역 이미지 창출기능, 방문자를 맞아 문화교류장을 창출할 수 있는 교류기능 등을 갖추고 있다. 농촌의 생물문화 다양성

을 의식한 투어리즘은 농촌과 도시의 관계자가 커뮤니케이션을 하며
농촌의 생태계와 도시의 현대문화가 융합하여 새로운 가치를 만들어
낼 것이다. 거기에 창조농촌의 가능성을 엿볼 수 있다.

〈주〉

1. 내각부대신 관방정부홍보실이 2012년에 실시한 「환경문제에 관한 여론조사」에 의하면 「생물
   다양성」이라고 하는 말을 알거나 들어본 적이 있다고 하는 대답자의 비율은 55.7%로써, 전회
   의 2009년 조사의 36.4%보다 증가해 있다.
2. 이 일은 국제연합의 MA(Millennium Ecosystem Assessment)에도 명기되어 있다.
3. Declaration of Belem에서는 「biological and culture diversity」로써 표현되고 있다.
   International Congress of Ethnobiology의 홈페이지(http://ethnobiology.net/global-
   coalition/declaration-of-belem/)를 참조할 것.
4. 「투어리즘」은, 일반적으로 관광지를 찾아와 다시 출발지로 돌아가는, 즐거움을 주목적으로 하
   는 여행행동, 더욱이 관련하는 산업 활동까지 포함하여 의미하는 것이 많다. 단 일본어의 「관
   광」은 즐거움을 위한 여행 그것을 목표로 하여 일상적으로 쓰는 일이 많다.
5. 에코투어리즘의 의미나 구조, 보급경과는 시키다 편저(2008)『지역으로부터의 에코투어리즘』
   을 참조할 것.
6. 스즈에(2008)은 그린 투어리즘을 「체류처가 농가인가 아닌가에 관계없이 농촌지역에 체재하
   는 관광」이라고 정의하고 있다.
7. CSA라는 것은 지역에서 지원하는 농업(Community Supported Agriculture)의 약자로써, 특
   정 생산자로부터 농산물의 매입이나 원농도 포함하여 소비자를 지원하는 시스템이다.
8. 단, 국내의 유기재배농산물생산량은 해마다 증가하고 있는 경향이나, 전체의 0.18%(2009년
   농림수산처생산국발표자료 「유기농업의 추진에 대하여」)이다.
9. 「WWOOF(World Wide Opportunities on Organic Farm, 우프」라는 것은, 1971년에 잉글랜
   드에서 시작한 유기농가 등의 주인과 그곳에 체재하며 일하는 사람(우화)을 연결하는 프로그램
   이다.
10. 아트 디렉테인 사토시 시카즈가, 농업이 아닌, 농사를 즐긴다고 하는 「어그리 컬처 라이프」를
    제안하고 있다.(아사히 신문, 2009.8.20.)
11. 「줄어드는 농가와 시민농원 붐」(일본경제신문, 2012.5.6.)에 의하면, 2011년 3월 말 전국의
    시민농원수는 3811곳으로 농업종사자가 과거 10년 간 30% 감소한 것에 비교하여 매년 확대되
    고 있는 것을 지적하고 있다.
12. 「와인 투어리즘」은 「와인 투어리즘 야마나시」가 상표등록하였으나, 일반적으로 사용되는 용
    어로 본 장에서도 그대로 사용하였다.
13. 품질저하를 무시하면 이동은 가능하지만 수확 후 바로 양조하는 것이 최상이라고 여겨진다.

〈 참고문헌 〉

Govers, R. and Go, F. (2009) *Place Branding: Glocal Virtual and Physical Identities*, Constructed, Imagined and Experienced, Palgrave Macmillan, UK

하시모토츠토무 (2007) 『자유롭게 산다는 것은 어떤 것인가』 츠쿠마서방

하츠탄다모토코 · 시키다아사미 · 키노소우코 (2011) 「지역자원을 대상으로 하는 투어리즘의 지역 진흥효과의 연구」 『제26회 일본 관광연구학회 전국대회 학술논문집』

이마무라쇼세이 · 유모토타카와 · 츠지노료 (2011) 「생물문화 다양성이라는 것은 무엇인가?」 『환경사라는 것은 무엇인가? 유모토타카와외 편, 문일총합출판

오니즈슈이치 (1996) 『자연보호를 다시 묻다』 츠쿠마서방

Loh, J. and Harmon, D. (2005) *A global index of biocultural diversity*, Ecological Indicators

Millennium Ecosystem Assessment (2007) 『생태계서비스와 인류의 미래』 오므사

OECD (2006) *The New Rural Paradigm: Policies and Governance*

시키다아사미외 (2008) 『지역에서부터의 에코투어리즘』 학예출판사

스가죠 (2012) 「일본열도의 반자연초원」 『초지와 일본인』 축지서관

스즈에에코 (2008) 『독일 그린투어리즘』 도쿄농업대학출판회

스즈키케이스케 (2005) 『카니발화 하는 사회』 강담사

타치카와마사시 (2005) 「포스트생산주의로의 이행과 농촌에 대한 「시선」의 변용」 『소비되는 농촌』 일본촌락연구학회편, 농산어촌문화협회

츠타타니고우이치 (2013) 『공생과제휴의 커뮤니티농업으로』 창림사

칸이잇신 (2008) 「농산촌의 지역만들기」 『지역정책입문』 후지이마사 외편, 미네르바 서방

야부겐이치 (2005) 「체험되는 농촌」 『소비되는 농촌』 일본촌락연구회편, 농산어촌문화협회

유모토 타카와 (2011) 「일본열도는 왜 생물다양성의 핫스팟인가?」 『환경사는 무엇인가?』 유모토 타카와 외편, 문일총합출판

컬처럴 랜드스케이프의 보전과 지역의 창조성

이노우에 노리코(井上典子)　　　　chapter 5

컬처럴 랜드스케이프란?

컬처럴 랜드스케이프란 지리학의 개념으로 일상적인 경관을 가리키며 시간이나 문화활동에 영향을 받는 토지의 여러 레이어를 일체적으로 표상하는 것이라 여겨지고 있다. 이 개념은 무형과 유형의 문화적인 여러 요소를 포괄해서 파악한다는 시점에서 1992년에 세계유산의 한 유형으로 도입되어 문화유산분야에서도 널리 사용되어지게 되었다.

세계유산에서의 컬처럴 랜드스케이프일반적으로 문화적 경관으로 번역되고 있다는 자연과 인간과의 공동작품으로 정의되는 동시에 ①인간에 의해 계획적으로 설계된 정원·공원, ②주위의 자연경관과 함께 자연발생적이며 유기적으로 형성되어져 온 풍경, ③종교적·예술적·문화적인 사상과 관련이 있는 풍경, 이 세 가지로 분류할 수 있다. 2004년에는 일본에서도 문화재보호법 개정에 따라 문화적 경관이 새로운 문화재가 되었다.

문화재보호법은 문화적 경관을 '지역의 생활 · 생업 및 해당 지역의 풍토에 근거한 경관지'로 정의하고[2], 농지나 취락, 어항이나 채굴 · 제조지 등 넓게 생업에 관련된 토지이용을 보호의 대상으로 삼고 있다. 문화재 보호법이 계단식 논으로 대표되는 것처럼 어느 쪽인가 하면 농림수산업과 관련된 문화재 경관에 주목해 온 것이나 농지에서는 토지에 대한 인간의 영향을 파악하기 쉬우며 또한 알기 쉽다는 이유에서 컬처럴 랜드스케이프를 농가경관으로 왜소화하여 이해하는 경우가 있다. 그러나 최근에는 광공업 등에 관한 토지이용이나 신앙의 대상이 되는 산 등의 정신적인 의의를 나타내는 자연물이 이 개념을 통해 문화유산으로 포함되어 있다는 것을 이해하고자 한다. 예를 들면 은광산 부지나 광산촌과 항구, 그리고 이를 잇는 가로를 일체적으로 평가한 이시미石見 은광의 사례나 산악신앙이나 순례를 평가한 기이紀伊 산지의 영지와 참배길도 컬처럴 랜드스케이프로 인정되어 보호에 이르게 된 사례이다.

이런 다양한 대상을 다면적으로 평가하는 것으로도 알 수 있는 것처럼 컬처럴 랜드스케이프를 보전하는 목적은 단순히 아름다운 풍경의 유지가 아니다. 예를 들면, 농림수산업과 관련된 경관은 생물 다양성의 보고寶庫로서도 매우 중요한 역할을 하고 있다. 또한 생업이 영위되고 취락이 협동하여 관련시설 등을 유지관리하고 생산품을 가공 · 판매하는 다양한 사회 · 경제적 활동이 실현되는 생활의 장소이기도 하다.

이런 사람들의 삶은 잘 관리된 석축이 있는 농가나 어촌, 목조로 된 가공공장들, 가로에 면해 소매점이 즐비하게 늘어선 거리나 상점가 등을 형성하고, 이들을 도로나 하천교통망으로 이어주는 것으로 어떤 지역의 경관을 성립시켜 왔다. 즉, 컬처럴 랜드스케이프는 그 안에 지역의 삶 속에서 배양된 다양한 기술이나 생산자와 소비자의 관계 등 무형의 요소가 내재되어 있다.

　또한 지역의 산이나 강 또는 그 안에 점재하는 개개의 장소는 사람들이 행하는 축제나 신앙 등에 의해 깊이 기억되고 의미지어지고 있으며 자연이나 농지, 건축군 등과 지역 고유의 장소는 유형과 무형의 여러 관계를 만들면서 하나의 지역을 구성하고 있다. 이러한 지역의 역사적인 적층이 컬처럴 랜드스케이프이며, 컬처럴 랜드스케이프란 사람들의 생활과 관계된 여러 요소를 포괄하는 문화적인 데이터베이스로서 그 자체가 중요한 문화유산으로 간주되고 있다.

농림수산업이 만들어낸 경관을 왜 보전하는가

　1960년대 이후, 농산어촌부에서도 사람들의 생활양식은 급속하게 변화되어 도시와 농촌의 균등한 발전을 목표로 한 사회자본의 정비는 경관형성의 근저에 있는 사람의 생활모습을 크게 변화시켜 왔다. 또한, 농촌시장의 글로벌화나 산업구조의 재편, 합병 등에 의한 지방행정의 변화 속에서 농촌부의 촌락공동체는 계속 해체되고 있다. 이와 동시에 컬처럴 랜드스케이프를 크게 변용시키는 것으로도 이어지고 있다. 우리의 생활양식이 변모된 현재, 농산어촌부에 있어서도 예전의 생활을 보는 것은 어렵다.

　이러한 상황에서 1990년대가 되면 컬처럴 랜드스케이프를 보전하

고 지역의 문화적인 잠재력을 높이고자 하는 사례가 유럽 여러 나라
의 각종 사업에서 확인되어지게 된다. 예를 들면, 2000년에 체결된
유럽풍경조약[3]은 자연과 인간과의 관계에 의해서 형성되어진 경관에
착목하고 있으며 그 유지를 포함한 지속가능한 지역발전의 존재방식
에 관하여 사회·경제적인 관점에서 언급되어지고 있다[4]. 이 시기부
터 컬처럴 랜드스케이프의 보전은 특히 풍요로운 자연이나 문화를 가
지고 있으나 농촌활동 등에 있어서는 유리하지 않은 다시 말해 조건
불리지역을 대상으로 한 지역정책에 큰 영향을 주게 되었다.

전술한 것처럼 컬처럴 랜드스케이프의 보전은 시각적으로 확인할
수 있는 유형물의 보호의 실현뿐만이 아니다. 오히려 이러한 유형물
을 축조하고, 유지관리를 계속해 온 경관형성을 지탱하는 지역활동이
나 지역 속에서 축적되어진 문화정보의 계승과 깊게 관련되어 있다.
또한 컬처럴 랜드스케이프의 보전은 환경, 농업, 관광 등 각 분야에서
다면적으로 몰두할 필요가 있으며 농촌-환경, 농촌-경관과 관련된
분야복합형 시책의 적극적인 전개로 이어졌다. 그 결과, 지역에 내재
된 다양한 문화정보의 발굴이나 쇄신을 유발하고, 각지에서 환경보전
형 농업의 추진이나 전통적인 가공기술에 근거한 새로운 상품개발과
고부가가치화, 문화관광이나 농업관광 등을 발전시켰다.

현재, 지역쇠퇴의 원인해명과 과제해결을 정책화하는 프로세스에
서 컬처럴 랜드스케이프가 가지는 문화적인 포텐셜의 파악과 보전은
지역정책의 중요한 시점의 하나로 이해되고 있다. 보다 깊이 있게 들
어가 보면 그곳에 내재하는 다양한 문화정보를 지역 활성화 등에 활
용하는 것은 지역정책에 있어서 일정한 유효성을 갖는 것이라고 인식
되게 되었다.

액티브한 경관보전과 와인 투어리즘

이탈리아의 작은 마을들을 무대로 커뮤니티를 소중하게 여기면서 전통적인 생업을 유지하며 삶을 꾸려가는 모습을 소개하는 텔레비전 프로그램이 증가하고 있다. 그러나 이들 취락이 예전부터 삶을 유지시켜 가기 위해서 도대체 어떤 과제를 극복해내지 않으면 안 되었는가 하는 점에 관심을 두는 시청자는 적다. 농촌을 유지하기 위해서는 농촌에 가는 것만으로는 불충분하다. 끊임없는 풀베기나 수로 청소, 농작물 헛간 등의 수리, 농로의 보수 등이 필요하다. 게다가 이런 작업을 취락이 붕괴되고 있는 고령화 속에서도 하지 않으면 안 된다. 농가를 둘러싼 현황은 이탈리아도 일본도 마찬가지이다.

이탈리아의 경우도 농가가 살아남기 어렵고 소규모 농가의 도태가 현저해지고 있다. 특히, 구릉지대에 점재하는 농지의 생산성은 평야부의 대규모 농가와는 비교가 되지 않기 때문에 이른바 환경지불이라 불리는 직접소득보상이 지속적으로 지급됨으로써 농가는 토지를 관리하고 생업을 유지해 온 것이 실정이다.

이러한 사태를 타개하기 위해 이탈리아에서는 농촌부의 쾌적성을 향수하는 전원관광과 전원생활 속에서 배양되어져 온 전통적인 농업이나 생산품을 고부가가치상품으로서 시장에서 차별화되고 지역생산, 지역소비를 추진하는 농업관광이 전개되고 있다. 와인관광도 이러한 시도의 하나이다.

예를 들면 일본에서도 많이 알려진 키안티라는 상표의 와인은 토스카나주 피렌체현의 중부 피렌체와 시에나 사이에 전개된 산악 구릉지대에서 생산되고 있다. 이 지역은 구릉지대에 속해 주로 와인용 포

도와 올리브를 생산하고 있다. EU의 조사비용을 활용하여 실시된 키
안티 경관 프로그램의 보고서[5]에 따르면 경관보전에 관련된 지형, 지
질, 토양 등의 분석결과와 함께 지역의 포도밭에서 볼 수 있는 메쌓
기돌로만 쌓는 방식의 조사결과가 상세하게 기록되어 있다. 석축을 유형
화하고 보호해야 하는 것, 일부를 해체하고 전통적인 기술로 재구축
해야 하는 것, 전면적으로 다시 쌓아야 하는 것 등으로 구분하여 수
리를 위해 각각에 대한 상세한 석축 매뉴얼을 작성해 놓고 있다. 이
내용은 일본에서 계단식 논이나 계단식 밭의 석축 기법의 조사 및 관
리방법 등의 연구에 의한 것으로 해당분야의 보전에 관계된 경험자가
보면 매우 흥미 깊은 내용이다. 하지만 이들 석축도 유지관리를 하는
것은 지역농가이며 사람이 계속 살지 않는다면 돌을 쌓을 일도 필요
없을 뿐만 아니라 그 기술도 계승되는 일이 없다는 것을 알게 될 것
이다.

해당 보고에 따르면 지금은 세계시장에서 이름이 알려진 이 지역도
와인산업의 구조적인 전환이 추구되어진 1970년대에는 경제적인 쇠
퇴를 고심하고 있었다고 한다. 이 쇠퇴를 타개로 이끈 것은 지역생산
품으로서 특히 눈에 띄게 좋은 평가도 없었던 와인에 주목하여 그 개
성을 높이고 지역 활성화의 핵으로 생각하여 농업관광과 연결지어 지
역정책을 전개한 것이다. 지역의 전통적인 생산품을 관광과 연결시키
는 정책은 2000년 전후의 토스카나주에서 중심적인 지역정책의 하나
가 되었다. 사진 5-1, 5-2

사진 5-1 성 안티모대 수도원(창건 8세기)이 있는 농촌 경관

사진 5-2 몬탈치노 지역의 농업 경관

또한, 해당 보고서는 다음과 같은 견해를 보이고 있다.

'경관보전에 관한 예산을 확보하여 여러 가지 프로젝트를 실현가능하게 하기 위해서 최초에 실시해야 할 것으로 경관 가이드라인계획을 책정할 필요가 있다. (중략) 하지만 통상, 경관보전을 위해 사용된 규제방법을 뛰어넘는 보다 액티브하며 참가형 수법이 요구된다. 왜냐하면 이 지역에서는 누구나 다 경관을 보전해야 한다고 생각하고 있지 않았기 때문이다. 70년대, 80년대에 누군가가 키안티 지방에서 경관을 보전하고자 했다하더라도 꿈같은 이야기를 하고 있다고 생각했을 것이다. 당시에 키안티 지방은 와인산업의 구조적인 변화에 따라 극적인 쇠퇴에 직면해 있었기 때문이다. 그 후 거의 활용되고 있지 않았던 와인산업에 레스토랑 경영이나 농업관광이 연동해 감에 따라 이러한 경제적위기는 서서히 개선되었다. 키안티 와인이 성공하기 시작한 것은 최근 15년 정도이다.'[6]

이탈리아는 역사도시의 문화적 가치에 대한 보전을 진행해 온 것으로 알려져 있다. 처음에는 도시유구 보호운동에서 비롯한 이러한 움직임도 현재는 행정주도로 실시되는 건축의 외관수리사업이 중심시책이 되어 과도한 도시관광이 거주자의 생활을 바꾸어 커뮤니티가 해체됐다는 비판도 있다[7]. 농촌부는 거주의 장임과 동시에 산업의 장이며, 이런 곳에 단순하게 구조물, 농지, 길이나 농업용수로 등에 대한 유형물의 외관규제를 실시한다하더라도 충분한 효과를 얻지 못할 뿐만 아니라 생산품이 시장 가치를 갖지 못한다면 어려운 농업경영 속에 농가는 농지를 방치할 가능성이 높다. 그 때문에 조사보고서는 '규제방법을 뛰어넘는 액티브한 참가형'의 경관보전방법이 특히 농촌부에 있어서는 필요불가결하다는 점을 강조하고 있는 것이다. 확실히 강한 규제에 의해 석축이 남아 있다고 하더라도 포도의 생산활동이 유지되지 못하면 컬처럴 랜드스케이프는 보전되지 못한다.

　이러한 관점에서 해당 보고서는 경관보전을 목적으로 하는 보고서이면서 먼저 지역에서 농업의 생존을 최대 중요과제로 내세우고 경관분석의 결과로 얻어진 환경적·역사적인 의미를 전통적인 생산품의 가치와 연결지었다. 어떤 지역에 있어서 특정 생산품이 계속적으로 창출되어지고 있는 의의를 일반에게 널리 주지시킴과 동시에 해당 생산품을 시장에서 차별화를 추진함으로써 경관형성의 주체인 농가가 계속적으로 농업을 실시할 수 있다는 것을 보고서의 핵심으로 삼았다. 이 경우 경관보전책은 농업정책 속에 삽입되어지게 된다. 보고서는 경관형성이 지역의 커뮤니티에 입각하고 있다는 시점에 서는 것의 중요성을 기술하고, 최종적으로 키안티 지방을 와인산업지구 또는 보다 복합적인 의미를 담아 '전원지구 키안티'로서 자리매김할 것을 제안하고 있다. 보고서는 작지만 실험적인 시도를 받아들일 수 있는 소규모 사업자의 레벨에서 이 제안을 추진하는 것이 중요하다고 지적하고 있다[8]. 1990년대 말에서 2000년에 걸쳐 제안된 이 계획은 10년 이상이 지난 현재에는 토스카나주의 규모, 또한 새로운 농업-산업정책의 하나로 자리매김하여 지금은 관광도 포함한 이러한 산업이 너무 과도하다고 할 정도로 성장했다.

차의 생산기술과 경관변용

그럼 일본의 컬처럴 랜드스케이프 보전 현황은 어떨까?

와인과 유사하고 독특한 생산방식이 집적된 산업지구와 그것과 함께 형성된 경관으로서 차의 경관이 있다. 차의 재배는 인도나 중국 등에서 전개되며 일본에서도 긴키 지방 이외에도 시즈오카靜岡나 야마나시뿐만 아니라 규슈, 시코쿠 등 전국적으로 확인할 수 있는데 여기에서는 주로 우지시宇治市에 관해서 소개하고자 한다⁹. 일반 차밭이 아닌 우지시를 예로 드는 이유는 이 지역에서 이루어지고 있는 독특한 피복재배의 존재 때문이다.

다원에는 크게 노천원露天園과 복하원覆下園이 있다. 피복재배는 특히 옥로나 말차의 재배에 적용되어 새싹이 나오는 계절에 일광을 차단하는 것으로 찻잎의 단맛성분인 테아닌을 남기는 효과를 기대할 수 있다. 차에 함유된 테아닌은 단맛이 있는 양질의 전차말차의 기본이 되는 가공상태의 차¹⁰나 옥로를 만들어낸다. 테아닌은 뿌리에서 형성된 후 줄기에서 잎으로 이동하여 빛을 받아 카테킨으로 변화한다. 따라서 빛을 차단할 수 있다면 이론적으로는 테아닌 그대로 단맛성분이 잎에 쌓이게된다. 하지만 이 메커니즘이 해명된 것은 매우 최근의 일로 물론 말차생산이 시작된 무로마치 시대에는 경험적으로 파악되어진 것이지만 우지시의 현장에서 피복재배가 400년 이상이나 실시되어져 왔다는것은 문헌으로 확인되었다.

복하원 중 혼즈재배사진 5-3*¹¹는 다원을 갈대와 짚으로 덮는 수법이

---

*   차의 새싹이 나올 때 일정기간 직사광선을 차단해 키우는 방식으로 이하 혼즈재배로 번역함.

사진 5-3　복하원의 혼즈재배

며. 복하원 중에서도 가장 전통적인 기술을 필요로 한다. 혼즈재배에
서는 먼저 4월 초순이 되면 다원에 통나무를 사용한 골조를 세운다.
골조 위에 차나무를 덮는 것처럼 갈대를 펼쳐 짚을 올리는 것으로 조
금씩 차광률을 높인다. 갈대만으로 하면 60% 정도의 차광률인데 짚
을 올리는 것으로 90% 가까이까지 차광률을 높일 수 있다. 짚의 사용
에 의해 차광의 정도는 극히 미묘하게 조정되고 있다.

혼즈재배는 색, 단맛과 함께 최고의 차를 만들어낸다. 우지시를 중
심으로 퍼져 다도를 시작으로 차와 관련된 다양한 문화를 지탱해 온
이 기술적인 집적은 '혼즈' 특유의 다원경관을 창출하여 이것이 우지
시가지를 특징짓고 있다고 생각된다.

우지시 중심부의 도시구조는 후지와라藤原 씨의 별장 등의 건설시기
로 거슬러 올라가야 한다고들 하는데 무로마치 시대 이후 현재는 우
지교宇治橋 상점가를 중심으로 차를 제조·판매하는 저택이 즐비하게
늘어서 있고 에도 시대의 그림지도에 의하면 시가지 속에 저택과 섞
여 다원이 조영되어 있었던 것을 알 수 있다.

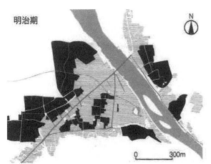

그림 5-1 다원의 감소(메이지~현재). 검은 부분은 다원이 있었을 가능성이 높은 곳

즉, 혼즈재배는 우지시에 있어서는 시가지 내에서 행해지고 있었으며, 건물과 다원이 서로 섞여 있는 독특한 토지이용이 이루어지고 있었다고 생각된다. 청취조사에 따르면 다이쇼 시대 때는 마을 안에 다궤茶櫃생산이나 도기 등 차 생산과 관련된 여러 점포가 집중되어 한마디로 차의 산업지구를 형성하고 있었다.

하지만 요도가와淀川 강이나 비와호琵琶湖의 개발과 함께 갈대 그 자체의 관리가 되지 않은 이유로 갈대는 손에 넣기가 곤란해져 차 생산의 간이화가 진행되었다. 또한 화학섬유로 만들어진 한냉사寒冷紗의 이용은 농작업을 경감하는 데 있어 큰 역할을 해냈다. 현재 전차나 옥로를 생산하는 차 농가의 대부분은 갈대나 짚이 아닌 이 화학섬유를 이용하고 있다. 60년대부터 70년대에는 시가지개발이 진행되고 강한 개발압력 때문에 밀집된 주거지에서의 생산이나 가공이 곤란해지자 다원이나 차의 가공공장은 서서히 시가지 남부의 구릉지대나 다른 시정촌으로 이동해갔다.

그림 5-1은 우지시 시가지의 다원 감소에 관하여 근대 초기와 현재

의 지도를 이용해 작도한 것이다. 우지시는 현재도 전차의 생산량이 전국 최고인데 시가지 내부의 다원 감소에는 놀랄만한 점이 있다. 우지시 도시경관의 특징은 개발 중에 크게 변했다는 점이다. 우지시의 시가지에서 다원이나 차 가공공장이 모습을 감추고 차와 관련된 여러 가지 기술이나 정보도 동시에 마을 중심부에서 점점 멀어지게 되었다. 우지시는 수백 년이나 계속된 차의 마을이라는 독자적인 이미지를 잃어가고 있다고 말할 수 있을지도 모른다.

우지시의 경관변용은 컬처럴 랜드스케이프의 형성과 지역의 역사적인 지적知的 정보의 집적과의 관계를 명확하게 나타내는 사례의 하나이다. 경관의 변화는 물론 토지정책이나 도시계획이 충분히 갖추어지지 않았던 것 등에 의해 생겨난 측면도 크다. 도시개발에 의한 다원이나 차 가공공장의 매각은 경관변용의 주요한 원인이다. 하지만 동시에 페트병 하나로 어떤 갈증도 해결할 수 있는 우리의 현재생활이 차의 질적인 가치를 배제하고 시장의 판단이 생산기술에 대한 고집을 무용지물로 만들어버리는 것도 사실이다. 현재는 한정된 '완고한' 생산자의 독자적인 판단으로 전통적인 생산활동이 유지되는 것에 지나지 않는다.

차를 마시는 법이 시대와 함께 쇄신되었고 또한 변화되어가는 것이 극히 당연한 것이라 할 수 있을 것이다. 하지만 그 중에서 예전의 만드는 법, 마시는 법이 전부 없어져도 좋다는 것은 아니다. 일부에서는 차의 생산기술을 문화재로서 보호해야 한다는 움직임도 있다. 그러나 생산기술이 문화재로서 보호된다고 하는 것은 한편으로 그 기술이 우리의 생활에서 너무 멀어져버렸다는 실정을 보여주고 있다. 또 문화재보호법의 개입에 의해 어떤 기술의 가치를 특화하는 것이 정말로 우리와 차가 함께하는 방법으로 적절한지 어떤지, 쉽게 결론을 낼 수 있는 문제가 아니다. 혼즈재배는 정말로 사라져가는 기술인가? 또는 경쟁 속에서 쇄신을 반복하며 살아있는 기술로서 계승하는 것이 가능한가? 우지시 시가지의 차 산업에 관한 기술적인 집약은 쇄신의 기반이 되는 힘을 간직하고 있다.

차 생산과 컬처럴 랜드스케이프로 찾아낼 수 있는 이런 현상은 아마도 해당분야에 한정되어 있는 것이 아니다. 대부분의 생산현장에서는 기술의 쇄신이 생활양식의 변화를 따라가지 못하고 문화정보의 상실과 경관의 상실이 거의 동시에 진행될 가능성이 있다. 유럽에서 와인생산 또는 치즈제조 현장이 보다 전통적인 것으로 회귀하고 시장에 있어서도 기술면에서 극히 엄밀하게 전통적이라는 평가를 받고 있는 생산품으로서 차별화를 꾀하는 가운데 일본에서는 생산현장이나 해당생산에 부대해서 생겨나는 대부분의 문화가치는 거의 가격에는 반영되지 않을 가능성이 있다. 이것은 경제분야에 있어서 충분한 논의를 필요로 하는 테마 중 하나이다. 컬처럴 랜드스케이프의 보전은 여러 가지 과제를 내재하고 있다.

어떤 지역이 과거에서 계승되어진 어떠한 문화정보를 창조적으로 활용하고 현재 삶 속에 살릴 수 있다면 컬처럴 랜드스케이프도 또한 보전되어 재생산된다. 이러한 경관과 그 배후의 문화정보와의 관계에 대해서는 학술적 관심을 기우려야 한다. 예를 들면 문화경제학은 아트나 음악산업만이 아닌 널리 생활문화영역을 연구대상의 하나로 적극적으로 인정해갈 필요가 있다.

지역정책에서 컬처럴 랜드스케이프의 역할

지역 만들기에서 컬처럴 랜드스케이프를 보전하는 의의는 경관에 내재하는 사람들의 활동이나 기술집약, 인적네트워크 등이 커뮤니티를 활성화시켜 어떤 지역이 새로운 산업을 창출해내기 위해 창조적 환경을 만들어내고 지역발전에 있어 중요한 역할을 해내기 위한 것이다. 여기에서 지적받은 환경이란, 자원으로서의 자연이나 지리적, 사회·경제적인 여러 조건뿐만 아니라 키안티가 와인을, 우지시가 차와의 관계에서 보여주고 있는 것처럼 어떤 지역이 발전시켜 온 어떠한 경험이나 강한 자기 이미지와 관계되어 있다. 또한 이 창조적인 환경은 잘 관찰해 보면 극히 보통의 마을 안에서 발견할 수 있다. 따라서 산업쇠퇴에 의해서 방치된 장소나 일상적으로 사용되는 건축군, 그리고 가로경관의 모든 것이 새로운 생활이나 생업의 다양성을 창조하는 문화적인 여러 장치가 된다[12]. 이러한 여러 장치는 전통에 입각한 새로운 산업을 자극하고 새롭게 개성 넘치는 지역발전을 촉진하는 기반을 형성할 가능성이 있다.

사실 역사적 기념비나 박물관 등의 견학에 한정되어져 있던 예전의 문화관광 투어는 현재 거주지구나 산업지구에 잔존하는 일상적인 건축물들을 활용한 뮤지엄, 아트갤러리에서 참가·체험형 프로젝트로 전개하고, 인테리어, 직물 등의 점포를 끌어들이면서 시가지의 일부를 문화적인 지구로 변모시키는 전략적인 기업이 차례로 나타나게 되었다. 동시에 농촌부에서도 특별한 자연미나 저택군을 대상으로 하고 있던 호화관광은 보다 관리된 농촌경관을 치즈나 와인 등 고도의 전문적인 기술과 연결시켜 농가숙박을 통한 농촌의 일상을 체험시키는

형식으로 변화하고 있다. 평범하더라도 일상생활의 계승 속에 인정되
는 지역의 자기 이미지에는 어떤 힘이 있다. 이들 지역에서는 누군가
가 이미지를 형성하는 구체적인 디자인의 선을 긋고 있는 것은 아니
다. 생활이나 생업의 구조가 지역 안에서 쇄신되고 재생산되고 있는
것이다. 경관자체를 창조적인 활동주체나 네트워크를 포함한 사회·
경제적 및 문화적인 장치로서 파악하고자 하는 사고는 경관형성요인
이 되는 다양한 사람들의 영위를 중시함으로써 성립된다.

유럽풍경조약이 지역주민의 참가나 경관보전에서 교육의 중요성을
강조하고 사회·경제적인 여러 문제에 직면하면서도 매력적인 경관
보전을 추진하고자 한 배경에는 아름다운 풍경을 경제적으로 이용하
고자 하는 단순한 시책상의 이점이 있었던 것은 아니다. 적극적으로
사람들의 생활 자체를 끌어들이는 경관보전의 새로운 방법론의 모색
이 새로운 지역문화의 창조를 촉진하는 것을 시야에 포함하고 있다.
컬처럴 랜드스케이프의 보전은 사람들이 스스로 구축해 온 구조를 계
속 쇄신해 나갈 수 있을지에 대한 문제와 연결되어 있다. 또한 이러한
시점에서 매우 창조적인 도전이라고 할 수 있을 것이다.

〈주〉

1. 西村幸夫(2004)도시보전계획 도쿄대학출판회
2. 문화재보호법 제2조 제5호 [지역에 있어서 사람들의 생활 또는 생업 및 당해지역의 풍토에 의
   해 형성된 경관지에서의 국민의 생활 또는 생업의 이해를 위해 없어서는 안 되는 것
3. European Landscape Convention, Florence 20. X. 2000
4. "Landscape management" means action, from a perspective do sustainable
   development, to ensure the regular upkeep of, so as to guide and harmonize changes
   which are brought about by social, economic, and environmental process; (European
   Landscape Convention, article1)

5. a cura di Paolo Baldeschi(2000) *Il Chianti fiorentino, un progetto per la tutela del pasaggio*, Editore Laterza

6. 주5와 같음

7. Paolo Berdini (2008) *La citta in Vendita*, Donzelli Editore

8. 주5와 같음

9. 현재 정의된 宇治茶는 교토부産, 나라현산, 미애현산, 시가현산 차이다.

10. 말차(抹茶)로 가공된 차

11. 혼즈재배에 관한 독특한 재배법은 1500년대에 일본에 채재하였던 포르투갈인 선교사 조안. 로드리게스의 [일본교회사]를 통해서 상세하게 알 수 있다. 여기에 기재된 제조법은 현재와 거의 차이가 없다.

12. Xavier Greffe (2010) *Urban LandscaPes: An Economic Approach*, Conference of Venice February 19-20, 2010, p.11에 있어서 culture equipment로 표현되고 있다.

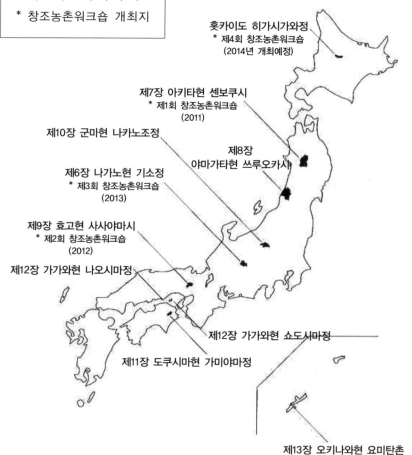

제Ⅱ부 게재지역

* 창조농촌워크숍 개최지

홋카이도 히가시가와정
* 제4회 창조농촌워크숍
(2014년 개최예정)

제7장 아키타현 센보쿠시
* 제1회 창조농촌워크숍
(2011)

제10장 군마현 나카노조정

제8장
야마가타현 쓰루오카시

제6장 나가노현 기소정
* 제3회 창조농촌워크숍
(2013)

제9장 효고현 사사야마시
* 제2회 창조농촌워크숍
(2012)

제12장 가가와현 나오시마정

제12장 가가와현 쇼도시마정

제11장 도쿠시마현 가미야마정

제13장 오키나와현 요미탄촌

제Ⅱ부 ──

움직이기 시작한

창조농촌

교토부 이네촌의 후나야(舟屋). 1층은 배의 격납고, 2층은 거주공간이다.

| 기소정 |
농산촌 문화와 자치 노력을 토대로 한 아름다운 마을만들기

다나카 나쓰코(田中夏子)   chapter 6

　본 장에서는 나가노현長野県 기소정木曾町을 사례로 하여, 합병 후의
소규모 지자체가 각각의 지역 독자성을 살려가면서 시정촌市町村 합병
에 의해 생겨난 모순에 어떻게 대응하고 있는가에 대한 과정을 고찰
하면서 구 정촌町村의 주체성을 존중한 광역적인 지역 만들기에 대해
노력하는 분권형 합병의 지향점과 과제를 생각해 가는 과정에서 주민
자치에 의거한 창조적인 방식이 지역사회와 생활을 풍요롭게 할 수
있다는 모습을 기술한다.

합병 전후의 움직임과 지역만들기 방식

　기소 지역에 있어서 시정촌 합병은 당초 11개 시정촌의 장대한 구
상으로 시작하였으나 최종적으로는 기소후쿠시마정木曾福島町, 히요시
촌日義村, 미타케촌三岳村, 가이다촌開田村의 4개 정촌으로 축소하여 기소
정이라는 명칭으로 2005년에 이루어졌다. 본 절에서는 합병협의에서

중요시되었던 '분권형 합병'의 취지와 제도적인 근거인 '마을만들기 조례'에 대하여 개괄적으로 살펴본다.

분권형 합병의 모색

구 기소후쿠지마정의 다나카 가츠야田中勝己 전 자치단체장町長은 헤이세이平成 시정촌 합병의 초기 논의단계2001년부터 정부주도의 지자체 합병은 합리화·효율화를 축으로 하고 있어 '지역의 붕괴를 초래하는 것'이라고 경종을 울리고 그 대안으로서 독자적인 지역자치조직을 제창하였으며 인근 시정촌의 이해를 구하면서 합병협의를 진행한 결과 '기소정 합병 마을마들기 조례'2006년 1월 제정로 결실을 맺게 되었다. 조례의 목적은 많은 시정촌에서 마음대로 행·재정 효율화를 축으로 한 합병이 진행되어 소외지역郡지역의 町村의 자치권한 없이 소외 받는 경향이 강한 가운데 구 정촌 단위의 '마을 공동체Neighborhood Government'에 심의권, 집행권을 위임하고 지역별로 권한을 보장하려는 것이었다.

보통 합병을 둘러싼 논의는 '합병' 또는 '자립자율'으로 논의되는 경우가 많은데, 특히 나가노현에서는 사회교육운동과 지역복지의 노력으로 실적이 있는 소규모 지자체시모미노치군(下水内郡) 사카에촌(栄村), 시모이나군(下伊那郡) 야스오카촌(泰阜村)를 중심으로 '작아도 빛나는 지자체'가 주목을 받고 있다. 그러나 기초지자체로서의 독립을 유지한 '자율'과 나란히 합병을 실시해 가는 것, 구 정촌단위의 권한을 적극 보장하고 지역 간에 연대를 강화하려는 시도 등은 소규모 지자체의 존재방식으로 시사하는 바가 많다. 이러한 방식이나 노력이 2005년 합병한 후에 어떻게 구체화되었는지, 특히, 분권형 합병을 목적으로 하고 있는 구 촌村 지

역의 소외를 막기 위한 것이 어떠한 형태로 이루어지고 있는지 또한
문제의식으로 지적해 두고 싶다.

기소정의 '마을만들기 조례'가 목표로 하는 것

구 정촌 단위의 주민자치 활동노력 또한 중요하며 광역적인 지역운
영을 추진하는 조직으로서 기소정이 제정한 '기소정 마을만들기 조
례'[1] 전문에는 '어떠한 시대에도 토지에 뿌리내린 여러 지역 만들기와
자치가 존재하고 그 운영 중에 기소라는 지역이 형성되어 왔다'는 점,
그리고 이제부터의 시대에 관하여 '인권을 존중하고 마음이 풍요로운
인재 만들기를 추진하면서 지역자원을 활용하여 생활의 안심과 아름
다운 자연을 지켜갈 수 있는 그리고 살기 좋은 기소정을 만드는 것'에
대한 '결의'의 표현으로서 조례제정에 이르게 되었다고 적혀 있다. 이
조례는 의사결정 과정을 포함한 행정정보의 공유, 주민참여의 권리와
책무, 그 기본원칙, 주민투표를 포함한 참가방법, 주민자치의 조직,
의회의 역할·책무, 행정의 역할과 책무 등으로 구성되어 있는데 본
장에서는 이 중에서도 '주민자치'를 둘러싼 노력에 초점을 두면서 분
권형 합병을 목표로 한 기소정의 특징과 과제를 검토한다.

기소정 '주민자치'의 방식

상기의 조례에서는 주민자치를 담당하는 '지역자치 조직'은 '기소
후쿠시마·히요시·가이다·미타케 지역에서 주체적으로 활동하면
서 주변의 과제를 해결할 수 있도록 그곳에 살고 있는 지역주민에
의해 설치된 조직'이라고 하고 개인·사업자·단체 등 형태는 다양

하지만 주민 전원이 참여하도록 요구하고 있다세대가 가입하는 지역회(町內
슴)와는 다른 '자립적·평행적 조직,인 것을 중시한다.[2] 또한 각 자치조직은 각각의
지역협의회에 의해 운영되고 그 대표자와 운영위원은 각 자치조직에
서 선출된다.

이러한 '지역자치 조직의 기능'은 '자치단체장의 자문에 따라 자신
의 지역에 관여한다. … 항목을 조사·심의하고, 자치단체장에게 답
신'할 것, '지역에서 행해지는 주민에게 필요한 마을시책에 관하여 조
직의 결정을 거쳐 자치단체장에게 제안'할 것, 이러한 자치조직의 자
문결과와 제안에 대해서 자치단체장은 이를 존중하고 알릴 의무가 있
어 자문만이 아니라 제안조직으로서도 중요한 위치에 있다. 한편, 여
기까지가 합병특례법과 지방자치법에 의거하여 만들어진 자치조직이
라도 대응할 수 있는 내용이다.

그러나 기소정 마을의 자치조직은 이상의 일반적인 내용과 다른 3
가지 특징을 갖고 있다.

첫째는 '자치단체장은 각 지역에서 시행되고 있는 것이 유효하다고
생각되는 마을시책에 대하여 지역자치조직이 그 사업을 수탁하고 스
스로 시행하고자 의사를 결정한 경우에는 그 결정을 존중한다'고 되어
있으며, 제안뿐만이 아니라 사업의 집행에 관해서도 자치조직의 역할
을 중시하고 있다. 둘째, '지역자치조직으로부터의 답변 또는 제안 등
을 심의하기 위하여 지역자치조직의 대표자가 참여하는 회의를 실시
한다'라고 되어 있으며, '지역자치조직'의 제안·결정을 '보장하기 위
한 조직'으로서 각 지역자치조직의 장長과 읍면町단위의 단체장정장, 부정
장, 교육감에 의한 회의'정책자문회의'에 중요한 권한을 부여하고 있는 점이
다. 셋째, 자치단체장이 의회에 정책제안을 위한 예산안을 수립하려

고 할 때 먼저 이 정책자문회의에서 논의를 거칠 필요가 있도록 한 점
이다. 이 세 가지가 기소정 특유의 시도이다.[3]

이상과 같이 인구가 2,000명 전후의 작은 구 촌村: 미타케, 가이다, 히요시
의 자치를 어떻게 보장할 것인가 하는 명확한 목적을 바탕으로 마을
만들기 조례를 토대로 한 독자적인 지역자치제도가 설치되었다. 이러
한 제도가 실제 지역에서 어떻게 활용되고 있는 가에 대해서는 뒤에
서 언급하겠지만 적어도 '효율' '합리화'와는 다른 논리로 광역적 연계
를 도모하려는 합의를 바탕으로 기소 지역의 합병논의가 진행된 것은
그 후의 기소정 지역 만들기의 방향성을 정하는 데 중요할 것이다.

기소정 각 지역의 지역만들기

기소정에서는 주민참여에 의한 지역 만들기를 추진하는 정책 수법
으로 지역자치조직의 설치와 그 확충을 목적으로 해 왔다. 이러한 정
책적 의도에 대하여 자치조직의 구체화는 어떠한 방향으로 진행되고
있을까?[4]

합병 전 지역(구정촌)의 개요

먼저, 기소정을 구성하는 4개 지구에 대하여 개괄적으로 살펴본다.
합병 전의 인구는 총 4개 정촌을 합하여 1만 3900명이며, 인구 구성
비로는 기소후쿠시마 지구 54.7%, 히요시 지구 18.6%, 가이다 지구
13.8%, 미타케 지구 12.9%였다. 합병 후 2010년의 국세國勢조사에서
는 기소정 전체 인구가 1만 2743명으로 1000명 정도의 감소가 나타

나는데, 지역별 인구구성은 제자리걸음을 하고 있으며, 하나의 지구에서 감소율이 두드러지는 것은 아니다.

4개의 지구는 각각 합병 이전부터 지역자치조직의 전개에 앞서 특색 있는 지역만들기를 전개하여 왔다.

구 기소후쿠시마정에서는 2000년대 초부터 '중심시가지 활성화 계획'을 바탕으로 시가지 정비, TMO '주식회사 마을 만들기 기소후쿠시마'의 발족 등에 의해 지역만들기에 탄력을 받았는데 이에 앞서 농업과 관련한 노력이 축적되어 왔다. 예를 들면, 1990년대 후반, 여성 농민 세미나에서 30명의 수료자가 배출되어 '쇠퇴하는 농업의 새로운 전개'와 여러 개의 조직사계회(四季会)와 기소후쿠시마히야쿠쇼주쿠(木曾福島飛躍笑塾) 등이 생겨나고, 이들은 나중에 '고향마을 체험관'의 운영과 '슬로푸드 기소'의 설립까지 연결된다.

또한, 구 기소후쿠시마정에서 1990년대 후반부터 착수되었던 중심 시가지 활성화사업은 두 가지 특징을 가지고 있다. 첫째는 행정이 주민과의 대화를 통하여 상업뿐만이 아니라 사회적·문화적 기반의 정비가 필요하다는 것을 인식하였다는 점, 둘째는 사업예산이 많이 드는 하드웨어사업을 소프트웨어적으로 지원하는 체계로서 주민이 경관형성과 그 보전을 둘러싼 이해와 합의를 모색하는 '경관형성 주민협정' 등의 체결을 추진하였다는 점이다. 그 외에 2004년 이후 마을센터(公民館)에서 개최되었던 '지역학(地元学)'을 발단으로 '기소학(木曾学)'으로 전개를 시작하여 여러 가지 노력이 오늘날의 지역만들기 토대로서 존재하여 왔다.

이러한 노력과 더불어, 다음에 기술한 바와 같이 본 지구의 지역자치조직의 노력이 존재한다. 당초에는 지역자치조직 수장의 리더십으로 만들어진 점도 있으며, 적극적으로 활동하고 있는 계층으로부터도 '주민으로부터 '이러한 마을을 만듭시다'라고 한 것이 아니라 리더들이 합병협의 과정에서 필요성을 느껴 제안해 온 조직이기 때문에 구체적으로 자신 스스로가 어떠한 지역자치조직을 만들면 좋은가를 모르는 막막한 상태'라는 의견도 있었다. 그러나 2008~2009년의 단계에서는 본 지구의 지역자치조직의 전체 운영과 관련된 의원 32명, 또한 그 하부에 조직된 분야별 조직에는 263명의 주민이 어떠한 형태로든 관련되어 있어 그 수는 지구 유권자의 5%에 해당한다.

　구 히요시촌는 기소 요시나카木曾義仲의 고향인 점 등 역사적·문화적 자원이 많으며 고원지대에는 관광·과수원 등 일정의 집객集客요인이 많은 지역이다. 또한 합병 후에도 인구감소율이 가장 적은 지역이다. 지역자치조직의 활동은 다양한 전개방식을 가지고 있어 꽃 가꾸기, 방재지원협력 맵Map, 조류피해대책을 위한 완충지대 만들기, 자연 에너지에 의한 발전, 역참마을 만들기 등 특히 2008년 이후 매우 활발히 전개되고 있다.

　구 미타케촌 또한 지역만들기의 한 부분을 여성농민 세미나 수료자가 담당하였다. 1990년대 후반, 농촌여성 그룹 '고마쿠사회ニまくさの会'가 중심이 되어 직판점을 발족하였고 이는 나중에 '미타케 맛집 공방조합'이 되었다. 현재 중산간 지역의 농업을 축으로 한 지역만들기의 모범사례로서 주목을 받고 있다. 이 지구의 지역자치조직은 지구의 마을센터 분관과 자치회를 기반으로 구성되어 있으며, 3개의 사업분야복지, 산업, 문화에 맞추어 지역자원의 발굴을 위한 연수, 나가노현의 '지역만들기 지원금사업' 응모 등을 고려하면서 자치회 활동을 확충해왔다.

가이다 지구에 대한 상세한 내용은 뒤에서 언급하겠지만, 1972년에 '가이다 고원개발 기본조례'를 제정하여 경관보전에 힘써 온 점을 배경으로 2006년 '일본에서 가장 아름다운 마을' 연합가맹지구로 지정되었다. 기소정이 실시한 마을만들기 설문조사에서도 주민 스스로 고향에 대하여 매우 높은 평가를 하고 있어, 이러한 점이 지역만들기의 동기를 자극하는 토대를 이루고 있다. 또한, 이러한 토대를 보다 확실히 만들어가는 방향으로 지역자치조직이 기능하고 있는 양상도 나타나고 있다.

이상과 같이 기소정을 구성하고 있는 4개 지구의 개요를 살펴보았는데 다음 절에서는 기소후쿠시마 지구의 지역자치조직에 대하여 필자가 2009~2010년에 실시한 관계자와의 인터뷰 조사를 바탕으로 그 질적인 의미를 언급할 것이다. 또한, 자치조직의 방식에 지면을 할애하는 것은 본 장의 후반에서 언급할 '일본에서 가장 아름다운 마을' 만들기는 '주민자치'에 기인하고 있다고 생각하기 때문이다.

기소후쿠시마 지구의 지역자치조직

지역자치조직은 기소정의 '마을만들기 조례'를 근거로 하여 설치되지만, 구 정촌 단위에서 그 조직의 존재방식, 하부조직部会의 설정은 다르다. 기소후쿠시마의 경우, 그림 6-1과 같이 주민집회대의원제로 지구에서 인구비례로 선출된 130명의 아래에 지역자치조직이 구성되어 그 대표자는 지역자치조직의 운영에 해당하는 '지역협의회'에서 선출된 후, 주민집회의 동의를 얻는다. 협의회에는 5개의 하부조직인 부회部会가 설치되어 협의회 구성원은 부회에서 선출된 부장部長, 부부장副部長 및 공

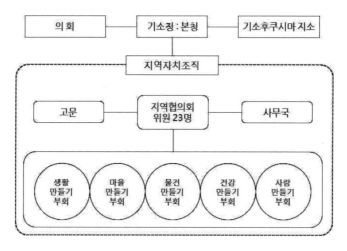

그림 6-1   기소후쿠시마 지역자치조직의 조직
(출전 : 기소정 홈페이지)

모주민에 의해 구성된다.

다음에는 필자가 각 부회의 부회장部会長・부부회장副部会長을 대상으로 실시한 인터뷰를 기초로 부회를 통한 각 참가자가 어떠한 발견이나 보람을 느꼈는가에 대하여 소개하고 그 조직의 본질적인 의미를 확인하고자 한다. 표 6-1

표 6-1　기소후쿠시마 지역협의회 부회의 개요

건강만들기 부회
[부회에 참여한 계기] • 지역자치조직에 속한 자신의 지역을 자기 스스로가 만들어가는 이념에 공감했다. 부회에 응모한 이유는 지금까지 보육원 아동이나 고령자 등의 사람들과 관련된 일을 할 기회가 있었는데, 이러한 점을 살려가고 싶다고 생각했기 때문임. (여성) • 마을에 대해서 뭔가 스스로가 할 수 있는 것이 없을까 생각하여 맡게 되었음. 비록 타지역 출신이지만, 일관계로 기소정에 오랜 기간 살고 있음. (남성)
[부회의 활동내용] '주민협력시스템 구축' '민생위원 활동에의 지원' '박잎의 회(ほお葉の会)의 개최' '건강산책코스 만들기' '음식문화 육성활동' '현립 병원 독립법인화 출장강좌의 개최' 등. 2009년도 지역자치조직 주민집회자료에 의하면 연간 50일 가까이 활동실적이 있음. 활동시간에서 가장 무게감 있는 것은 '박잎의 회(ほお葉の会)'와 '건강산책코스'이며, 이 두 가지에 중점을 두고 있음.
[부회의 구성원] 민생아동위원회 위원, 보건지도위원, 식생활개선 추진협의회, 부모연대회(手をつなぐ親の会) 대표 1명, 모자과부복지회(母子寡婦福祉会), 기소후쿠시마(木曽福島)학동클럽, 점자(点字) 서클, 일반공모위원 등 42명
생활만들기 부회
[부회에 참여한 계기] • 남녀공동 참여사회추진회의의 멤버로서 참가. 이 지역에서 태어나고 자라 역사가 있는 마을, 자연이 풍부한 마을이기 때문에 좋아함. 산이 있어 안심할 수 있음. 이 지역을 좋게 만들어가려는 생각으로 참여하고 있음. (여성)
[부회의 활동내용] 자주방재조직(自主防災組織) 만들기, 남녀 공동참여의 추진, 기타 휴대전화의 불통지역 개선 등 작은 사업에도 대응. 특히, 자주방재조직에 중점.
[부회의 구성원] 농업위원회, 구장(区長), 지방자치행정 간담회, 행정상담원, 소방단, 안전협회, 인권옹호위원, 소비자회, 유족회, 남녀공동참여추진회의, 일반공모위원 등 73명
물건만들기 부회
[부회에 참여한 계기] • 농업위원회로서 참가. 합병 전에는 의회 중심으로 주민 스스로가 적극적으로 무엇인가를 한다는 의식이 없었음. 그러나 합병 후에는 할 수 있는 것을 주민 스스로가

하자라는 풍조가 생겼음.(남성)
- 기업인으로서 참가. 물건만들기 부회와 자신의 회사(반도체 관련)와의 관계성이 처음에는 모르는 상태로 시작함. 회사의 기술이 물건만들기 부회에서 활용될 수 없을까라고 생각하여 마을 내의 물건만들기 현장에 방문하는 것에서 시작함.(남성)

[부회의 활동내용]
고구마의 보급추진·메밀국수의 보급·빙어의 양식, 낚시터의 추진·마을산 정비 및 유해동물의 퇴치·구제, 양조쌀·술 만들기 등 농림수산관계의 사업이 많음.

[부회의 구성원]
농업위원회, 임업진흥회, 엽우회(猟友会), 어업협동조합, 여관조합, 과자조합, JA기소(木曽), 정내(町內) 사업자(제조, 운수, 양조), 농작이용 조합, 일반공모위원 등 23명

사람만들기 부회

[부회에 참여한 계기]
- 일시적인 전근으로 기소후쿠시마를 떠났다가 돌아왔을 때, 자신이 생활하는 고향에 대하여 아무것도 모르고 있다는 것을 알게 되었음. 따라서 의회청취를 통하여 기소후쿠시마에 관하여 알고자 함. 그 활동이 계기가 되어 지역자치조직의 부회로 추천되었음.(여성)

[부회의 활동내용]
마을센터와 사회교육과의 연계, 워크숍을 여러 차례 실시. 어린이들의 성장, 사회안정, 행복하게 살기 등의 모든 노력이 사람만들기에 연계됨. 다른 부회에서는 행사를 개최하는 등 알기 쉬운 형태로 실적이 있지만, 인재마들기 부회는 실적이 잘 안 나타남. 먼저, 인사하기 운동과 어린이 등하굣길 보호에 착수.

[부회의 구성원]
마을센터 관계자, 어린이 육성회, 기소정 체육협회, 주니어스포츠연맹, 역전 파출소 연락협의회, 마을센터 서클, 일반공모위원 등 82명

마을만들기 부회

[부회에 참여한 계기]
- TMO를 설립하고 운영에 관련해 온 경험으로 추천을 받아 맡게 되었음.(남성)
- 이곳에 살고 있는 자체만으로도 감사하게 생각하고 있음. 지역협의회에 참가. 특히, 등산의 경험에서 환경보전을 마을만들기라는 측면에서 시행하려 부회에 참가하게 됨.(남성)

[부회의 활동내용]
정 내(町內) 각종 이벤트(박잎 축제 관련사업)지원, 경관형성사업의 일환으로 전망대 설치, 이벤트 캐릭터의 활용.

[부회의 구성원]
노인클럽, TMO, NPO, 구로카와(黑川) 고향마을 추진협의회, 경관형성 마을만들기
협의회, 관광협회, 상점조직, 기소 전통 춤 보존회, 물놀이 젊은이들, 요사코이 기소
정 사쿠라쿠미(よさこい木曽町咲く羅組), 기소청류타이코(木曽清流太鼓), 사계회
(四季の会), 오테정 아즈마야회(大手町あずまや会), 급류타기 클럽, 기소정 상공회,
일반공모위원 등 40명

출전 : 쓰루분카(都留文化)대학 사회학과 지역사회론 세미나 〈정촌 합병과 주민주체
　　　의 지역만들기-나가노현 기소정 지역자치조기의 전개와 과제〉(2010)에서 다
　　　나카 작성

　'건강만들기 부회'의 참가자는 부회사업의 하나인 '건강산책'을 널
리 알려 '지역 내에는 아름다운 풍경이 많이 있고 주민도 모르는 발견
이 있을지도 모른다. 처음에는 책상에서 코스를 만들고 실제로 걸어
보며 발견한 곳과 찾아낸 곳 등을 지도에 기입하였다. 참가자는 20대
부터 70대까지 폭넓은 세대'라고 말하고 마을공간이 참가자에게 경쟁
을 부추기는 장場이 되었다는 점을 시사하고 있는 것이다.

　'생활만들기 부회'의 참가자는 자주방재自主防災의 노력에 관하여 '지
구에 살고 있는 고령자가 경험한 재해의 양상을 듣거나 재해의 새로운
현상에 대해서도 공부하고 자신들이 살고 있는 지역의 대책을 강구하
는 방향을 도출하였다'라고 하고 재해를 통하여 지역을 다시 살펴보고
그 과정에서 사람과 사람의 연대감을 형성하는 등 자신 스스로가 활동
하는 것에 의해 방재로의 대응태세가 나타났다고 말하고 있다.

　'물건만들기 부회'의 참가자는 아이디어를 구체화할 때 지역주민의
여러 지혜, 기술을 공유하고 사업으로서 발전되지 않은 경우에도 그
탐구한 사람들의 행위에 대한 감동을 강조하였다.

　'사람만들기 부회'의 참가자는 '처음 시작했을 때는 좀처럼 사람이

모이지 않았는데, 현재는 목수, 주부, 사장, 교원 등 다양한 입장의
사람이 모여서 부회가 돌아가기 시작했다'라고 하고, 지역의 공무원
업무를 나누는 형태로 발족한 부회 운영의 어려움과 그럼에도 불구하
고 끈기 있게 워크숍 등을 통하여 부회에 모인 사람들과의 상호이해
를 심화해 가는 양상을 말하고 있다.

 '마을만들기 부회'의 참가자는 '마을의 행정, 의회, 지역협의회의 목
적에도 있는 '주민 스스로가 생각하고, 결정하며, 행동하는' 지역으로
만드는 것이 과소화 문제를 해결하기 위하여 필요하다'라고 하고, '관
광을 예를 들면 종래의 관광이 아니라 걸으면서 깨끗이 정비된 논과
밭 등의 생활을 보여주고 싶다. '생활이 살아있는 아름다움'에 사람들
은 끌리는 그런 관광이다'라고 말하고 있어 본 장 후반에서 논의할 '아
름다운 마을'의 철학적인 메시지를 자신의 활동과 논의 중에서 말하고
있는 것이다.

 지면의 관계로 인하여 이야기의 한 부분을 표현하는 것에 머무르지
만 부회 참가자들의 이야기로부터 지역자치조직의 노력은 첫째, 지역
을 보다 깊이 이해하는 장으로 만들 것, 둘째, 주민의 '목소리'를 받아
들여 요구실현의 '회로'를 발견하는 장이 되어야 할 것, 셋째, 주민자
치의 방향과 다소 거리가 있는 사업자가 참여하는 것에 의해 문제의
발견과 해결수법이 다양해짐에 따라 당사자가 보람을 느끼게 되는
것, 넷째, 지역에 정말 필요한 것을 발견하고 새로운 인간관계나 신뢰
관계가 양성되어가는 것으로 나타나고 있다.

 지역자치조직의 제도가 실제로 움직이기 시작하고 있는 가운데 그
곳에서 풍요로운 의미가 부여되어가는 모습을 볼 수 있을 것이다.

최근의 지역자치조직에 대한 주민의식 변화

앞 장에서 살펴본 바와 같이 기소정에서는 각각의 지역특성에 맞게, 또한 지금까지 축적되어 온 노력을 활용하는 형태로 좌충우돌하면서 지역자치조직이 시작되었다. 그러나 지역자치조직 활동가의 생각과 주민의 생각이 반드시 일치하는 것이 아니라는 점도 확인해 둘 필요가 있다.

합병 직후의 2006년과 6년이 경과한 2012년의 두 시점에 있어서 주민 의식변화를 살펴보면 표 6-2와 같다. 지역만들기의 근간이 된 '지역자치조직'이었지만 조례제정이 된 해에 실시된 설문조사에서는 그 발족 및 활동에 대하여 '알고 있다'라고 한 사람이 '중심부'인 기소후쿠시마 지구에서는 48%, 가이다 지구에서도 52%로 낮은 비율인 것에 대하여, 미타케에서는 74%, 히요시 지구에서는 67%로 높은 점이 특징이다.

그 후의 변화에 관하여 살펴보면 활동에 대한 인지도는 낮은 경향으로 파악된다. 기소정 전체에서는 변화가 거의 없으나 당초 높았던 미타케에서는 10%가 하락하였다. 이에 대하여 가이다 지구는 타 지역과 다르게 인지도가 10% 상승하고 있다.

또한, 이러한 마을만들기 조직에 참가를 희망하는 것과 희망하지 않은 것에 대해서는 전반적으로 희망하는 층의 비율이 감소하고 있다. 2006년 시점에서는 어느 지구도 70% 전후는 자치조직의 활동에 관심을 가지고 있으나, 2012년 시점에서는 기소후쿠시마 지구 16% 감소, 히요시 지구 15% 감소에 이어, 다른 두 개 지구도 감소하였다.

표 6-2 지역자치조직에 관한 주민의식 변화

질문항목	기소 후쿠시마 지구		히요시 지구		가이다 지구		미타케 지구		합계 (무응답 포함)	
설문조사 실시년도	2006	2012	2006	2012	2006	2012	2006	2012	2006	2012
응답자수	478명	211명	260명	117명	231명	79명	233명	72명	1,222명	582명
지역자치조직의 발족활동에 대해 알고 있다.	48%	50%	67%	62%	52%	61%	74%	64%	57%	56%
향후, 지역자치조직이 진행되면 마을 만들기 활동에 참가하고 싶다.	67%	51%	72%	57%	68%	62%	73%	64%	69%	56%

출전 : 기소정 〈마을 만들기 앙케이트 집계결과 보고서〉(2006)에서 다나카 작성[5]

　그렇다면 자치조직에의 참여가 정체되는 원인은 무엇일까? 표 6-3
에서 나타낸 바와 같이 설문조사에서는 일상생활에서 '바쁘다'가 모든
지구에서 가장 먼저 나타나고 있다. 다음 요인은 '자치조직의 멤버에
게 일임한다'전체의 16%로 조례가 의도하고 있는 '주민 전원의 참여'와는
일치하지 않는 인식이 퍼져있는 것이다. 또한 미타케 지구에 있어서
'필요성을 느끼지 않는다'는 20%를 넘어 평균 12%를 크게 상회하고
있다.
　표 6-2에서 나타낸 바와 같이 자치조직발족 당초인 2006년 시점에
는 미타케 지구에서의 자치조직에 대한 인지도 및 참여희망 계층이
매우 높았다는 점을 생각해보면, 자치조직이라는 제도가 지역에 뿌리
내리는 것이 향후과제로 남아있다고 생각된다.

표 6-3   지역자치조직에 관한 주민인식

질문항목	기소후쿠시마 지구	히요시 지구	가이다 지구	미타케 지구	합계 (무응답 포함)
참가하고 싶지 않은 이유(다수 순)	① 바쁘다 ② 자치조직 멤버에게 일임	① 바쁘다 ② 귀찮아서	① 바쁘다 ② 자치조직 멤버에게 일임	① 바쁘다 ② 자치조직의 필요성 못 느낌	① 바쁘다 ② 자치조직 멤버에게 일임
지역자치조직이 중점을 두고 해야 하는 활동(다수 순)	① 고령자 등 생활지원 ② 산림 등 자연환경 보존 ③ 가로경관 형성, 육아 지원	① 고령자 등 생활지원 ② 생활환경 정비 ③ 지역의 소통 만들기	① 산림 등 자연환경 보존 ② 고령자 등 생활지원 ③ 육아지원	① 산림 등 자연환경 보존 ② 고령자 등 생활지원 ③ 생활환경 정비	① 고령자 등 생활지원 ② 산림 등 자연환경 보존 ③ 생활환경 정비지역의 소통만들기

출전 : 기소정 〈마을 만들기 앙케이트 집계결과 보고서〉(2006)에서 다나카 작성[6]

　자유응답에 있어서 지역자치조직 관련의 기술내용을 살펴보면 2006년도 조사에서는 총 220건의 설문조사 작성분 중 13건이 지역자치조직을 언급하고 있는 것에 대하여 2012년도 조사에서는 323건의 설문조사 작성분 중 2건에 머무르고 있다. 자유기술의 기입자는 지역에 대한 적극적인 의견을 가지고 있는 주민이라고 생각된다. 이러한 계층에 있어서도 지역자치조직에 대한 관심은 낮아지고 있는 경향이라고 파악된다.

　이상과 같이 살펴본 바 구 촌村 지역의 권한을 확충하는 것이 기대되었던 지역자치조직은 조례라는 형태로 제도적으로 정비하였고 각각의 지역에 있어서 활동가와 노력의 축적을 바탕으로 하면서 조직이나 활동의 바람직한 방향을 모색해 왔으나 관심과 참여의 확대 및 형

성에 대해서는 적어도 양적 데이터를 살펴보면 커다란 과제를 가지고
있다고 말할 수 있다.

기소정의 '아름다운 마을'만들기 경과와 과제

   기소정에서는 전술한 바와 같이 구 정촌단위의 지역 고유성을 중시
하는 방법을 정비하는 한편 구 정촌을 넘어 광역적인 과제를 들어 주
민의 관심과 참여를 양성해 왔다.

   예를 들면, '도서관 검토 위원회'는 도서관 건설을 위하여 서명활동
을 한 주민이 중심이 되어 공모전을 구성하여 연수와 논의를 거듭하
여 해답을 내놓는 등, 기소정에 있어서 주민참여의 대표사례로서 많
은 관계자가 언급하여 왔다. 그러나 이 도서관 구상은 그 후 커뮤니티
센터 건설의 일환으로 재구성되어 2012년 주민 설문조사에서 반대
63%가 되었다[7]. 따라서 건설에 이르지 못하였으나 논의가 거듭된 경
과는 의미가 크다.

   마찬가지로 '낙엽송대책협의회'미나미키소(南木曾) 가미마츠(上松) 기소무라(木祖
村)를 포함한 광역검토회, '온타케산御岳山 유기농업구상가이다 고원 유기농업 구상회
의'가이다 고원을 중심으로 한 농업·농산가공·제품판매를 연구하는 이(異)업종의 단체 및 이
단체에서 생긴 '온타케 유기합동회사'지역 내에서 생산되는 소의 분(糞), 음식물 쓰
레기 등에서 유기비료를 만들어 농산물을 재배하고, 지역에서 가공·판매, '농업진흥회의'기
소정의 농업정책 제언 및 제언내용 실행 등, 다나카 가츠야 정장町長이 '의욕 있는
일반주민이 다수 참여'하는 '(조례를 활용한) 마을만들기의 형태' '기
소정의 새로운 숨결'이라고 불리는 조직도 합병 후, 다수 발족하였다.

'환경보전추진회의' 등, 정장이 회의에 참여하여 의원이 주민을 움직이는 사례도 있다.

특정 조직이나 방안을 일관되게 크게 키우는 것보다는 우여곡절을 겪으면서 결과적으로 주민의 지역에 대한 관심이 전체적으로 고조되었다고 생각할 수 있다.

'아름다운 마을'만들기의 정책상 의미

이상과 같이 지역의 수평적 활동을 바탕으로 하면서 현재, 정책적으로 어떠한 방향으로 설정되어가는 것인가에 대하여 마을만들기의 기본계획 등에 의해 확인해 보면 다음과 같다.

기소정에서는 2005년 합병 때 책정된 '기소정 마을만들기 계획기소정 건설계획'에 있어서 6개의 기본이념[8]을 제시하고 있는데 그 중의 하나는 '깨끗한 공기와 물, 아름다운 경관이 있는 환경만들기'로 하였다. 더욱이 '제1차 기소정 종합기본구상'2008~2012에서는 '산림과 기소천木曾川을 시작으로 하는 많은 하천, 폭포 등, 아름다운 자연경관과 가이다고원 등의 농산촌 경관, 우에노단上ノ段(기소후쿠시마)으로 대표되는 가로경관 등의 아름답고 개성 있는 경관의 보전·형성을 도모한다'라고 하고 '전기前期계획'2008~2012에서는 경관형성 기본계획의 책정, 경관형성 주민협정의 촉진, 경관법에 의한 경관행정단체로의 이행추진, 경관정비의 추진·옥외광고물의 규제와 정비, 지역주민과의 합의형성과 공유 등을 과제로 들고 있다. 또한, 이들로부터 독립된 축으로서 4개의 과제첫째, 동일본 대지진으로 재해를 입어 안전·안심 확충, 둘째, 지역미래를 담당할 인재만들기, 셋째, 지역자원의 고부가가치화 등 기소 브랜드의 육성, 넷째, '일본에서 가장 아름다운 마을만들기'를 설정하였다. '아름다운 마을' 만들기는 기본이념의 하나

만이 아니라, 주민참여, 행정과의 연대, 인재육성, 지역자원의 활용 등, 타 정책영역에도 관련되는 횡단橫斷적인 효과가 기대되고 있다.[9]

'아름다운 마을' 연합참가의 취지란

지금까지 중요한 의미를 부여하고 있는 '아름다운 마을' 만들기의 합의라는 것은 무엇일까. '아름다운 마을'이 처음에는 '지역만들기'의 수법으로 나중에 정책 횡단적 중점영역으로 내세우는 것은 시각적인 아름다움의 형성을 중시하고 있기 때문인 것은 물론 아니다. 기소정이 '아름다운 마을'을 경관적 아름다움에 머무르지 않고 중요한 사회적 합의를 포함하는 개념을 중시하고 있음을 먼저 확인해 두어야 할 것이다.

'아름다운 마을'의 시도는 프랑스에서 처음으로 시작한 것으로 일본에는 2005년 홋카이도의 비에이정美瑛町이 중심이 되어 시작되었다. '일본에서 가장 아름다운 마을'연합이 결성되었던 시기는 고이즈미小泉내각에서 '삼위일체'의 구조개혁이 진행되어 지방교부세의 대폭 삭감 등 지방의 피폐疲弊가 깊어지고 더욱이 제28차 지방제도 조사회에 의하여 2006년 도주제道州制를 둘러싼 정부입장의 답변이 제시된 시기와도 겹치고 있다. 소규모 지자체에서는 단체장, 의회가 전국 조직으로서 도주제 반대결의를 채택하여 건의하는 등, 국가의 지역정책에 대하여 한층 위기감이 커지고 있었다. '아름다운 마을' 만들기는 이러한 시대적 배경에서 만들어졌던 것이다.

2012년 10월 단계에서 43정촌 6개지역이 가맹하였다. 가맹조건으로서 인구 1만 명 이하일 것, 경관·환경·문화와 관련된 지역자원이

2개 이상 있을 것, 지역자원을 살리는 활동을 하고 있을 것의 3가지로 정하여 5년마다 그 심사가 실시된다.

　이 연합의 활동취지는 첫째, '지역자원을 가지고 있으나 과소화되는 아름다운 마을이, (중략) 스스로의 지역에 자부심을 가지고, 향후 아름다운 지역 만들기를 행할 것', 둘째, '주민에 의한 마을 만들기 활동을 전개함으로써 지역의 활성화를 도모하고, 지역의 자립을 추진할 것', 셋째, '생활의 영위에 의해 만들어진 경관과 환경을 보호하고, 이들을 활용함으로써 관광적 부가가치를 높이며, 지역자원의 보호와 지역경제 발전에 기여할 것'으로 되어 있다.[10]

　당연하겠지만, 아름다운 경관은 주민의 안락한 생활과 생업이 지역에 존재하고 있기 때문에 그 결과로서 나타나는 것이다. 생활과 생업을 분리하여 '경관'으로만 '아름다움'을 만들어낼 수 없다. '아름다운 마을'이 되는 과정에서 주민주체의 지역만들기와 지역자원의 발견·재구축이 생겨나는 것이 목적인 것이다. 이러한 결과 강력한 지자체 합병유도로 상징되는 행·재정의 효율화를 위하여 소규모 지자체를 분리하는 것에 대하여 창조적인 저항을 시도하는 것도 가능하게 될 것이다.

　'아름다운 마을'이 정책상 중요시되는 배경에 대하여 이상과 같이 이해하고 기소정에 있어서 '아름다운 마을' 만들기의 경과와 그 근저根底에 있는 사상에 대하여 기소정 전체에서 가장 먼저 '아름다운 마을' 연합에 가맹한 가이다 고원지구구 가이다촌의 사례를 자세히 살펴본다.

가이다의 경관형성사업과 그 바탕에 있는 것

가이다는 기소정의 중심부에서 버스로 50분 정도 걸리는 기소정 중심부에서 가장 먼 지구이다. 산간부를 빠져나오면 감탄할 정도의 아름다운 경관이 전개되는데 이 경관이 어떻게 형성되었을까?

구 가이다촌에는 1972년 경관을 살리는 마을만들기를 목표로 '가이다 고원개발 기본조례'를 제정하여 광고간판의 규제, 건물의 높이 제한, 지붕색채의 통일 등에 대하여 오래전부터 노력하여 왔다. 이 지구는 기소 온타케산을 중심으로 관광지로서도 높이 평가되어 관광업자 등의 간판이 난립하였다. 그러나 개발 기본조례만으로는 이들 사업자를 규제할 수 없었다. 특히, 타 지역 업자의 협력을 얻는 것이 쉽지 않았다. 관광협회 등이 중심이 되어 지금까지의 경위와 타 지역의 선진사례를 보여주면서 각 호마다 정중하게 설득하여 간판철거를 진행하였다.

어떠한 경관을 형성해야 하는가에 대해서는 '관광자원 보호재단'현재 공익 재단법인 내셔널트러스트과 '환경문화 연구소' 등에 위탁하여 전문가의 제언도 참고하면서 이들에게만 의존하기보다는 지자체 공무원간의 토의와 주민의견을 청취하여 내용을 확정해 갔다. 가이다촌 출신의 오메 후미오大目富美雄, 전 기소정 공무원 씨는 가이다촌에 근무할 당시부터 경관만들기에 관련해 왔던 입장에서 '시골은 돈을 많이 들여도 도쿄처럼 되지 않는다. 그렇다면 현실을 명확히 다시 살펴보고 지역의 좋은 점을 적극적으로 활용하는 고민이 중요하다. 온타케산을 중심으로 한 가이다 고원의 풍부한 농촌경관은 어떠한 것과도 바꿀 수 없는 귀중한 재산'이라고 하고, 농림업을 기반으로 한 경관형성과 관광진흥방안을 모색했다고 한다.

오메 씨가 자신과 관련된 많은 관광, 경관영역 사업의 '근본이 되는 것'으로써 필자에게 제시한 것이 책자 《산촌의 재생과 발전~마을에서 배운다》다테 히데오(橋英雄), 가이다촌 공민관 발행이다. 이 책은 1982년 1월에 가이다의 마을센터 수에카와村川 분관에서 개최되었던 강좌의 강연기록으로 기소 지역 마을들의 문화·인재 만들기, 농업진흥, 지역개발을 논의했던 것이다.[11]

여기서 강조하고 싶은 것은 당시 마을센터 분관에서 이 논의가 매우 활발히 이루어졌다는 점이다. 가이다의 경관형성은 이러한 문제의식과 학습이 토대가 된 노력에서 이루어졌던 것이다. 경관이라고 하면 시각적인 아름다움을 상기하기 마련인데 이를 유지시키는 생활, 더 나아가서는 생활을 유지시키는 지역문화·지역산업이 나아가야 할 방향을 구상하는 것이야말로 경관형성의 토대가 된다는 점을 다시 한 번 확인해 두고 싶다.

가이다에 있어서 다양한 인재의 존재

가이다 고원은 2006년 10월 '일본에서 가장 아름다운 마을'연합에 가맹했다. 전술한 바와 같이, '일본에서 가장 아름다운 마을'연합이 추구하는 활동목적은 지금까지 구 가이다촌의 노력과 합치되는 것이었는데 연합가맹에 의해 경관만들기가 지역자원의 발굴과 보전, 지역브랜드 만들기와 관광으로 활용, 지역자립자율에 연계하는 것을 지역 내외부로 홍보하기 쉬워졌다. 가이다 지구에서는 그 후 '지역자원을 활용한 활동'과 그 인재육성을 도모하여 이러한 점이 효과적으로

작용하여 '아름다운 마을'의 제2차 심사에 대한 통과조건을 만들게
되었다.

여기서 말하는 인재는 관광협회 등 경관사업에 관한 협의(俠義)의 관
계자만이 아니라 지역자원을 개척·보전하고 지역을 풍요롭게 만들기
위해 노력하는 여러 주체(예를 들어 '온타케(御嶽) 유기구상'의 구체화를 목표하는 등 주민
출자 사업체, '기소마의 고향' 등 지역 유지와 행정(진흥공사)의 연계, '갓타보회(がったぼ会)'* 등
주민의 봉사조직, 합병 후부터 시작한 지역자치조직 등)가 존재한다.

예를 들면, 가이다 지구의 지역자치조직 '가이다 고원 지역협의회'
는 각 구(区)에 제초기의 대여, 폐차·폐가의 처리의뢰, 전봇대 이전,
가로수의 관리, 화단 만들기, 통일적인 지역브랜드 표시 스티커의 작
성과 보급, 직판점 관계자의 강습회, 협의회 추진 직판을 표시하는 간
판 배포, 수차(水車)의 복원, 마(麻)직물과 사자춤(姫獅子舞) 등 수작업과 전통
문화의 계승활동, '망둥이(はぜ)'의 복원 등, 경관형성과 관련된 사업만
으로도 실제로 폭넓은 활동을 전개하고 있다. 그러나 여기에 머무르
지 않고 지구의 경로잔치와 문화제를 개최하면서 전통예능의 계승이
동반되고 2012년부터 지역협의회가 주체가 된 겨울철의 '가마쿠라 축
제'에서는 기소마 썰매가 등장하고 봄철에는 모내기의 써래질을 통하
여 어린아이들이 생활 속에서 '기소마'라는 지역자산과 접하는 기회를
제공하였다. 협의회가 주최 또는 공동개최하는 많은 활동이 결과적으
로 가이다의 경관을 풍요롭게 하는 것과 연계되어 있다는 점을 알 수
있다.[12]

그런데 이러한 지역협의회는 '마을만들기 조례'상의 의의에서 지역
에서의 영향력, 동원력을 가진 큰 조직이다. 이러한 점에 대하여 주민

*   산림만들기, 인재만들기, 지역만들기를 키워드로 한 기소정의 주민단체

의 헌신적 노력은 어떠한 의미인 것일까? 일례로서 '갓타보회'를 소개
한다. 이 모임은 1990년 지역의 산림이 어지럽게 방치되어 있다는 점
에서 산림의 보유자 스스로가 산을 관리할 수 있도록 후계자를 양성
하려는 목적에서 결성되었다. 회원은 약 20명여성 4명. 2009년 당시으로,
직종 및 연령층도 다양하며 귀농·귀촌자도 많았다. 매년 여러 차례
국도주변 사면의 풀 깎기, 활엽수의 식수, 온타케산 가이다 등산로 입
구의 정비와 보육원 이벤트 참가, 지역자원을 알기 위한 모임 등을 개
최하였다. 지구 내에서 개최되는 메밀국수축제에 판매점포를 내거나
버스정류장, 미술관 만들기가이다 초등학교의 아동을 묘사한 자화상을 가이다 고원 버
스정류장 대합실의 벽에 전시 등에도 관련하여 산림의 정비에서 출발하여 교
육현장과 연계한 사업을 진행하였다.

이러한 활동을 통하여 주민 상호간의 교류는 물론 외부와의 교류에
도 적극적으로 참여하여 특히 귀농·귀촌자가 지역에 들어왔을 때 지
원하는 점이 특징적이다. 또한, 정촌 합병에 관한 논의 중에는 이 모
임으로부터 '가이다 고원의 장래를 생각하는 모임'이 파생적으로 결성
되어 합병반대의 활동을 전개한 경위도 있으나 이러한 점에서 상징되
는 것처럼 관계자는 '자유롭게 무엇이든 말할 수 있는 장場'인 점이 이
단체의 매력이라고 한다.

그 외에, 지역만들기와 깊이 관련된 사업조직으로는 공영의 '기소
마의 고향', 주민이 출자·운영하는 '온타케 유기합동회사' 등이 있으
나 '온타케 유기합동회사'에 대하여 살펴보면 다음과 같다.

2006년 12월 기소정의 농업·농산가공과 관련된 지역주민이 '농업
진흥회의'를 발족하였다. 기소정은 '온타케 배추'를 시작하여 농산품
브랜드를 가지고 있는 등 농업진흥의 조건을 갖추고 있는 지역인데

합병 당초에는 체계적인 진흥계획이 이루어지고 있지 않았다. 같은 해 9월 정례회의에서 농업문제가 거론된 것이 계기가 되어 주민 스스로가 구상안을 만드는 분위기가 형성되어 농가와 펜션의 운영자들이 준비회 발족을 검토하고 주민의 이익배분이 가능하도록 합동회사를 설립하여 기소정과 가미마츠정의 주민 224인이 출자하여 2008년 합동회사의 설립에 이르게 되었다.

합동회사가 한 부분을 담당하는 '온타케 유기구상'이라는 것은 ① 지역주민의 가정 쓰레기, 축산배출물, 산림 폐기물 등의 비료화, ② 지역에서 생산되는 농작물을 가공한 고부가가치화, ③ 가공제품의 판매이며 나중에 바이오매스 에너지의 구상도 더해져 음식과 에너지의 지역순환을 목표로 하였다. 이 회사에서는 먼저, ②부터 착수하여 옥수수 스프와 과자를 주력제품으로 시작하였고 2009년에는 지역 농산물 직판장과 레스토랑을 개설하여 개발한 지역특산품인 아오키青木콩・두부는 학교급식에도 제공되고 있다. 정사원 20명이 근무하여 최근에는 전국에서 구인도 하고 있다.

이상에서 살펴본 바와 같이 행정, 자치조직, 시민활동단체, 주민출자의 사업체 등, 여러 관련자가 지역을 활동의 장으로 한 결과 '아름다운 마을'이 형성되어 왔다고 판단된다. 본 고에서는 가이다 지구를 사례로 그 경과를 살펴보았는데 기소정을 구성하는 다른 3개의 지구에 있어서도 각각의 방법으로 지역자원을 도출하고 그것을 지원하는 관련자를 육성하는 등의 과정이 존재한다.

주민자치를 토대로 한 창조농촌

소규모 지자체가 만들어가는 생활의 가치에 대한 중요성은 누구라도 부정할 수 없는데, 이러한 가치창조를 정책적으로 가시화하면서 지역의 목표로서 공유하여 실천해가는 것은 쉽지 않다. 기소정에서는 가시화해가는 방법으로 '슬로푸드'와 '아름다운 마을'에 초점을 두었다.

전자는 다국적 기업에서 독차지하는 식食·농農·명命을 시장의 논리에서 해방하려는 운동이며, 후자는 채산성이 없고 비효율적인 것을 버리고 재정부담을 축소하면서 통치권한을 강화하는 국가의 방식에 지방에서 비난하는 운동으로 이어진다. 이들 모두 유럽에서 시작한 것으로 비판적 시점에서 유지되어 온 문화창조의 노력이다. 기소정은 이러한 이념과 방향성을 학습하면서 자신들의 풍토에 어울리는 형태로 두 가지 개념을 재구성하는 과정에 있다고 말할 수 있다.

이러한 방향성은 지금까지 기소정이 걸어온 길에 내재하고 있다고 말할 수 있다. '슬로푸드'라는 용어가 퍼져가기 이전부터 기소에서는 발효식품의 문화를 육성하고 그 토대가 되는 농림업 진흥에 힘을 쏟아 지역농산물의 가공·판매에 있어서도 많은 시행, 실천이 축적되어 왔다. 또한, '아름다운 마을'이라는 용어를 만들기 전부터 경관형성사업의 역사가 있었다는 점은 전술한 바와 같다. 따라서 두 가지 개념의 수용에 대해서는 지역에 일정의 토대가 있었다고 말할 수 있다.

그러나 마을 전체 주민참여를 통하여 이들의 방향성을 심화해 나가기 위해서는 기존에 가지고 있는 '토대'에 기대하는 것만으로는 충분하지 않을 것이다. '마을만들기 조례' 및 이 조례에서 정하고 있는 지

역자치조직의 구성은 반 강제적으로 주민을 지역운영에 유도하는 것
이었다. 당초 참가자 중에는 어떠한 상황인지도 모르고 참가한 주민
도 있었지만 몇 년을 지나는 과정에서 지역을 이야기하는 언어가 풍
부해지고 실제의 사회관계, 네트워크도 두텁게 형성되어가는 것이 자
치조직의 부회部숲 참가자의 인터뷰에서도 알 수 있었다. 단 지자체가
실시한 설문조사에 의하면 지역자치조직에 대한 평가는 반드시 적극
적이라고 말할 수 없는 점이 과제일 것이다.

'일본에서 가장 아름다운 마을'과 '창조농촌'이라는 정체성이 지역
행정으로서 유효하게 전개될 수 있는가 하는 점은 이들이 그 지역에
잠재하고 존재하는 여러 가지 주민의 노력과 감정에 의거한 것인가에
대한 여부에 좌우된다.

〈주〉

1. http://www.town-kiso.com/dbpa_data/material_/localhost/MACHI_DUKURI/Kaisetu
   _machi.pdf (기소정 마을만들기 조례 해설)
2. 개인뿐만 아니라 사업체 및 NPO가 포함되어 있는 것에 대해서는 데즈카야마(帝塚山) 대학의
   나카가와 이쿠로(中川幾郎) 씨의 조언 '현재, 이미 존재하고 있는 조직을 토대로 조직을 망라
   하는 포괄적 조직으로서 지역자치조직을 구성하면 어떤가?」를 참고로 하였다고 한다. 이러한
   정보는 기소정 기획재정과로부터 수집하였다.
3. 이 '정책자문회의'는 마을만들기의 조직으로서 특징적인 것임과 동시에 과제도 존재한다. 과제
   로서 두 가지를 정리해 보면 다음과 같다. 첫째, 의회와 정책자문회의와의 관계이다. 각 지역
   에서 한 사람씩 선출하여 구성된 정책자문회의는 지역의 크기와 관계없이 지역 전체의 의사결
   정에 큰 영향을 미치게 되어 지자체의회와는 다른 결론에 이르는 경우도 있을 수 있으며, 의회
   와 조정하는 것이 과제이다. 이러한 점에 대하여 지자체의 히어링 조사에서는 '의회의 권한이
   지 않은가 라는 반발도 예상되지만, 정책자문회의는 정장(町長)이 의회에 제안하기 전의 사전
   조정의 장(場)으로서, 지자체로서의 결정은 의회로 하여 역할분담을 확실히 하고 있다. 이러한
   점 또한 의회도 이해해 주고 있다'라는 견해가 있었다. 두 번째 과제는 '정책자문회의'의 실제
   기능이 파악하기 어려운 점이다. 많은 권한을 부여하고 있는 반면, 이것이 어떠한 장면에서 효
   력을 발휘할 수 있는가에 대한 문제이다. 스키장의 지정 관리위탁에 관한 사항, 도서관 건설을
   둘러싼 주민 설문조사의 실시 등에서 정책자문회의에서 논의의 필요성이 이야기되고 있으나,

논의의 경과, 결정 등이 표면으로 드러나는 것이 어려웠다.

4. 본 절에서는 주민의 이해에 관하여 필자가 실시한 히어링 조사와 기소정이 실시한 마을만들기 설문조사를 근거로 하여 그 동향을 살펴보는 것으로 한다.

5. 설문조사 실시는 2006년 8월, 18세 이상, 2000명을 지구별로 무작위 추출(기소후쿠시마 800, 그 외 지구 400, 유효회답률 61.1%) 및 기소정 〈마을만들기 앙케이트 집계결과 보고서〉 2012년 9월(설문조사 실시는 2012년 7월, 18세 이상, 1500인, 무작위 추출, 유효회답률 38.8%)

6. 설문조사 실시는 2012년 7월, 18세 이상, 1500인 무작위 추출, 유효회답률 38.8%

7. http://www.town-kiso.com/dbpa_data/material_/localhost/001soumuI/sonota/komyu. anketo.pdf(기소정 종합 커뮤니티센터 건설에 관한 설문조사 결과)

8. 생활을 유지하는 네트워크 만들기, 빛나는 미래의 마음 따뜻한 사람 만들기, 자원을 활용한 산업의 마을 만들기, 안심하고 건강하게 생활할 수 있는 밝은 사회 만들기, 깨끗한 공기와 물, 아름다운 경관이 있는 환경 만들기, 모두 함께 진행하는 마을만들기

9. 기소정 「제1차 기소정 종합계획_전기(前期)계획」p.7 「후기(後期) 기본계획」(2013. 3) p.22의 표 참조.

10. http://www.utsukushii-mura.jp/purpose '일본에서 가장 아름다운 마을'연합의 목적

11. 이 책에서는 기소마, 순키(すんき), 빨간 무(赤カブ) 등 지역자원으로의 언급은 그 자원의 가능성을 이끌어내는 관련자의 육성, 수작업 문화의 중시 등, 외자(外資) 의존의 관광사업의 불확실성, 수원지와 도시를 연결하는 유역(流域) 연계의 의의 등이 풍부한 사례와 더불어 이야기되고 있으며, 현대에 있어서도 시사하는 바가 크다.

12. 가이다 고원 지역협의회의 노력은 '가이다고원다요리(開田高原だより) 지역협의회보'에 상세히 소개되고 있다.

기 소 정	
기초 데이터	면적 : 476.06㎢(동서길이 31.7km 남북길이 26.2km) 표고 : 774.80m(기소정시청) 임야율 : 88% 총인구 : 12.3천인 세대수 : 5.1천 세대 고령화율 : 32% 연소(年少)인구율 : 12% 인구감소율 (2010/1970) : ▲32% 액서스 : 전철 / 신주쿠에서 3시간 20분, 고속버스 / 신주쿠에서 4시간 10분 교육 : 유치원 1개(37인), 초등학교·중학교 8개(883인), 고등학교 1개(677인) 의료 : 병원 1개(259침대), 진료소 14개(중 치과는 8개) 마을센터 : 49개 도서관 : 0개 산업 : 사무소 수 1,068개(종업원 수 6,991인) 제1차 9%, 제2차 23%, 제3차 68%
합병 등 변천	2005년 11월 기소후쿠시마정·히요시촌·가이다촌·미타케촌이 합병하여 기소정 발족
지역자원	• 온타케 산록, 기소코마가타케(木曾駒岳) 산록의 자연 • 가도(街道)문화[미코시마쿠리 축제, 키소 춤(무용), 세키쇼(교통요지의 검문시설)] • 음식(고원야채, 화과자(和菓子), 유산균 발효실품 순키) • 공예(기소숫케이 : 기소칠기)
마을만들기 기본개념	• 생활을 유지하는 네트워크 만들기 • 빛나는 미래의 마을 따뜻한 사람 만들기 • 자원을 활용한 산업의 마을 만들기 • 깨끗한 공기와 물, 아름다운 경관이 있는 환경 만들기 • 모두 함께하는 마을 만들기
지역문화진흥 등의 특징적인 시행사업	• 기소음악제(2013년 8월에 제39회 개최) • 기소마 보존사업 • 기소학 연구회 • 기소요시나카 전승사업 • 기소정 지역자원 연구소 • 전통예능 보존육성 조성 • 기소학 문화예술진흥사업 • 지역 만들기 사업 • '일본에서 가장 아름다운 마을'연합 • 세키쇼자료관·다이칸저택 수리, 가이다향토관 개보수사업
특징적인 조례 등	• 마을만들기 조례(2006) 1. 철저한 주민자치의 지역자치조직. 행정에서 자립한 자치조직 2. 정보공개를 철저하게 계획단계에서도 공개함 3. 주민대표에 의한 정책결정권으로서의 정책자문회의 • 경관형성 주민협정('나카센도 후쿠시마야도 우엔다(うえんだ)'경관형성주민협정 등 • 가이다 고원개발 기본조례
문화예술 교류거점, 창조적 거점 등	기소 문화공원 문화 홀
이 책에서 사례로 소개한 창조적인 노력을 하는 단체, NPO 등	기소정 지역자원 연구소, 기소 필하모닉 협회(기소 음악제 실행위원회로 이행), 미타케 맛집 공방, 온타케 유기합동회사
산학민 연계·교류	기소정 지역자원 연구소, 신슈(信州) 대학 농학부와의 공동연구로 채취한 면역조절 기능을 가진 기소의 천연효모로 나나쇼 주조(주)에서 막걸리를 제조
특기사항	• 제3회 창조농촌 워크숍 개최지(2013. 8) • 문화청장관 표창 [문화예술 창조도시 부문] 수상(2010) • 창조도시 네트워크 일본에 가맹

인구, 세대수는 2013년 11월, 면적 등은 세계농업연구조사(2010), 취업·인구구조는 국세조사(2010), 교육·의료·산업은 정부통계 e-stat, 지역자원 등은 각 시정촌·총무성·문화청 홈페이지를 참고했다.

| 센보쿠시 |

전통예능의 현대적 재생과
3·11의 의미

고레나가 미키오(是永幹夫)   chapter 7

본 장에서는 일본의 풍토와 역사에 뿌리를 둔 무대창조의 전국적인 전개나 예술촌 경영을 실천하고 있는 와라비좌ゎゟび座와 와라비좌가 거점을 두고 있는 센보쿠시仙北市의 마을만들기에 관하여 필자의 실천을 통하여 설명하고자 한다.

발밑을 파라, 거기에 샘이 솟을 것이다

와라비좌의 탄생

센보쿠시는 2005년에 가쿠노다테정角館町 · 다자와코정田沢湖町 · 니시키촌西木村이 합병하여 탄생한 인구 3만 명의 마을로 가쿠노다테의 벚꽃, 전국 유일의 무사저택, 용감하고 씩씩한 화려한 축제, 일본 제일의 수심을 가진 다자와코, 풍부한 여러 온천, 최고 설질의 스키장 등 연간 500만 명의 관광객 수를 자랑하는 북동북 권역의 유수한 관광지이다. '체재력을 가지고 있는 관광지' 전국 30선에도 뽑혔고, 아

키타秋田시와 모리오카盛岡시의 중간에 위치하며, 북동북의 관광교류
의 거점이 되고 있다. 아키타현은 민요왕국으로서 알려져 있지만, '아
키타오바코' 등 대표적인 아키타 민요의 몇 개 정도는 이 센보쿠시 지
역에서 생겨났다. 에도 시대의 아키타 난화秋田蘭画로 일세를 풍미하고
가바세공벚꽃나무 피 공예 공예의 명산지로 알려져 있으며 출판사 신조사
新潮社의 창립자를 배출하였고, 2차 세계대전 전부터 현대에 이르기까
지 많은 문학자·작가를 배출한 문예와 공예의 도시이기도 하다. 센
보쿠시의 매력은 많이 있지만, 필자는 ① 북동북 유수의 관광지, ②
예향문화예술의 고장, ③진취의 기풍이라는 세 가지를 들고자 한다.

와라비좌가 1953년에 이 지역을 거점으로 두었던 것은 민요의 보
고라는 점도 크게 작용하였다. 이후 60년간 지역 주민들로부터 지
지받으며 '다자와코 예술촌'을 창립하고 지역산업으로서 크게 뻗어
나갔다.

와라비좌가 다자와코 예술촌을 시작한 것은 1996년, 극단창립 45
주년인 해였다. 필자도 개설에 참여했는데 TAVTazawako Arts Village계획
의 전사前史로서 1976년부터 시작한 '와라비좌 수학여행'이다. 전통문
화체험과 농사체험을 와라비좌에서 실시한 이 계획은 유명해졌고 오
늘날까지 36년간 5600교의 중학교·고교가 방문하고 있다. 도회지
아이들의 농사체험을 받아주는 대부분의 농가도 모내기, 추수할 논을
남겨두고 쌀 농업의 중요성을 이야기하며 농가와 학부모회 간의 산지
직매도 시행하고 있다. 체험공간인 농가도 2대째의 세월이 흘러 와라
비좌와의 지역사회의 파트너십 사업의 핵이 되고 있다.그림 7-1

20년에 걸쳐 수학여행뿐만 아니라 가족의 리플레시 존의 전개를 구
상하여 국내외의 여러 가지 선행사업을 리서치하고, 단순한 테마파크

그림 7-1　다자와코 예술촌

(출전 : 와라비좌시즌 프로그램)

가 아닌 극장을 중심으로 한 아트 브리지를 기획하였다.

　예술촌 존은 ① 극장을 핵으로 한 창조기능, ② 호텔 · 레스토랑 · 온천시설 · 삼림 공예관의 호텔기능, ③ 디지털 아트 팩토리와 민족공예연구소의 정보콘텐츠기능이라는 세 가지 기능으로 구성되어 있다. 700석의 극장에서의 상설공연과 워크숍, 공예 · 도예체험으로 구성된 삼림공예관, 1일 최대 1000명의 식사를 제공할 수 있는 예술촌 내의 식당, 세계 제일의 맛을 자랑하는 다자와코 빌딩의 공장과 레스토랑, 제3차원의 무용부호를 개발한 디지털 아트 팩토리, 국내의 민요와 민속예술영화가 집적되어 있는 민족예술연구소, 온천인 유포포와 호텔 등의 여러 시설이 3만평 대지에 설계되어 북동북의 아름다운 자연 속에서 힐링의 공간이 되고 있다. 지방기업으로서 지금은 사원의 60%

가 지역채용으로 이루어져 있으며, 부모 자식 2세대가 함께 일하고 있는 사원도 있다. 아키타의 식재료의 매력을 살린 최고의 요리를 제공하는 총 조리장, 조리장 모두 지역출신이다.

필자는 '발밑을 파라 거기에 샘이 솟을 것이다'라는 말을 미션으로 살아왔다. 도쿄에서는 할 수 없는 것, 도쿄에는 없는 것으로, 역으로 지방에 많이 있는 지역의 문화자원, 역사적 자원, 인재의 매력을 살려가는 것의 중요함을 와라비좌에서 실천적으로 배웠다.

사사키 마사유키 씨는 《창조도시로의 도전》[1]이라는 책에서 '전통예술을 창조산업화 한다'는 주제로 다자와코 예술촌 · 와라비좌의 사례를 소개하고 있다.

사사키 씨는 다자와코 예술촌 · 와라비좌가 '실로 다채롭고 복합적인 문화창조 사업과 지역사회와의 파트너십 사업을 다각적으로 전개'하고 있는 것에 주목하고, '와라비좌와 다자와코 예술촌의 시도는 이 복합적 문화사업체 스스로 농촌에 있어서 '창조의 장'이 되는 것으로 인해, 전통예술을 베이스로 한 창조산업화의 귀중한 성과를 내고 있다'라고 평가하고 있다.

작은 극장의 큰 실험

이탈리아의 생애학습연구의 일인자, 사토 가츠코佐藤かつ子 씨법정대학 (法政大学)가 '작은 극장의 큰 실험'이라는 제목으로 필자의 강연을 이전에 논평해 준 일이 있었다.[2]

"와라비좌 50년을 되돌아본 고레나가 씨의 보고에는 매우 마음을 울리는 것이 있었다. 지역에 뿌리내린 시민성과 사업경영이라는 것이 멋지게 결합되어 있기 때문이다. 지금 그것이 문화 · 예술뿐만 아니라 복지에서도 마을만들기에서도 가장 요구되어지고 있는 과제가 아닐까. (중략) 아키타를 거점으로 하는 활동 그리고 80년대에는 이탈리아의 문화정책이나 지역극장에 눈을 돌려 이 거대 대중소비사회의 일본에서 메이저한 문화창조의 존재방식과는 전혀 반대인 유니크한 길을 개척해 온 와라비좌. 전혀 반대라고 하더라도 그것은 보고에서도 다루어진 것과 같이 몇 발짝이나 먼저 해온 길인 것 같다고 나는 생각한다. 아키타에서 일본 전체, 국제사회에 눈을 돌린 시야는 넓고 깊게, 창조자와 수취인 측의 관계 만들기로 지지되어온 문화 창조의 본질에 질문을 하고 있다. 작은 극장의 큰 실험이다."

　이와 같이 와라비좌는 어느 시대에서도 개척자 정신으로 시대와 맞부딪치며 접전을 펼쳐왔다. 와라비좌의 개척자정신을 지지해 준 전국 각지의 팬과 함께 가장 가까운 곳에서 지지해 준 지역과의 다양한 관계성을 베이스로 이 센보쿠시 지역이 진취의 기풍이 넘치는 지역성이라는 것도 크게 작용하고 있다. '창조의 가장 최선단 그대로 그곳에 있는 것' 센보쿠시 가쿠노다테정의 매력을 한마디로 표현하라면 이것이라 할 수 있겠다. 아키타 난화를 만들어내고, 가바세공 공예에서 야나기 무네요시柳宗悦, 세리자와 가이스케芹沢かい介 등과 디자인 개발을 한 선인 등을 키워내고, 지금 재차 '창고와 아트를 둘러싼 "네오 · 클래식! 가쿠노다테"'라는 101개나 되는 창고가 있는 마을의 풍경을 살려, 회유성 있는 마을 걷기 아트공간을 개최하는 이 지역의 자기장 속에서 와라비좌도 육성되어 왔다.

　2013년 현재, 전국에서 중요 전통적 건축물군 보존지구는 홋카이도 하코다테函館에서 오키나와沖繩 다케도미竹冨 섬까지 106개소가 있

사진 7-1 가쿠노다테의 무사저택

는데, 가쿠노다테는 기소정, 하기萩정, 교토시, 시라가와고白川鄕와 함
께, 1976년에 제1호로 선정되어져 있다.사진 7-1

　가로경관을 보존하는 것만이 아닌 삶의 장소에서 활용하고 있으며,
에도 시대에서 이어진 축제의 계승시스템을 마을마다 활용하고 새로
운 것도 적극적으로 수용해 온 지역특성을 때문에 와라비좌는 이 토
지에서 60년간 본거지를 이룰 수 있었다. 동시에 지역의 번화함을 창
출한 새로운 거점으로서 와라비좌가 지역에 공헌해 온 면도 크다. 극
단이 낯선 토지에 들어가 뿌리 내리고 지역기업으로서 성공한 전형적
인 사례와 지금에서야 평가되고 있는데 이렇게 힘든 여행은 대하드라
마가 될 정도로 깊은 내용이었다.

전통예능의 현대적 재생이란

　1991년 여름. 이탈리아 시칠리아의 틴다리 근처의 패티 해안. 필자

는 스페인이나 이탈리아에서의 43일간의 해외공연을 끝내고 동서 문
명의 십자로·지중해의 잔물결을 들으며, 그리스신화의 불의 신이나
바람의 신이 탄생한 섬들을 멀리 바라보며 시공을 초월한 경지에 생
명의 흐름을 느꼈다. 향후 와라비좌 창조의 한 가지로 '고대로부터 미
래로 이어지는 민족의 상상력'을 환기하는 음악 앙상블을 만들어보고
싶다고 생각한 순간이었다.

　최근 민족이나 풍토에 대한 귀속의식을 근거로 현대라는 시대성을
주장하는 음악이 늘어나고 있다. 필자가 좋아하는 '크로노스·카르
테트'미국의 악단도 몽골의 전통적인 노래 호미로 시작하는 작품을 내놓
았다.

　인간에게는 우리가 상상도 못할 정도의 먼 옛날부터 음이 가득 인
풋되어 있는 것은 아닐까?

　고등학교시절에 만났던 고이즈미 후미오小泉文夫 선생님의 영향은
잊을 수 없다. '소리로 지구를 그렸다'라고 불리고 있는 민족음악연구
자다. 발신하는 세계는 나에게 있어서 정말로 흥분된 세계였다. 이 무
렵 2장이 세트인 레코드 〈일본의 북다이코〉에서 하야치네 가구라早地峰神
楽[다케류(岳流)] '독경의 춤'의 다이코太鼓와 만나 이후에 더욱더 좋아하는
민족예능이 되었다.

　일본인의 체내에 들어있는 가구라 음악이나 민족예능의 리듬으로
현대의 젊은이들과 라이브감각으로 공명, 공진하는 작품을 만들고 싶
어 CD나 콘서트 등 자료로 선택한 7인의 음악가분들을 2년 정도 리서
치하고 앙상블 제1탄의 음악감독을 나카무라 메이이치中村明一 씨에게
위탁하였다. 나카무라 씨는 여러 가지 음악장르에 관계되어 있는 기
백이 날카로운 음악가로 1996년 1월에 도쿄·아오야마青山 원형 극장

에서 개최한 나카무라 씨와 와라비좌와의 실험콘서트 〈향響〉에는 '앞으로의 일본음악을 예상할 수 있도록 해주는 파워와 울림'이라는 감상평이 많이 들어왔다.

나카무라 씨와는 지금의 음악시장에 없는 음악을 와라비좌에서 탄생시키기 위해서 어떻게 전개해 나갈 것인가, 와라비좌에 풍부하게 있는 소재를 어떻게 살릴 것인가, '일본풍을 첨가한 것'이 아닌 가구라神楽와 조몬繩文을 고집해 토속적 파워를 발신해 가자고 서로 의견을 맞추었다.

나카무라 씨의 추천으로 정의신 씨가 함께 참여하게 된 것도 와라비좌의 음악앙상블의 역사에 있어서 획기적인 것이었다. 월드뮤직의 국제조직에 관계되어 있는 지인인 프로듀서는 "정 씨는 샘과 같이 아이디어가 솟는 사람. 나카무라 씨와 정 씨와 와라비좌의 콜라보레이션공동창조에서 만들어진 작품은 매우 흥미롭습니다."라고 기대를 드러냈다. 시각적으로도 즐거운 〈향〉은 이렇게 탄생하게 되었다.

지역협동 · 지역연계형의 무대창조

이와 같은 음악앙상블을 만들어낸 것은 와라비좌가 일본열도의 민속예능을 베이스로 두고 그 현대적 창조에 도전하고 있는 회사라는 점이 크다. 지금까지 무대에 올려온 일본열도의 예능은 360상연목록을 넘었다. 특히 북동북권역과 오키나와 · 아마미奄美의 남서제도의 예능을 보다 더 많이 무대에 올리고 국내외에서 상연해 왔다. 필자 자신이 반세기 전에 고향인 오이타大分에서 관람했던 와라비좌의 무대에서 문화적 충격을 받고 나중에 스스로 극장으로 뛰어들어간 1인으로서 그 압도적인 무대는 많은 해외공연에서도 절찬을 받고 있다.

창립자인 고故 하라 다로原太郎가 극단사람들에게 끊임없이 계속 이야기했던 것은 민속예능의 혼 부분, 생명 부분을 제대로 표현해 가는 것에 대한 도전력과 단속이었다. 필자 자신이 참여한 해외공연에서 '일본은 하이테크 사회라고 생각하고 있었는데 이와 같은 전통적인 춤사위 속에서 현대 일본시민들의 활달한 정신이 흘러넘치고 있다는 사실에 감동했다'라는 목소리는 북반구에서도 남반구에서도 들을 수 있었다. 와라비좌의 생명력은 창조적으로 느슨해지지 않는 정신과 지역과 함께 걸어온 저력인데 그 근저에는 '발밑을 파라 거기에 샘이 솟을 것이다'라는 미션이 있다. 제아미世阿弥가 저술한 《후시카덴風姿花伝:풍자화전》화전서는 와라비좌의 바이블인데 '모든 사람들이 사랑하고 좋아하는 것으로서 하나의 좌座를 유지해 가는 것을 기초로 하여야 한다'라는 제아미의 격언은 와라비좌의 사시社是: 회사나 경사의 기본방침이기도하다. 누구에게 의지하는지 누구와 콜라보레이트를 하는지, 누구를 향해 일을 전개하는지—그곳에서 서로 접촉하는 정신이 국내외 대부분의 채널을 창출해내어 왔다.

〈오가노오니마루男鹿の於仁丸〉〈아테루이〉〈은하철도의 밤〉〈동방지공棟方志功〉〈오노노코정小野小町〉 등 동북의 대지로부터 오리지널 뮤지컬의 창조도 북동북권역 현의 행정을 비롯해 지역사회와의 파트너십 사업의 핵으로서 기획되어, 많은 사람들의 혼의 근거로서 환영받았다. '지역협동 · 지역연계형'의 무대창조의 모델케이스로서 하나의 위치를 구축하고, '발밑을 파라, 거기에 샘이 솟을 것이다'라는 미션을 무대창조에서도 관류貫流시키고 있다.

생전, 와라비좌를 열심히 응원해 주었던 데즈카 오사무手塚治虫 씨와

의 인연으로 데즈카 프로덕션과 제휴를 맺어 〈불의 섬火の島〉 〈아톰〉 〈붓다〉라는 명작만화를 원작으로 한 오리지널 뮤지컬을 계속 이어 제작하고, 전국공연을 시작한 것도 와라비좌만의 새로운 무대창조로서 주목받고 있다. 스튜디오 지브리의 애니메이션으로 처음 무대화한 작품 〈추억은 방울방울〉도 새로운 팬을 만들어냈다. 와라비좌의 경우, 특기인 민족예능을 뮤지컬의 중요한 무용장면이나 음악장면에서 전개한 것도 브로드웨이 뮤지컬의 아류가 아닌, 일본 풍토에 뿌리내린 뮤지컬로서 새로운 팬을 만들어내는 것으로 이어지고 있다.

지역의 자기장 속에서

동일본 대지진 후 생활의 변화

'3·11' 동일본 대지진은 어떤 의미에서 이 나라의 존재방식, 삶의 양식을 다시 묻게 되는 계기가 되었다. 동북의 대지에 거점을 두고 60년, 와라비좌는 동북예능에 특별한 신세를 지며 지금까지 이어져 왔었다. 일본열도 중에서 북동북과 오키나와·오오미의 남서제도에 매력적인 예능이 집중되어 있었던 것은 말할 것도 없이 쌀과 야채, 된장을 나누어 주었던 초창기부터 지금까지 변함없는 응원을 받고 있는 토지이기도 하다. 그런 만큼 이번 대지진의 피해지에 배우들도 연이어 지원에 뛰어들었고, 피해지에서의 돌봄도 아낌없이 실시하고 있다. 여름방학에는 후쿠시마 아이들이 아키타현의 지원을 받아 다자와코 예술촌에 많이 방문하여 뮤지컬 극장관람이나 전통적인 문화체험, 계곡·삼림체험 등을 마음껏 즐겼다.

 지역의 풍토와 전통에 뿌리내린 삶의 지향의 중요성이 대진재 후에 다시 한 번 분명하게 부각시키고 있는데 유럽화를 베이스로서 추진해 온 삶의 방식을 한 사람 한 사람이 다시 한 번 응시해 봐야 할 때라고 생각한다.

 동북의 지역자원 · 문화자원을 근저로 둔 부흥이 이 나라의 존재방식을 동북에서부터 바꿔가는 하나의 원동력이 되는 것을 바라고 있지만, '도쿄일극집중'의 일그러짐을 바로잡는 역할도 해낼 수 있는 부흥책을 기대하고 있다.

 '창조도시'라는 사고는 유럽에서 시작된 개념이지만, 일본은 아주 오래전부터 선행하여 창조도시를 실천해 온 나라이기도 하다. 와라비 좌는 1980년대 후반의 5년간, 창조도시의 메카인 이탈리아의 조사연구를 사토 이치코佐藤一子나 다카다 가즈후미高田和文 씨를 비롯한 여러 명의 연구자들과 함께 실시하고, 1990년대 전반은 USA의 극장 · 극단의 전미조사를 반복하여 실시하였다. 이후 오리건 주 아슈랜드시의 오리건 셰익스피어 페스티벌의 운영조직과는 20년 동안 교류를 계속하고 있다.

 왜 이탈리아인가? 창조도시로의 관심 이외에, 또 하나의 관심은 이탈리아 극단의 대부분이 코보라티브협동조합적한 조직운영이라고 하는 점. 왜 아메리카인가? 아메리카의 극장 · 극단의 대부분은 NPO의 조직운영이라는 점. 21세기 와라비좌의 미래를 생각하는 데 있어 참고자료로서 리서치하였다.

 필자가 해외공연으로 방문한 11개국 도시도 각각 창조도시의 마을만들기를 실시하고 있었다. 참고정보, 활력정보로서 재미있는 프로그램이 몇 가지 있었는데 기본은 자국의 풍토와 전통, 지역의 자기장 속

에서 밖에 일이 진행되지 않는다고 하는 어떤 의미에서 당연한 결론
이었다. '지역진흥은 지역에 남는다'라는 말의 진짜 의미는 '3 · 11' 후
더욱 정도를 더해가고 있다.

관용성의 중요함

　2011년 5월 센다이(仙台)시가 문화예술 창조도시부문에서 문화청장관
표창을 받았다. 이 시는 2010년도부터 문화청이 시작한 문화예술창조
도시모델사업에도 국내에서 유일하게 3년 연속으로 채택되는 등 문화
예술에 의한 마을만들기가 높은 평가를 받고 있었다. 동 부문에서 표
창은 2007년부터 시작되어 2012년도까지 6년간 25개의 시(市)와 정(町)이
받았다. 모델사업 채택도시는 지금까지 9개 도시이다. 문화청은 2013
년 5월, 문화청 예산을 2020년까지 7년간 배증화(倍增化)하는 '중기플랜'
을 발표하였다. 창조도시 · 창조농촌 네트워크 가맹 지자체를 전국 지
자체의 약 10%(170지자체)까지 늘려가는 구체적인 목표치를 내걸고 있다.

　필자가 예전에 사업국장을 지낸 문화예술 창조도시모델사업 센보
쿠실행위원회는 회장을 가도와키 미츠히로(門脇光浩) 센다이시장, 부회
장을 안도 다이스케(安藤大輔) 가쿠노다테정 관광협회회장이 각각 임무를
맡고, 지역의 행정이나 관광협회, 대학, 정보기관, 시민단체, 기업,
극단 등 영역횡단적인 구성으로 이루어져 있으며, 권역의 플랫폼 만
들기를 3년간 진행해 왔다.

　창조도시의 실천적 추진은 일본에서는 요코하마시나 고베시, 가나
자와시 등 대도시나 정령지정도시(政令指定都市)가 발굴해 왔다. 한편 센
보쿠시나 이와테현 도오노(遠野)시와 같은 소규모 도시에서도 역사와 문

화, 관광을 살린 창조적인 시도가 예전부터 행해지고 있었다. 양 도시 모두 인구 3만 명 규모의 도시인데 문화예술 · 관광의 발신력은 대도시에는 없는 개성 넘치는 빛을 발산해내고 있다.

동일본 대지진인 '3 · 11' 이후 일본의 존재방식이나 지역 만들기에 있어서 각 지역이나 마을이 독자적 문화자원을 살려 활성화하고, 모든 규모의 도시가 대등하게 연계되어져 가는 것에 대한 중요함이 문제시되고 있다. 대도시 의존형이 아닌 도호쿠東北 독자적인 풍토와 정신성에 근거한 재생이 없다면 일본의 미래는 없다.

2011년 10월에 문화청 등의 공동개최로 다자와코 예술촌에서 열린 제1회 창조농촌 워크숍에는 홋카이도에서부터 규슈까지 13개 지자체가 참가하여 열심히 교류를 하였다. 곤도 세이이치近藤誠一 전 문화청 장관은 '창조농촌에 기대하는 것'에서 부흥의 열쇠 중 하나는 중소도시 · 농촌에서의 문화예술에 의한 활성화라고 말하였으며, 창조도시 · 창조농촌이 성공하는 조건으로서 ① 리더의 선진성, ② 시민 · 마을사람들의 이해와 협력, ③ 재능 있는 추진자, ④ 지역의 특성 찾기, ⑤ 관용성이라는 5가지를 들었다. 다양한 주체와의 협동을 구축해가며, 특히 관용성의 중대함이 점점 문제시되어지고 있다.

'창조의 최첨단'과 '변하지 않고 그곳에 존재하는 것'

2010~2012년에 실시한 '문화예술 창조도시모델사업' 중에서 특필될 만한 것은 아키타 공립미술공예단기대학현재의 아키타 공립미술대학과 제휴하여 '창고와 아트를 둘러싼 "네오 클래식! 가쿠노다테"'를 센보쿠시 가쿠노다테정에서 개최한 것이다. 동 단기대학공예예술학과 준교

수인 아베 유후코阿部由布子 씨, 아키타시에서 콜라보라토리를 운영하
는 사사오 치구사笹尾千草 씨, 가쿠노다테정의 조각가 사토 레이佐藤励
씨에게 디렉터로서 팀을 조직해 달라고 하여 가쿠노다테의 창고라는
매력을 살린 '아트 de 마을걷기'를 개최하여 큰 성과를 거두었다.

무사저택으로 유명한 가쿠노다테는 창고가 101개나 있는 '창고의
마을'이기도 하다. 대도시의 미술관에서는 할 수 없는 가쿠노다테만
의 거리풍경과 창고공간인 '자기장' 속에서 출전 작가들의 작품도 숨
을 쉬고 있었다. 사진 7-2

이 '창고와 아트를 둘러싼 "네오 클래식!가쿠노다테"'의 성공에는
지역의 마을만들기의 리더 중 한 사람인 안도 다이스케 씨(주)안도양조대
표이사 사장, 가쿠노다테정 관광협회 대표이사의 지지가 컸는데 안도 씨 자신은 다
음과 같이 성공요인을 말하고 있다. 첫 번째는 '창조의 최첨단과 변하
지 않고 그곳에 존재하는 것'이라는 가쿠노다테의 예로부터 이어져온

사진 7-2 가쿠노다테의 쌀창고 전시관

관용성, 두 번째는 다자와코 예술촌, 와라비좌의 존재와의 관계, 세 번째는 아키타 공립미술공예단기대학의 큰 후원, 이상 3개를 들고 있다. '아키타의 전통, 문화를 살려 발전시킨 것'을 들고 있는 아키타 공립미술대학과의 관계성은 더욱 중요시되고 있는 것일 것이다.

안도 씨의 평소 계획이지만, 북동북 유수의 관광지 · 가쿠노다테에서는 관광객 그 자체가 지역의 아트 신scene을 지탱하는 후원자로서 관광지의 체재시간을 연장하고 작품을 구입하며 마을을 회유하는 것으로 이어지고 있다.

'창고와 아트를 둘러싼 "네오 클래식! 가쿠노다테"'는 2013년도는 센보쿠시 독자예산으로 지원되었고, 2014년 가을부터 아키타에서 열린 국민문화제 때부터 센보쿠시의 발신사업으로서 지속되었다.

민속예능의 저력

사람들의 용기를 북돋아주는 지역의 예능

문화청의 문화예술 창조도시모델사업의 일환으로서 동일본 대지진 후 '부흥과 인연—전통예능과 지역' 시리즈를 '다자와코 예술촌'에서는 2011년 11월에 스타트시켰다. 제일 처음은 대지진, 큰 쓰나미, 원자력 발전소 사고 피해라는 삼중고와 싸우고 있는 후쿠시마현 이와키시의 장가라 영불춤후쿠시마 이와키를 중심으로 분포, 전승되는 향토예술이나 이와테현 오츠지정의 사자춤, 이시마키시의 '오가츠 호잉카구라' 등 피해지의 민속예술단체의 여러분을 초대해 연무나 워크숍, 강연을 개최해 왔다. 민속예능이 갖는 힘, 커뮤니티에서 해내야 하는 역할을 다시 한 번 배

우는 계기가 되었다. 동북의 예능에 각별한 인연을 갖게 되어 오랫동
안 신세를 지고 있는 극단 와라비좌로서의 피해지 지원의 하나의 형
태이기도 하다.

이 시리즈의 일환으로서 2012년 1월에 '다자와코 예술촌'에서 개최
한 종교학자인 야마오리 데츠오山折鉄雄 씨와 민속학자인 아카사카 겐
오赤坂憲雄 씨의 특별대담인 〈민속예능은 일본을 구하고 일본의 미래를
만드는 힘〉은 큰 반향을 일으켰다. 피해지를 때때로 방문하고 있는
두 사람만의 깊은 내용이었다. 이 특별대담의 야마오리 씨의 발언의
일부를 소개하고자 한다.

"나는 지금의 재해를 계기로 전통예능이나 민족예능이라 불리는 예
능의 질의 재평가가 대두된 것 같은 생각이 들었습니다. 일반적인 상
식으로서는 민족예능, 전통예능에 대한 것으로 고전예능이 있어야 합
니다. 노能, 교겐狂言, 가부키歌舞伎 등은 예술성이 높고 그에 비해 민족
예능이나 전통예능 같은 것은 대중적이며 풋내기 같고, 뭔가 수준이
떨어지는 것 같은 그러한 전제로 두 예능을 나누어 생각하는 이러한
상식이 계속 퍼져 있었습니다. 이것은 근본적으로 잘못된 것이 아닌
가 하는 것인데요, 고전예능과 전통예능을 나누는 객관적이며 그리고
합리적인 기준 같은 건 무엇 하나 없다고 해도 좋다는 사태가 지금 발
생되고 있다고 저는 생각하고 있습니다."

실제로 피해지의 가설주택이 만들어지기 이전, 아직 피난소 생활이
계속되어 힘든 생활 속에서 제일 먼저 달려간 것은 지역의 민속예능
단체였다. 보존회의 회원을 쓰나미로 잃었고. 의상도, 북도, 가발도
다 떠내려간 와중에 피난소로 달려가 사람들에게 용기를 북돋운 지역
예능이 얼마나 많았던가! 이것은 실제로 알고 있는 사람만이 할 수 있

는 발언이라 생각한다.

재해(災害) 시대를 살다 – '3 · 11'이 가르쳐 준 것

동일본 대지진 직후 '재해'라는 단어가 사용되어졌지만 지금은 '재해 사이'의 시대라 불리고 있다.

재해와 재해의 사이의 시대, 남해 해저에 가까운 규슈도 남의 일이 아니다. 2012년 고향 오이타시의 친구들이 오이타현과 주최한 '센다이 필하모니' 지원공연에서 단원들의 열연을 마음 깊이 새긴 청중의 마음, 오이타현이 자랑하는 쇼나카座中 가쿠라 중 한 좌가 미야기현의 가구라 보존회를 중 · 장기적으로 지원하는 교류를 시작하여 기센누마氣仙沼시의 신용금고를 우스키臼杵시의 신용금고가 초대하여 재해 부흥지원을 위한 조직을 만들거나 오이타현 내에서도 여러 가지 부흥지원의 착수가 계속 늘어나고 있다. 일본인의 DNA로, 예로부터 있는 상호부조의 '민속지民俗知'를 상기시켜 자신들이 할 수 있는 것부터 시작한 중 · 장기의 부흥지원이 계속 요구되고 있다. 상호 지속적 교류는 피해지 부흥뿐만이 아닌 지원하는 측의 커뮤니티의 존재 방식에도 이바지하는 것이라 생각한다.

2014년 가을 북동북의 단풍이 절정을 이루었을 때 동일본 재해 후의 도호쿠에서 처음으로 '국민문화제'가 아키타현에서 개최되었다. 현내의 모든 시정촌에서 1개월간 개최되는데 '도호쿠 문화의 저력'을 보여주는 절호의 기회가 될 것이다. 동시에 도후쿠권역에 색 짙은 창조성을 보여주는 장소로서 '발견×창조 또 하나의 아키타'를 테마로 개최된다. 현대 무용의 창시자 이시이 바쿠石井漠, 춤의 창시자 도카타센

土方せん을 낳았고 근세에는 아키타 난화를 꽃 피우게 한 아키타현에서
의 개최는 식문화나 기술의 매력도 포함하여 도호쿠의 문화적 매력을
전국적으로 발신하는 장이 될 것이다.

　도호쿠의 다른 지역에 눈을 돌리면 이와테현 하나마키시花巻市를 중
심으로 도호쿠 농민관현악단이 2013년 시작하였다. 1995년부터 과감
한 활동을 하고 있는 홋카이도 농민관현악단이 미야자와 겐지 사후
80주년인 2013년에 하나마키시에서 도호쿠 농민관현악단 발족 지원
을 위한 콘서트를 1월에 개최했다. 홋카이도 농민관현악단은 미야자
와 겐지가 《농민예술개론 골자》에서 말한 이상에 근거하여 그가 해내
지 못했던 농민오케스트라를 현대에 소생시키는 시도이다. NHK의
'오하요 일본'에서도 보도되어 큰 화제가 되었으며 미야자와 겐지의
의사를 잇는 도호쿠 농민관현악단의 전개를 응원하고 싶다. 미야자와
겐지도 은하철도를 타고 들으러 올 것이다.

　82세인 도미다 구마冨田熊 씨의 시작 교향곡 '이하도부교향곡'도 많
은 사람들에게 깊은 감명을 주었다. 장대한 도후쿠의 대지의 울림, 강
함과 상냥함….

　〈비에도 지지 않고〉를 합창곡으로 해달라고 했던 친척인 니시자와
준이치西沢潤一 씨와의 약속을 실현한 도미다 구마 씨를 참여하게 만
든 것은 동일본 대지진과의 조우였다.

　누구나 다 '3 · 11'의 '기억과 기록'을 자신의 입장에서 생각하며 실
천해 가며 개개인의 지속적인 작업이 계속 쌓여 언젠가는 반드시 큰
꽃을 피울 날이 올 것이란 것을 믿고 싶다.

　'3 · 11'이란 무엇이었을까. 이전과 이후는 어떻게 변했는가, 우리
의 생활양식, 사회의 존재양식을 근저에서부터 거칠게 들이대 왔던

이 3년간의 발자취 속에서 우리는 어디까지 보다 좋은 길을 만들어 내 왔는가. '재해 사이의 시대', 이것에서 빠져나올 수 없다. 아이들의 미래를 위해 우리 한 사람 한 사람에게 새로운 삶의 방식이 요구되어지고 있다. 전국 각지에 있는 문화자원, 그 독자성과 창조성을 평가하고 현창하여 환류 · 발신하는 것이 현재 요구되고 있다. 기묘하게도 '3 · 11'이 그것을 강렬하게 가르쳐 준 것은 아닐까. 대지진 후 피해지의 민속예능보존회의 재기와 분투는 지역 커뮤니티의 근원적인 인연으로서의 마츠리축제나 예능이 가진 의미를 다시 한 번 인식하게 해 주었다.

크리에이티브 투어리즘

주식회사 와라비좌를 경영하는 '다와자코 예술촌'에서는 음악 테라피치료나 무용 테라피의 국제대회나 아시아 각국의 국립민속무용단 초대공연 등 지금까지 여러 가지 국제적인 워크숍이나 페스티벌을 개최해 왔다. 2010년에 가쿠노다테 필름커미션이 유치한 제2회 재팬 필름커미션대회는 다자와코 예술촌에서 개최했지만, 데라와키 겐寺脇研 이사장은 '다자와코 예술촌에는 영화 로케팀이 체재장소로서 모든 것이 갖춰져 있다'고 했으며 영화감독협회를 대표로 출석한 최양일 감독에 의한 와라비좌의 반세기를 칭송하는 인사도 참가자를 감동시켰다. 오스트레일리아나 독일, 미국 배우들의 1년간 체재나 6개월 체재 등 아티스트 인 레지던스의 선구가 되는 사업도 전개해 왔다. 2012년 개최된 블루베리 생산자의 전국산지 심포지엄도 다자와코 예술촌에서의 양질의 블루베리 생산이라는 높은 평가와 주변 농가로의 보급활동 성

과로 이것도 '창조농촌' 추진의 큰 매력이 되어갈 것이다. 무엇보다도
36년간 5600교의 전국 각지의 중학교 · 고등학교가 수학여행으로 '다
자와코 예술촌'을 방문하고 전통문화 체험이나 농작물 체험을 하고 있
는 많은 실적은 지금부터 이 지역에서 크리에이티브 투어리즘의 큰
가능성을 나타내고 있다. 필자는 38년 전에 오라비좌에 입사한 이래
로 만기퇴사한 2012년 3월까지 '발밑을 파라 그곳에 샘이 솟는다'라는
미션으로 와라비좌의 '사회화'를 여러 가지 각도에서 착수해 왔다. 와
라비좌의 '수맥'은 멀리 러스킨영국 예술 평론가이나 모리스들의 '아트&크
라프츠 운동'에 있는 것은 아닐까. 그 정신을 일본에서 이어온 미야자
와 겐지나 야나기 무네요시들의 일에도 통하는 수맥을 와라비좌의 사
업전개에도 느끼고 있다. 사람들의 생활의 뿌리 끝 부분과 공명 · 공
진하는 것이야말로 사람들이 바라는 문화예술이라는 노能의 초창기를
개척한 간아미觀阿弥의 정신은 앞으로의 크리에이티브 투어리즘의 전
재에도 필수정신이라고 생각한다. '한계예능'경계예능이라고 하는 쪽이 이해가
쉽다이라는 사고를 뛰어넘어 더 나아가 생활의 뿌리 부분과 크로스해
가는 월경형越境型 영역횡단형의 아트 전개가 창조농촌의 각 지역에서
계속 이어져 간다면, 전후 일본의 문화적 축적을 피폐시켰다고 일컬
어지고 있는 '도쿄일극집중형'의 문화전개의 일그러짐의 복원회복과 개
혁도 될 것이다. 이와 같은 시작을 전개하는 장으로서 가쿠노타테정
을 중심으로 한 센보쿠시의 지역은 재미있다. 전통과 혁신의 풍토성
안에서 다자와코 예술촌, 와리비좌가 존재하고 아키타 공립미술대학
이 있기 때문에 가나자와 21세기 미술관과 가나자와시 미술공예대학
이 있는 가나자와시와는 다른 양상으로 '창조농촌'의 전개가 이루어질
수 있는 것이 아닐까.

효고현 아와지시마나 후쿠오카현 이토시마시 등에서 전개되고 있는 '반농반예'적인 기업가적 존재로서 센보구시에서의 여러 가지 시도의 포지셔닝과 브랜딩이 추구되어지고 있다. 아키타 공립학교와 같은 사업도 가능할 것이며, 연극, 무용, 음악, 미술을 융합한 워크숍의 메카로서의 잠재력도 높다. 필자가 25년 전에 극단월간지의 편집장이었을 때 오스카 고코슈카들이 시작한 잘츠부르크 여름 조형예술학교의 취재기자를 빈오스트리아 주재의 전국지 기자에게 의뢰하여 취재기고를 받은 적이 있는데 '견해학교'로서의 평판이 있는 하계학교도 꼭 개설해 주었으면 한다.

휴먼스케일의 지역만들기

필자가 최초로 창조적 마을만들기에 강한 관심을 가지게 된 것은 1987년 이탈리아 문화체험 여행을 스스로 기획하여 각계 30명의 여러분과 방문했던 때가 처음이었다. 볼로냐를 시작으로 시에나, 파르마, 레조 에밀리아, 크레모나 등 작은 도시를 방문하여 극장과 박물관, 문화행정 담당자, 이탈리아 찻집 같은 곳을 계속 돌아다녔다. 어디나 다 휴먼스케일로 어디까지나 시민 곁에 바싹 붙어서 폭넓은 문화활동과 폭넓음과 심오함은 마을마다 뽐내는 와인과 같이 맛있는 만남이었다.

시마무라 나쓰島村奈津 씨의 《슬로시티》[3]에서는, 인구 1만 5000인 이하의 작은 정촌인 '이탈리아에서 가장 아름다운 마을'연합[4]에 관한 것이 자세하게 소개되어졌다. 프랑스나 벨기에에서도 '가장 아름다운 마을'연합이 전개되었다. 어느 정촌도 '없는 것을 짜내기보다 있는 것

찾기'를 시도한 다채로운 내용은 향후 일본에서의 '창조농촌'시대 만
들기의 큰 성원이 된다. 낡은 것과 새로운 것 전통과 최첨단이 조화롭
게 전개되어져 가는 것이 중요하다는 것을 중시하는 이탈리아 같이
국토 구석구석에서 '사랑을 잇는 눈'노드ᐧ다모레을 창조도시와 창조농촌
의 연계로서 만들어가면 좋겠다고 생각한다.

그것이 도쿄일극집중에서 열도 중에 만연해 있는 '생활공간의 균등
화'의 큰 방파제가 될 것이다.

〈주〉

1. 사사키 마사유키(佐々木雅幸)(2001)『創造都市への挑戦』岩波書店, 제5장「『創造의場』か
   ら創造都市の連携に向けて
2. 「芸能ᐧ文化が育む協同と街づくり」『協同の発見』201号(2009.4), 協同総合研究所
3. 島村奈津(2013)『スローシティ』光文社新書
4. 2013. 6. 29のNHK特集よると, 217自治体が加盟している

센 보쿠시	
기초 데이터	면적 : 1093.64㎢ 표고 : 221m (센보쿠시 다자와코 청사) 임야율 84% 총 인구 : 29.2천 인　세대수 : 10.9천 세대　고령화율 : 34%년 연소(年少)인구율 11% 인구감소율(2010/1970) : ▲25% 접근방법 : 철도/도쿄 역에서 신칸센으로 약 3시간 교육 : 유치원/4곳(86인), 초등학교·중학교/12교(2012인), 고교/2교(916인) 의료: 병원 2(378베드) 진료소 35(내과 치과는 14) 마을센터 : 10 도서관: 2 산업 : 사업소수 1848(종사자 수 13038인) 제 1차 13%/ 제 2차 26% / 제 3차 61%
합병 등 변천	2005년 다자와코정, 가쿠노다테정, 니시키촌이 합병되어 센보쿠시가 탄생하여 지금에 이른 다.
지역자원	· 가쿠노다테 무가저택으로 대표되는 역사적 유산과 문화 · 일본 제일의 수심인 다자와코나 아키타 고마가다케의 자연 경관, 뉴토(乳頭)온천 향 등의 　풍부한 온천 · 전통공예(가바세공) · 예능(아키타 오바코·와라비좌)
마을만들기 기본개념	1. 관광산업을 활용한 마을 만들기 2. 역사와 문화가 숨 쉬는 마을 만들기 3. 고향을 사랑하여 방문하는 사람 만들기 4. 누구나 안심하고 살 수 있는 마을 만들기
지역문화진흥 등의 특징적인 시행사업	· 창고와 아트를 둘러싼 「네오·클래식! 가쿠노다테」 · 국민문화제(2014) · 힘냅시다! 도호쿠 센보쿠 아트프로젝트 추진 사업 · 예능문화 단체 보조
특징적인 조례 등	· 협동에 의한 기본 마을 만들기 조례(2012) · 센보쿠시 역사적 경관 조례, 센보쿠시 경관 보존 조례(2005) · 산업진흥 기본 조례(2011)
문화예술 교류거점, 창조적 거점 등	다자와코 예술촌
이 책에서 사례로 소개한 창조적인 노력을 하는 단체, NPO 등	주식회사 와라비좌 아키다공립미술대학
산학민 연계·교류	센보부시, 아키타현 대학, 관광산업 연구회 기타우라, 주식회사 와리비죠, 아키타 가이신보 (魁新報)사, AKT아키타 티비, 가쿠노다테 필름커미션, 아트꿈네트 아키타, 극단 와라비좌연 계에 의한 「문화예술 창조도시 모델사업」센보쿠 실행 위원회
특기사항	· 제 1회 창조농촌 워크숍 개최지(2011.9) · 문화청장관 표창 [문화예술창조 도시부문]수상(2011) · 문화청, 문화 예술 창조 도시 모델 사업 채택(2010~2012) · 와라비좌가 문화청「극장·음악당 등 활성화 사업」 　(활동비지원사업)채택(2013) · 창조도시 네트워크 일본에 가맹

인구, 세대수는 2013년 9월, 면적 등은 세계농업연구조사(2010), 취업·인구구조는 국세조사(2010), 교육·의료·산업
은 정부통계 e-stat, 지역자원 등은 각 시정촌·총무성·문화청 홈페이지를 참고했다.

█ 쓰루오카시 █
재래작물에 의한 음식문화 발신

혼다 요이치(本田洋一)   chapter 8

　본 장에서는 재래작물에 의한 음식문화 발신이라는 관점에서 오늘
날 농촌발전의 새로운 가능성을 찾아보도록 한다. 도시와 농촌의 교
류, 환경보전, 지속가능한 사회형성이라는 현대사회의 요청에 의해서
지역풍토에 뿌리내린 문화자산, '살아 숨 쉬는 문화재'[1]로서 재래작물
이 가지는 가치를 재평가하고 새로운 조리법과 농촌공간에서의 '음식
의 장'을 창조하여 그 매력을 내외로 정보발신하고 소비수요의 증대,
지역농업의 발전과 도시농촌의 교류인구 증대를 가져오기 위한 커다
란 가능성을 내포하고 있다[2]. 여기서는 그 대표적인 사례로서 야마가
타현 쓰루오카시에 있어서 '음식문화 창조도시'로의 시도를 고찰한다.
　쓰루오카시鶴岡市는 야마가타현 서부지역으로 동해에 면하는 인구
14만의 도시이다. 시 지역은 데와산산出羽三山에서 동해에 이르고 동서
43㎞, 남북 56㎞, 면적은 1311㎢, 오사카의 약 2/3의 넓은 지역이며,
해발 0m에서 2000m에 이르는 지형이 만들어내는 다양한 기후와 다
양한 수계가 길러내는 농림산물, 동해가 만들어내는 수산물의 다양한
식재료가 지역의 중요한 특산물이 된다. 취업자비율에 있어서도 제1

차산업 10.9%, 제2차산업 29.8%, 제3차산업 59.6%으로 동북지방의
평균치에 비해 제1차산업의 비율이 상대적으로 높다.

쓰루오카 시가는 구 쇼우나이한의 성하마을로서 지적공원, 1805년
창립한 학교 '치도우칸'사진 8-1의 옛 모습이 남아있는 역사적 건축물이
점재하고 교외에는 데와산산을 전망하는 녹색의 전원이 펼쳐져 있다.
그리고 이 고장출신의 작가 후지사와藤沢周平를 기념하는 쓰루오카시립
후지사와 기념관도 애호가들을 불러들이고 있으며, 다양한 음식문화
뿐만 아니라 문학의 전통, 더욱이 역사적 도시, 농촌공간이라는 귀중
한 문화자원을 가지고 있는 지역이다.

그렇지만 인구감소, 핵가족화, 고령화의 파도에 대한 대책은 시에
있어서도 커다란 정책과제가 되고 있다. 쓰루오카시의 인구는 1957년
17만 8000명을 피크로 이후 점차 감소하여 2000년대에 있어서는 14
만 명대로 정체되어 있다. 시 '종합계획기본구상'에 있어서는 장래 추
계인구로서 2018년에는 13만으로 감소하고 연령별 인구에서는 65세

사진 8-1 구 쇼우나이 학교 '치도우칸'

이상이 2005년 26.5%에서 2018년에는 34.3%로 증가할 것으로 보고 있으며, 이러한 사회구조의 변화에 대응한 복지정책의 충실, 지역자원을 활용한 교류인구의 증대를 중요한 정책과제로 삼고 있다.

쓰루오카시에 있어서 '음식문화 창조도시'로의 전환

쓰루오카시에서는 이러한 상황에서 시 발전의 중요한 기둥으로써 음식문화진흥에 역점을 두어 지역의 다채로운 식자재, 식문화를 차세대로 전승시키는 것과 제1차 산업에서 제3차 산업까지 폭넓은 '음식'에 관련된 산업진흥을 목표로 사업을 진행시켜나가고 있다. 사업추진 모체는 시민, 경제단체, 행정, 대학 등 폭넓은 관련분야의 연대의 장으로써 '쓰루오카 음식문화 창조도시 추진협의회'가 2011년 설립되어, 국제적인 정보발신을 위하여 유네스코가 진행시키고 있는 '창조도시 네트워크'의 '음식문화분야'에 등록을 목표로 하고 있다. 동년 11월, 서울에서 개최된 '유네스코 창조도시네트워크 회의 in 서울 2011'에는 에노모토 마사키榎本政規 시장이 참가하여 쓰루오카의 음식문화 매력과 장래 비전을 어필하는 연설을 하여 이 네트워크 가맹을 입후보하고, 더 나아가 파리 등에서 정진요리의 소개를 하는 등 국제적인 홍보활동을 전개하고 있다.

이 '음식문화 창조도시 추진사업' 전체상을 나타내고 있는 것이 그림 8-1이다. '쓰루오카 식문화 아카이브' 작성, '쓰루오카 식문화 국제영화제' 개최, 푸드 투어리즘 실시 등 다양한 매체를 활용한 정보발신이 진행되고 있다.

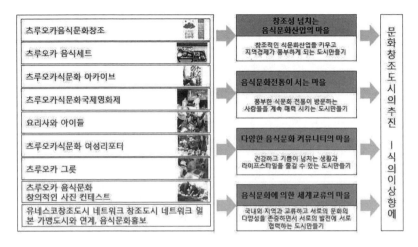

그림 8-1　쓰루오카시 음식문화 창조도시 추진사업개요

　프로젝트 추진체 역할을 맡고 있는 '쓰루오카 음식문화 창조도시 추진협의회'의 구성단체로서 현, 시, 농협, 상공회의소, 삼림조합, 어협 등 생산자, 야마가타 대학 농학부, 게이오 대학 첨단생명과학연구소 등의 교육연구기관, 야마가타 재래작물연구회, 신문사 등이 참가하고 지역의 관련기관, 단체가 총력을 기울이고 있다. 2012년 7월에는 음식문화진흥의 거점육성을 목표로 강좌개최를 통한 지역고용 환경개선, 지역산업 진흥을 목표로 하여 열심히 하고 있다.

　지역농업진흥정책의 중요한 이슈로써 '특산물개발, 소비확대'를 목표로 한 정책은 국내 각 지역에 있어서 폭넓게 실시하고 있지만 그 중에서 쓰루오카시에 있어서 '음식문화 창조도시'를 목표로 다음과 같은 세 가지 커다란 특색을 가지고 있다.

재래작물을 활용한 음식문화를 발신하는 이노베이터

첫 번째는 지역자원을 효과적으로 활용하는 우수한 아이디어 창조자, 많은 지역 이노베이션 추진자의 활약이다. 식문화 창조를 목표로 지역 이노베이션 추진에 있어서 그 중심이 되는 것은 풍토가 길러내는 다양한 농림수산물, 식자재를 살린 각 분야에 새로운 기술, 제품, 판로, 조직 등을 만들어내는 이노베이터, 사업자의 존재이다.

쇼우나이 평야는 에도 시대부터 농부에 의한 품종개량으로 지역농업 진흥에 많이 애를 쓴 전통 있는 지역이었다. 일본의 정부와 현 농사시험장에 의한 근대적 육종체계가 확립된 것은 메이지 시기부터 다이쇼기에 걸친 시기였지만, 거기에서 교배육종의 체계가 기반이 된 것은 메이지 시기에 있어서 각지의 모범 농가에서 선발된 우량품종이었지만 그 대표적인 것이 1893년에 아베 가메시阿部亀治에 의해 선발된 가메노오이며, 현대 벼품종 대부분의 선조가 되고 있다.[3]

이러한 지역농업진흥으로 진행되는 와중에 지역풍토에 깊이 뿌리내린 세대를 넘어 재배, 활용되는 많은 재래작물이 각 지역에 전수되고 있다. 쓰루오카에서 그 특징은 무엇보다 재래작물의 수가 많고,

사진 8-2 다다차 콩

사진 8-3 아츠미 순무

2012년 현재, 50종류를 넘고 있다고 확인되고 있다표 8-1, 사진 8-2, 8-3.
이러한 재래작물을 지역문화자산으로 쇼우나이 평야 각지에서 창조
적으로 활용하고 정보발신하는 많은 농부, 사업자가 존재하고 있다.

표 8-1 쓰루오카시의 주요 재래작물

NO	작물명	이름	NO	작물명	이름
1	야생 파	후지시마 기모토	27	파과의 다년초	교자 닝니쿠
2	번행초	이소가키	28	무지개 콩	세키항 사사기
3	풋콩	도노지마 다다차	29	토란	가라토리 이모
4		고마기 다다차	30	식용 국화	못테노호까
5		하쿠산 다다차	31		기기쿠
6		도우게노야마노 기마메	32	서양 배	라 · 프랑스
7		히간	33	메밀	모가미와세
8		부다이 다다차	34	무	고마기 다이콩
9		호소야 다다차	35		노라 다이콩 (생산명: 피리카리 다이콩)
10		무라사키 다다차			
11		히라타 마메	36	콩	단보노 구로다이즈
12	버찌	사쿠람보	37	죽순	모우소우
13	감	덴코로우	38		네마가리타케(쓰키야마)
14		히라타네나시 가키	39	칠엽수	도치
15		다이호우지 가키	40	가지	오키타 나스
16		만넨바시	41		민덴 나스
17		다테 가키	42	마늘	오오타키 닝니쿠
18	무청	아쓰미 가브	43	파	야구라 네기
19		다가와 가브	44	머위	도모에 후키
20		후지사와 가브	45	포도	하야슈 부도우
21		호우야 가브	46		야마 부도우
22	겨자	와 가라시	47	꽈리	시로야마 호오즈키
23	돼지감자	기쿠이모	48	참외	와세 우리
24	개옥잠화	기보우시(우루이)	49	생강	쇼우가
25	오이	도노지마 규리	50	라이콩	라이마메
26		요지베이 규리			출전 : 쓰루오카 식문화 창조도시추진협의회

레스토랑 '알 케차노'

그 대표적인 한 사람이 지역식자재를 활용한 새로운 메뉴를 창조하고, 내외에 발신하고 있는 레스토랑 '알 케차노'의 오너 셰프 오쿠다 마사유키奥田政行 씨이다. 그는 2000년 31세에 창업하고 먹거리로 지역문화를 국내외에 발신하려는 뜻을 갖고 70종류에 이르는 지역 야채, 80종류의 어패류를 식자재로 다채로운 메뉴를 창조하고 레스토랑을 지역음식문화의 거점으로 발전시키는 이노베이터로써 활약하고 있다.[4]

오쿠다 씨의 발상은 지역에 양상추밭이 있는데 그 당시 야채가게나 슈퍼에 가면 타 지역 양상추만 있어서 국내 식료품유통 시스템이 의문스러웠다고 한다. 지역주민이 그 지역 식자재를 먹음으로써 지역음식물의 순환을 가져와서 지역경제발전의 열쇠가 될 수 있다는 발상이었다. 그리고 농촌지역을 순회하면서 각 지역의 토양특성을 분석하여 그것을 토대로 그 땅에 맞는 농작물 지도를 제작하여 지역농가의 협력을 얻어서 식자재를 만들어가는 활동을 전개하고 있다.

쓰루오카시 남부 시모지마조에下山添 지구 농촌경관 중에 있는 레스토랑은 전국 잡지와 텔레비전에 소개되어 전국으로 쇼우나이庄内의 식자재를 소개하고 정보 발신해 가는 '음식의 원더랜드' 쇼우나이를 목표로 한 거점으로 성장하고 있다.

농가의 음식과 숙박과 생활 '지케이켄'

'지케이켄知憩軒'은 쓰루오카시의 남부 니시아라야西荒屋 지구의 아름다운 농촌경관이 펼쳐진 곳에 입지한 농가민박, 레스토랑이다[5]. 민박은 14년, 레스토랑은 11년의 역사를 가지고 있다. 건물은 50년 정도 된 검은색 기와의 중후한 농가로서 식사는 지역의 다채로운 식자재산 채, 재래작물, 야채, 과일 등가 가지는 맛을 잘 살린 것이다.

그 마을에서는 쌀농사를 중심으로 과일 등 200종에 이르는 다양한 농산물이 재배되고 있다. '지케이켄'을 경영하고 있는 조난 미쓰長南 光 씨에 따르면 재래작물은 각 마을마다 맛이 조금씩 다르고 그것을 먹어 왔던 그동안의 생활 속에서 이어진 맛을 제공하고 있다. 쇼우나이는 옛 것을 소중히 하고 그것을 이어가려고 하는 그 지방의 정신이 있는 곳으로 '토±인형' 등 옛날 동해를 통한 교역에 의해서 전해져 오는 각종 물건이 집집마다 소중하게 보존되어져 오고 있으며 민속예능인 '구로카와노黑川能'를 계속 전수해 오고 있다. 일 년의 반은 눈에 갇혀 옛날에는 여러 가지 생활도구나 보존식품을 시간과 정성을 들여 손수 만들면서 겨울을 지내왔다고 한다.

조난 씨는 민박과 레스토랑을 하면서 이탈리아 투어리즘의 본식인 민박의 시도에 깊은 인상을 받았다고 한다. 어느 지역에 있어서도 각각의 식자재를 활용하여 여행객을 극진히 대접하고 있다. 지역 식자재의 매력, 거기에만 있는 매력을 발신하는 와중에 국내외의 새로운 여행객을 맞이하고 교류를 넓혀가고 있으며, 이것이 지역경제의 발전에 이어진다고 확신했다. 일본 어디서나 농업이 있기 때문에 농업으로 손을 잡아야 한다고 생각한다. 도시에서도 농업을 남겨두지 않으면 안 된다고 생각한다. 각 지역에서 정말 소중한 그 지역만의 보물을 가지고 있으면 마음이 풍족하고 넓어지는 것을 느낄 수 있다. 그것을 서로 교류함으로써 사람과 사람이 만나게 되고 서로 통해서 마음과 마음이 이어지게 되는 것이 제일 중요한 것이라고 생각하여 '치케이켄' 사업을 추진하고 있다.

농가 레스토랑 '나아', 농가민박 '오모야'

농가레스토랑 '나아粟ぁ', 농가민박 '오모야母家'는 쓰루오카시 후쿠다 지구의 전원이 펼쳐진 곳에 세워진 120년 된 농가를 개조해 만든 집이다6. 경영하는 오노데라 기사쿠小野寺喜作 씨는 야마가타대학 농학부를 졸업하고 쓰루오카시에 살면서 각 지역의 생협과 연대하여 지산지소, 유기농법을 실천하여 왔다. 그의 아내 미사코 씨는 야마가타현이 추진하고 있는 그린 투어리즘을 하면서 12년 전부터 민박을 하고 있으며 8년 전부터 레스토랑을 함께 경영하고 있다. 연간 민박 이용자는 500명, 레스토랑 이용자는 2000명에 이르고 동북 근처 지역뿐만 아니라 관동지방에서도 찾아오고 있다. 그 동안 한때 관동지방으로 나가 있던 아들들도 3년 전부터 돌아와서 유기농법과 레스토랑 경영을 함께 하고 있다.

제공하는 식자재는 본인들이 참가하고 있는 구성원 41명으로 구성된 농사조합법인 쇼우나이협동팜이 생산하는 쌀과 콩, 직접 재배하는 야채를 이용하여 요리를 하고 있다. 벼농사는 유기농법인 아이가모농법을 이용한 유기농 쌀을 이용하며 관동지방과 관서지방의 생활협동조합에 폭넓게 판매하고 있다.

오노데라 씨에 의하면 쇼우나이 평야에는 볍씨에 생명력을 불어넣는 '도혼稻魂'이라는 말이 있다. 매년 7월 마을 대표는 월산, 오해산, 금봉산에 올라가서 풍작을 염원한다. 그는 이런 마음을 이어받아서 지역농업 진흥에 힘쓰고 싶다고 한다.

절임음식 가게 '혼초'

재래작물을 이용한 절임음식의 생산, 판매를 통해 쇼우나이지방의 식문화를 발신하고 있는 곳이 쓰루오카시의 주조업자가 많이 있는 대산지구에서 영업하는 '절임음식 가게 혼초本長'이다7. 창업 105년의 역사를 가지고 있지만 창업자는 양조장의 杜 씨이며 관서지방의 주조업 '백록白鹿'에 가서 많은 양조기술을 전수받아서 거기서 나라지방의 절임음식과 만나게 되었던 것이 절임음식 사업을 시작하게 된 계기가 되었다. 고향에 돌아와서 고향의 양조장의 주박酒粕, 술찌꺼기을 이용하여 재래작물인 민뎬오이, 미우, 오이 등으로 나라지방의 절임음식을 만들기 시작하였고 지금도 이 지방 양조장 3곳으로부터 술찌꺼기를 받아서 만들고 있다.

지금 취급하고 있는 제품은 30품목에 이르고 그 90% 이상의 원재료가 야마가타 지방 농산물이며, 여름에는 가지, 다다차 콩, 겨울에는 순무가 주요 농산물이다. 판매처는 직판과 야마가타 지역 근처의 상점과 전국으로의 통신판매가 각각 1/3씩 차지하고 있다.

음식문화 창조도시의 발전을 위한 커다란 과제로써 '혼초'의 혼마本間 씨는 생산물의 가공, 통신판매의 입장에서 안정된 생산기반 확보가 중요하다고 하고 있다. 재래야채의 매력이 전국적으로 알려져서 문의가 많아지고 있지만 생산자가 적고 이들 대부분이 고령자이며 그것도 생산자가 한두 명만 남아있는 생산지도 많아서 생산량 확보가 시급한 상황이다.

지역 이노베이션을 지원하는 대학 등 전문기관 활동

두 번째 특색은 지역 농림수산업 생산자를 지원하고 지역 이노베이션을 추진하는 대학 등 전문기관의 활동이다. 쓰루오카시에 있어서 중심적인 역할을 하는 것은 야마가타 대학 농학부이다.[8]

농학부에 있어서 대학과 지역과의 연계의 중심축에 있는 것은 교원으로 조직되어진 '야마가타 재래작물연구회'의 활발한 활동이다. 연구회는 2003년 발족하여 '재래작물은 지역의 지적 재산'이라는 관점에 서서 지역생산자와의 연계를 기반으로 작물의 수집, 보존, 연구, 홍보를 하여 왔다[9]. 재래작물은 그것이 재배된 각 지역의 기호, 풍토에서 긴 세월 재배되어 독자적인 식재료로써 지역 식문화의 바탕을 이루고 있다. 또한 지역의 기후, 자연환경에 적응한 농법으로 재배되어 농약 사용을 절감하는 것이 가능하게 되었으며, 지속가능한 환경보전형 농업의 선구자가 되었다.

야마가타 재래작물연구회회장으로서 재래작물의 보존, 연구, 활용을 활발히 한 농학부 에가시라 히로아키江頭宏를 교수에 의하면 쓰루오카는 많은 재래작물이 보존, 활용되어 온 배경에는 폭넓은 자연적·사회적 조건이 있었다. 쓰루오카시 자연환경은 해발 0m부터 2000m미터 데와산산에 이르는 표고차가 다양한 기후를 만들어내고 있다. 또한 역사적 배경으로 에도 시대에 있어서 주전 항에서 교토나 오사카로 이어지는 뱃길교역의 전통이 있었다. 교역을 통해서 교토나 오사카, 동해연안의 경제와 문화의 교류는 전국의 여러 지역과의 종자 교류에도 기여했다고 생각된다.

더욱이 커다란 역할을 한 것은 쇼우나이 평야 각 지역농부들이 품

종개량을 열심히 한 것이다. 쓰루오카시에는 '종자 내기'라는 말이 있
는데 '좋은 종자'를 남기고 키우는 전통이다. 에도 시대 후기에서 쇼와
시대 초기까지 쇼우나이 평야에서 50명 이상의 농민에 의한 157종의
새로운 품종이 육성되었다. 지역농업에 있어서 남성은 쌀, 여성은 야
채에 신경을 쓰는 것이 일반적이었다. 육종에 있어서는 다이쇼기를
대표하는 품종 '중생애국'을 육종한 모리야 리키치森屋理吉 씨의 누이였
던 모리야 하츠森屋初 씨가 '다다차 콩'을 선정하여 육성했다.

　일본에서 유전학을 바탕으로 근대 육종사업을 시작한 것은 다이쇼
시대 초기였다. 그 시점에서 민간 육종가는 고도의 선발, 육성기술을
가지고 현의 농사시험장인 쇼우나이 시험장은 민간에게 육종을 받아
서 생산력 검정, 내병성을 주로 지원해 왔다[10]. 지금도 지역농민으로
구성된 '송백회'는 수량예측 등 많은 재배노하우를 가지고 있으며 민
간에 의한 농업개량사업으로서 커다란 역할을 하고 있다.

　야마가타 대학에서는 연구와 더불어 시 행정과 연계하여 음식문화
홍보를 하고 있으며 '수다 밭' 실천코스를 개최하고 있다. 3년째를 맞
은 가운데 첫해는 30명 정원인데 70명이 응모하였고 이후에도 40명에
서 50명으로 주목을 받고 있다. 거기에서는 재래작물 재배에서 판매실
천까지의 체험학습이 이루어져 그 중에서 창업자도 생겨나게 되었다.

폭넓은 지역문화사업과 연대

　세 번째 특색으로서는 음식문화 창조도시로 추진하는 것이 폭넓은
문화사업과의 연계 속에서 이루어지고 있다는 점이다.

'음식문화 창조도시 추진사업'의 하나로서 '쓰루오카 음식문화 국제
영화제'가 개최되었다. 쓰루오카시에서는 중심시가지의 활성화를 위
해 거점으로 2010년 쇼와 시대 초기의 목조기와 공장을 영화관으로
리모델링하고 (주)마을만들기 쓰루오카가 운영하는 영화관 '쓰루오카
마을 시네마'를 건립하였다. 영화관에는 영화상영, 미니콘서트, 가까
이 있는 산왕상점가와 연계해서 여러 가지 이벤트를 개최하고 상점가
의 새로운 손님을 끌어들이기 위해 활기 있는 모습을 보여주려고 노
력하고 있다.[11]

그리고 매력 있는 기획으로서 음식문화 창조를 위한 시민조직을 소
개하는 〈다시 만들어보는 메뉴〉와타나베 사토시(渡辺智史) 감독라는 다큐멘터
리 영화도 제작하였다. 영화에서는 재래작물의 보존, 재배, 보급에 힘
을 쓰는 농민, 대학교원, 레스토랑 요리사 등의 활동을 소개하면서 쓰
루오카 음식문화의 매력을 부각시키고 있으며 '야마가타 국제다큐멘
터리 영화제'를 시작으로 전국으로 상영되었다.

앞으로의 전망

농촌발전을 위한 새로운 시도

쓰루오카시의 '음식문화 창조도시'를 추진한지 얼마 안 되어, 지
역진흥효과 파악은 앞으로의 과제이지만 '알 케차노'와 오너 요리사
오쿠타의 존재는 방송을 통하여 유명해졌으며 레스토랑은 수개월간
의 예약이 들어와 있는 상태이고 자매결연을 맺은 상점도 개설되고
있다.

타 지역으로의 홍보효과를 쓰루오카시의 관광객 수 추이그림 8-2로 보면 2001년 연간 614만 명을 최고로 최근 400만 명 대로 감소되었지만 2010년에는 547만 명, 2011년에는 530만 명으로 증가경향을 보이고 있다.

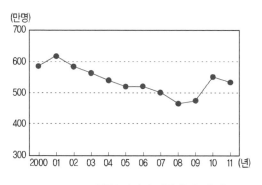

그림 8-2 쓰루오카시의 관광객 수 추이

쓰루오카시는 재래작물을 기반으로 하는 지역진흥사업을 추진하면서 지속가능한 지역사회 형성이라는 오늘날의 중요한 정책과제에 입각하여 농촌지역의 지역 이노베이션의 새로운 비전을 제시하는 시도라고 볼 수 있다.

첫째, 농촌지역에서 지역 이노베이션은 풍부한 자연자본을 어떻게 생각하고 그것을 지속적인 발전에 어떻게 활용할 것인가의 관점을 설정하는 것이 필요하다. 지역경제와 사회기반인 자연자본, 문화자본 등의 다양한 자본을 효과적으로 활용하여 성과를 올리면서 그 자본이 훼손되지 않고 다음 세대에 이어지는 것이 지역과 환경의 지속가능성 시점에서도 중요한 과제가 된다. 이 시점의 연장선에서 농촌

지역의 지역 이노베이션의 기본적인 프레임을 제시한 것이 그림
8-3이다.

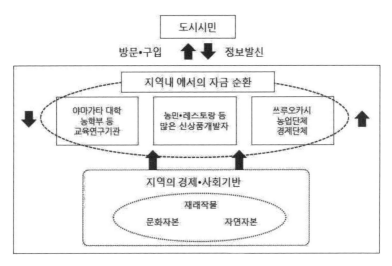

그림 8-3 재래작물을 활용한 시민 · 대학 · 공공단체 등의 협력에 의한
지역기술 혁신

이 프레임 안에서 종자, 재래작물은 지역발전의 기반인 각종 자본
을 연결하는 결절점으로서 없어서는 안 될 중요한 역할을 하고 있다.
종자, 재래작물은 토지, 물과 더불어 중요한 자연자본으로 농업생산
분야에 있어서 불가피한 역할을 하고 있으며 지역 고유의 풍토, 농
촌문화와 연결된 고유의 문화자본이기도 한 측면을 가지고 지역에서
자연과 문화를 이어주고 지역을 개방하는 이노베이터를 만들어내는
중요한 역할을 하고 있다. 더욱이 전통적 농촌문화라는 관점에서는
차세대에 계승이라는 역할을 하고 지역에서는 농촌 공간관리, 농업

단체의 본질 등 농업정책에 관련된 여러 제도의 본질에도 영향을 준다. 이러한 점에서 종자, 재래작물은 농촌에 있어서 하나의 이노베이션 중심축이 된다.

둘째, 재래작물을 중심으로 하는 지역 이노베이션은 지금 지역 내 재원순환을 촉진하는 커다란 역할을 할 수 있다. 미국의 지역경제 연구자 안막센은 지역문화정책에 관한 고찰에서 지역에 거주하는 아티스트를 활용한 문화사업에 의해서 문화적 서비스에 관한 자금의 지역 내 순환이 진전되어가는 것의 중요성을 지적했는데[12], 재래작물 활용에 의해서 생기는 자본의 지역 내 순환은 도시권에서의 판매, 도시권시민의 방문에 의해서 획득된 자본이 거기에 종사하는 농민, 가공, 유통, 서비스 등의 관련 사업자, 지역지자체 등 지역의 기간산업, 행정에도 푹넓게 순환하는 점에서 그 범위와 영향력은 크고 그것이 농업생산자본, 문화자본 등 지역 내의 많은 자본에 재투자되어 충실하게 쓰인다면 지역발전의 더없는 원천이 될 가능성이 있다.[13]

셋째로 농촌과 도시연계의 관점에서는 도시 소비자를 향한 단순한 소재로써 음식물 판매가 아닌 재래작물을 활용한 크리에이티브 투어리즘에 의한 자연자본, 문화자본의 체험을 통한 도시민에 의한 고도의 소비능력, 향수능력의 발전으로 이어지는 도시농촌연계의 가능성을 가지고 있다는 점에서 중요하다. 음식의 장에서 지역 고유문화를 경험함으로써 도시민이 도시와 농촌의 새로운 연결방식을 배우고 식생활의 질을 충실하게 하는 데 있어서 큰 역할을 할 수 있다고 생각한다.[14]

세 가지의 과제

이런 상황에 있는 쓰루오카시의 '음식문화 창조도시 추진사업'이 앞으로 더욱 발전하기 위해서는 다음 3가지 정책적인 과제가 중요하다고 생각한다.

첫째, 지역에서 농업생산기반 확보이다. 지역농업을 떠받치고 있는 농업자의 고령화가 진행되어 재래작물을 재배하는 사람이 적어지고 있다. 전국에 재래작물을 이용해서 절임음식을 홍보하고 있는 '혼초'에 의하면 수요자 측면에서 보면 재래작물의 음식문화 홍보효과와 문의가 늘고 있는데 반해 생산이 따라가지 못하는 상황이라고 한다. 한편 최근 귀농 등 도시에서 농촌으로 이동하는 움직임이 있다 이러한 상황을 보면 지역농민, 공공단체가 폭넓게 농민 확보에 힘쓰는 것이 바람직하다고 보인다.

둘째, 환경정책, 교육정책 등의 연계 관점에서 생각해 보자. 농가 레스토랑 '나아'의 고노테라 씨는 유기농법에 힘을 쏟아온 경험을 바탕으로 지역 장래를 짊어지고 나갈 아이들의 교육, 더욱이 차세대의 먹을거리 수요를 발전시키기 위해서 아이들이 어릴 때부터 고향식자재에 익숙하도록 유기농 지역식자재를 급식에 도입하는 등 지역교육과 산업을 강하게 연결하는 것이 중요하다고 강조한다.

셋째, 국내외 홍보, 특히 문학분야 등 지역문화의 폭넓은 영역과 연계하여 일본을 대표하는 '창조농촌, 쓰루오카'의 어필을 종합적으로 하는 것이 중요하다.

앞으로의 프로젝트 전개에 있어서 음식문화진흥과 문화의 영역과의 연계는 커다란 가능성이 있는 분야라고 생각한다. 쓰루오카시는

잘 알려진 후지사와 슈헤이藤沢周平의 고향이며 후지사와 문학의 많은
작품이 쇼우나이번을 방불케 하는 '우나사카번'이 무대가 되고 있다.

후지사와는 '예전부터 쇼우나이의 맛있는 음식의 맛은 재료가 맛있
어서가 아닐까 생각한다. 생선 한 마리, 완두콩 하나의 맛도 아주 우
수하다. … 거친 해변의 파도가 길러내는 생선, 들판에서 정성들여 길
러내는 완두콩, 가지 등의 야채와 죽순, 다양한 산나물 등'15이라고 기
술하고 있으며, 그의 많은 작품에서 고향의 식자재 '돔' '양하' '도루묵'
'가지' 등을 매력적으로 다루고 있다.

후지사와는 청년시대 받은 구번의 전통인 유학을 중축으로 농촌 리
더에 의한 지역농업단체 '송백회'의 영향과 자신의 문학바탕에 흐르는
농촌풍토를 평생 중요하게 여기고 있었다. 쓰루오카시는 2010년 4월
시립 후지사와 기념관을 건립하고 그의 문학창조와 지역역사 풍토와
관련한 자료를 전시·홍보하고 있는데 개관 2년째에 예상을 뛰어 넘
는 17만 3000명이 방문하였는데 그 중 70, 80%가 다른 현에서 방문
한 것으로 전국적인 주목을 받고 있다. 후지사와의 문학세계의 공감
으로 작품에 묘사된 쓰루오카시의 자연환경(우지천, 작품 중의 '고켄천' 등)구 교
사, 도시·농촌공간, 사찰을 둘러보는 관광에도 관심을 모으고 있다.

앞으로 후지사와 슈헤이 기념관, 치도우칸致道館 등 거점 문화시설
의 활동, 중심시가지 활성화의 추진, 우치강內川 등 지역공간의 환경정
비, 식문화창조의 추진, 데와산산 관광 등이 서로 연계됨으로써 지역
을 돌아보고 지역의 독자적인 역사와 문화와 친근하게 되면서 음식체
험을 즐기는 방문자가 늘면서 지역산업의 발전, 지역진흥의 다양한
가능성이 커질 거라고 생각한다.

〈 주 〉

1. 야마가타 재래작물 연구회(2010) 참조. 본장에 있어 「재래작물」은 야마가타재래작물 연구회를
   기반으로, 「①어떤 지역에서 세대를 초월하여 재배되고, ②재배자 본인의 손으로 씨를 받거나
   번식을 행하여, ③특정 요리나 용도로 사용되고 있는 작물」로써 정의된다.
2. 이케우에(2010), 테라다 · 이시다 편 (2013) 참조
3. 우리나라의 벼의 품종을 대표하는 「고시히카리」「사사니시키」를시작으로, 현재, 야마가타현이
   지역을 대표하는 신 브랜드 쌀로써 어필하는 「쓰야히메」등은 모두 「가메노오비」의 거의 증손
   자세대이다. (관(190)참조)
4. 오쿠다마사유키 (2010), 「알 · 케차노」http://www.alchecciano.com/
5. 「지휴간」http://gt.kouryu.or.jp/detail/06203/1606.html
6. 「나아아」 http://www17.plala.or.jp/e-naa/eigyo/index.html
7. 「혼정」http://www.k-honcho.co.jp
8. 지역 이노베이션의 중축으로 대학이 해내는 역할에 대하여 최근 널리 인식되어있으나, 미국에
   있는 대학과 지역연계의 원류는 농학계 대학으로, 그 전형이 위스콘신 대학이었다. 대학의 지
   역공헌의 기본적 방침을 나타내는 「위스콘신 · 아이디어」에 있어서, "the boundaries of
   campus are the boundaries of the state" (「대학의 경계는 주의 경계」)가 제창되어 주의
   지역전체가 대학의 연구와 교육의 필드가 되었다.
9. 야마가타 재래작물연구회 (2010), 연구회 홈페이지 (http://zaisakuken.jp) 참조
10. 스가(菅) (1990) 참조
11. 후지타쿠 슈헤이 작품의 영화화를 계기로「쇼우나이 영화촌」이 츠키야마의 산기슭에 개설되
    어 관광거점이 되었다. 더욱이 지역의 자원, 인재를 살린 영화 제작의 작업도 진행되고 있다.
12. Markusen (2006) 참조
13. 사사키 (1997), (2001) 참조. 지역의 생협공립사 (구 츠루오카 생협)도 야마가타가 진행하는
    쇼우나이 어류의 식문화를 전하는 「쇼우나이 문화전도사」에 직원 등 40명이 인정되어, 지산
    지소의 추진을 진행하고 있다.
14. 지역의 고유성에 착목한 생산자와 소비자의 창조능력, 향수능력의 발달이라고 하는 시점에
    있어 이케우에(2010) 참조. 마케팅전략에 있어 경험경제의 시점에 대해서는 Pine Ⅱ,
    Gilmore (1999) 참조
15. 후지타쿠 (2012) 수록

〈 참고문헌 · 사이트 〉

후지타쿠 슈헤이 (2012)「쇼나이의 술과 안주」『슈헤이독언』문예춘추, 1978 초판
이케우에 아츠시(2010)「농촌지역의 창조환경과 문화자원재생-지속가능한 농촌의 이념 · 실현의
    근거 · 정책」『농촌계획학회지』Vol.29, No.1, 농촌계획학회
카스야 쇼지(2008)『후지타쿠 슈헤이의 초 고스가루지』동북출판 기획
Markusen, A. (2006) An Arts-Based State Rural Development policy, *Journal of Regional Analysis and Policy*, Vol. 36, No.2
미야모토칸이치 (2013)「도시와 농촌의 대립과 융합—유지 가능한 사회로의 재생은 가능한 것인
    가?」, 테라니시, 이시다편 (2013) 수록

오카코우후, 메시누마 지로, 호리 타카시편 (1990) 『근대일본의 기술과 사회1 경작의 기술과 이론』 평범사

오쿠다 마사유키 (2010) 『사람과 사람을 잇는 요리』 신조사

오오니 기타카시 (2013) 「2050년의 비전과 앞으로의 도시 · 농촌」, 테라니시, 이시다편 (2013) 수록

Pine Ⅱ, B. J, Gilmore, J.H (1999) *The Experience Economy* (『경험경제』 오카모토 순지, 고다카 다타코 역, 다이아몬드사, 2005년)

사사키마사유키 (1997) 『창조도시의 경제학』 경초서방

사사키마사유키 (2001, 2012) 『창조도시로의 도전』 이와하서점

간요우 (1990) 『쇼나이에 있어서 두는 벼민간육종의 연구』 농산어촌문화협회

다나카 다가야스 (1990) 「벼의 과학과 재배이론」, 오카, 메시누마, 호리편 (1990) 수록

데라니시 순이치, 이시다 노부타카편 (2013) 『자연자원경제론인문〈3〉 농림수산업의 미래를 열다』 중영경제사

야마가타 재래작물연구회 (2010) 『수다스러운 밭』 야마가타 대학출판회

※ 본 연구에 있어, 귀중한 교지를 주신 오쿠다 마사유키, 나가미나미 고우, 오노데라키사쿠, 혼마 고타로, 에즈라히로아키, 다시타요시유키, 아베 치히로 씨에게 매우 감사드립니다. 본디 사실의 오인, 평가에 대해서는 필자에게 책임이 있습니다.

쓰루오카시	
기초 데이터	면적:1311.51㎢, (동서43.1㎞, 남북56.4㎞) 표고:15m(쭈루오까시청), 임야율69% 총인구:134.8천명 세대수:48.3천세대, 고령화율:29% 인구감소율:▲11% 교통:철도/도쿄역에서 신간센으로 약4시간 교육:유치원13원(891명), 초등학교, 중학교/51교(11,121명), 고교/10교(5,035명), 대학3교 의료:병원8(1443병상), 진료소(159), 마을센터:21, 도서관:6, 산업:사업소수 7,358(종업원수 65,583명)제일차10%, 제2차30%, 제3차60%
합병 등 변천	1955년 4월 쓰루오카시에 東田川郡黄金村, 蒅村, 西田川郡湯田川村, 大川村, 榮村, 京田村을 편입. 7월 西田川郡田川村, 豊浦村, 上郷村, 加茂町을 편입. 1963년 쓰루오카시에 西田川郡大山町을 편입. 2005년 鶴岡市, 羽黒町, 朝日村, 溫海町이 합병되고 鶴岡市가 발족되어 현재에 이르고 있다.
지역자원	· 城下町 (藤沢周平문학의무대) · 재래작물 · 예능 · 出羽三山, 庄内평야
마을만들기 기본개념	1.창조문화도시선언-지역의 가능성을 확산시킬 것 2.관광문화도시선언-관광으로 사람과 사람이 교류해 나갈 것 3.학술문화도시선언-지식을 활용할 것 4.안심문화도시선언-생활하는 환경을 만들어갈 것 5.삼림문화도시선언-자연과 함께 상생할 것
지역문화진흥 등의 특징적인 시행사업	● 식문화창조도시선언플랜 · 鶴岡식문화아카이브 프로젝트 · 鶴岡식문화국제영화제 · 鶴岡식문화여성 리포터 · 재래야채보존과 보급을 위한 山形재래작물연구회 · 鶴岡시지역산물소비추진위원회에 의한 민관의 활동	●「黒川能」의 보존. 전승 ●문화도시선언에 따른5가지 프로젝트①농림수산업의6차산업화, 식문화창조도시,鶴岡실크타운②지역자원을활용한환경진흥③바이오클라스터형성④안심. 육아. 건강. 복지. 의료의 충실 ⑤삼림문화도시구상의 추진 ●鶴岡마을만들기사업
특징적인 조례 등	· 鶴岡市경관계획에 관련된 행위의 제도 등에 의한 조례(2008) · 상점가의 山王마을만들기협정(2006)	
문화예술 교류거점, 창조적 거점 등	鶴岡아트포럼, 鶴岡식문화산업창조센타-, 레스토랑「알 케차노」, 농가레스토랑「茶」, 민박「知恵軒」, 장아찌「本長」	
이 책에서 사례로 소개한 창조적 단체, NPO등	鶴岡식문화창조도시 추진협의회, 농사조합법인庄内협동팜, 山形재래작물연구회 ㈜마을만들기鶴岡	
산학민 연계 · 교류	현, 시, 농협, 상공회의소, 삼림조합, 어협, 山形대학농학부,慶應義塾대학선단생명과학연구소, 山形재래작물연구회, 신문사 등이 연대한 鶴岡식문화창조도시 추진협의회	
특기사항	· 식문화분야로 유네스코창조도시네트워크 가맹을 목표로 함 · 문화청장관표창「문화예술창조도시부분」수상(2011) · 문화청 문화예술창조도시모델사업채택(2011 - 2012) · 창조도시네트워크일본에 가맹	

인구, 세대수는 2013년 10월, 면적 등은 세계농업연구조사(2010), 취업 · 인구구조는 국세조사(2010), 교육 · 의료 · 산업은 정부통계 e-stat, 지역자원 등은 각 시정촌 · 총무성 · 문화청 홈페이지를 참고했다.

┃ 사사야마시 ┃
귀촌 정주자가 여는
창조적 해결의 문

가와이다 사치코(川井田祥子)　　　　　　　chapter 9

　　효고현兵庫縣 중앙 동부에 위치하는 사사야마시篠山市는, 오래전부터 교토와 산인山陰, 산요우山陽를 연결하는 교통요충지로서 발달해 온 역사가 있으며, 현대에는 교토, 오사카, 고베 등의 대도시권으로부터 전철 또는 자동차로 약 1시간이면 이동 가능하다. 면적은 약 378㎢로, 약 75%가 산지이며, 표고 500m부터 800m 정도의 산지로 둘러싸인 사사야마 분지는 교토부 후쿠치야마福知山 방면을 포함하여 「단바丹波 분지」라고도 불린다. 전국적으로도 유명한 검은 콩, 고구마, 단바 밤 등을 생산하는 경작지나 오산쇼우오大山椒魚가 서식하는 깨끗한 개울 등도 있으며, 풍부한 산림과 자연에 둘러싸여 있다.

　　중심부에는 덴카부신天下普請*으로 축성된 사사야마성篠山城 유적과 성하마을城下町을 중심으로 형성된 가로경관이 보존되어, 2004년 12월에 국가의 중요 전통적 건조물군 보존지구이하. 중전건지구로 선정되었

---

*　덴카부신은 에도막부(江戸幕府)가 전국에 명령하여 행해진 토목사업으로, 주로 성곽정비를 주요사업으로 하고, 도로정비, 하천공사 등 인프라정비 등의 공사를 포함하고 있다.

다.[1] 주변에는 구舊 가로의 역참마을宿場町, 농촌취락과 요업도자기취락 등이 있으며, 시市의 동부, 니시쿄우 가도西京街道에 면하여 가로경관이 형성되어 있는 후쿠주福住 지구는 2012년 12월에 사사야마시에서 두 번째의 중건전지구로 선정되었다.[2]

교토 문화의 영향을 받은 제례나 민속예능 등을 포함한 중층적인 역사와 문화를 전승하고 있는데, 예를 들면, 시의 동부에 있는 호호카베波々伯部 신사는 '단바의 기온祈園'이라고 불리고, 우지코氏子* 8개 취락에서 출전하는 수레-단지리檀尻는 교토 기온마츠리축제의 야마보코山鉾**를 모방한 우아한 수레이다사진 9-1. 더욱이 사사야마시가 속하는 단바지방은 전통연극인 사루가쿠猿樂의 발생지 중 한 곳으로 알려져 있으며, 사사야마 유적의 북쪽에 있는 가스가春日 신사의 경내에는 일본가극 애호자로 알려진 사사야마 제13대 영주藩主 야오야마 다다료우青山忠良가 1861년에 기부하여 건립한 가극무대가 있으며, 국가 중요문화재로 지정되었다.

복도에는 7개의 단바 도자기丹波焼 옹기를 깔아두어 마루판을 밟는 소리를 나게 하였고, 당시는 하코네箱根 서쪽에서 가장 훌륭한 가극무대였다고 알려져 있다. 여기서 매년 1월 1일 제야의 종이 울리고 난 후에 우메와카梅若 가문이 '오키나翁'를 공연하였는데, 이는 일본 내에서 최초의 노能 상연이라고 알려져 있다사진 9-2.[3]

---

*   우지코(氏子)는 각 신사(神祀) 단위의 제사 및 축제권역을 구성하는 주민이나 세대를 말한다.

** 야마보코(山鉾)는 제례를 위한 수레를 의미하며, 특히 교토 기온마츠리의 야마보코가 유명하다.

사진 9-1　호호카베 신사의 제례
(제공 : 사사야마시)

사진 9-2　가스가 신사에서의 〈오키나〉
공연(제공 : 사사야마시)

중건전지구 중심부에 위치하는 가와라정河原町 쓰마이리妻入* 상점
군은 성하마을의 남동쪽에 위치하고, 에도 시대 그대로의 모습이 남
아 있는 상점이 늘어서 있으며, 예전부터 상업의 중심지로서 발달하
였다. 그 일각에는 단바 골동품 도자기관과 가극 자료관 등 2개의 박
물관이 위치하고 있다. 단바 골동품 도자기관은 2개열로 배열된 미곡
창고를 개조하여 1969년에 오픈한 것으로, 일본 6대 도자기 가마세토
(瀬戸), 도코나메(常滑), 에치젠(越前), 신라쿠(信楽), 단바(丹波), 비젠(備前)의 하나로 여겨
지는 단바 도기의 역사를 말함에 있어 없어서는 안 될 존재이다. 단바
골동품 도자기관을 개설한 것은 이 지역에서 상업활동을 해왔던 나카
니시 고이치中西幸一로, 단바 도자기의 매력에 빠져서 독자적으로 수집
을 시작하여 야나기무네 요시柳宗悦**의 민예운동과 관련을 가지면서
도쿄의 일본 민예관에 전시되어 있는 단바 도자기 대부분은 나카니시

---

* 　건축물의 박공면(단변)에 출입문이 형성된 건축양식.
** 　민예연구가 겸 종교철학자. 도쿄에서 태어남. 도쿄대학 졸업. 잡지 〈白樺し
　　らかば〉 창간에 참여하여 훗날 민예운동을 제창함. 日本民芸館을 설립.
　　(1889~1961)

中西가 기증하였다고 전해진다. 그 나카니시의 아들인 나카니시 도오루中西通는 아버지의 수장품과 도자기관을 물려받는 것에 머무르지 않고, '아버지와는 다르게 운영하고 싶다'고 가극에 관한 가면, 의상, 악기 등을 수집하기 시작하여 1976년에 가극자료관을 개설하였다. 또한, 나카니시 도오루의 아들인 나카니시 가오루中西薫는 2개의 시설을 계승함과 동시에 마을 전체가 활성화되도록 2009년부터 매년 9월에 '단바 사사야마·가로경관 아트 페스티벌'을 개최하고, 단바 사사야마 관광협회 회장과 사사야마 창조도시 추진위원회의 위원장 등을 역임하면서 마을만들기에도 적극 관여하고 있다. '우리는 토지에 대한 책임이 있습니다.'요네야마 1989라고 언급한 나카니시 도오루의 신념을 나카니시 가오루가 착실히 계승하고 있는 것이다.

　사사야마시에 있어서 풍부한 자연과 아름다운 경관, 그리고 훌륭한 문화가 오랜 동안에 걸쳐 이어져 온 것은 나카니시 가문만이 아니라 시민 한 사람 한 사람이 그 가치를 인정하고, 전승을 위하여 노력을 기울였기 때문일 것이다.

　본 장에서는 최근의 사사야마시가 가지고 있는 과제에 시민이 어떻게 대응하고 있는가, 주로 일반 사단법인 NOTE의 실천에 초점을 두고 소개를 하면서 성과를 만들어내는 요소를 밝히고자 한다.

'사사야마스러움'을 살리는 지역만들기

　사사야마시 제도가 시행된 것은 1999년 4월에 구 사사야마정·세이키정西紀町·단난정丹南町·이마다정今田町의 4개정이 합병헤이세이 대합병

제1호되면서 부터이다. 인구추이를 살펴보면, 2000년의 약 4만 6천 명을 피크로 하여 완만하게 감소하고 있으며 현재는 약 4만 4천 명에 이르고 있다. 저출산 및 고령화가 진행하고 있으며, 특히 시내의 고령화율은 약 29%로 전국 평균 약 23%를 상회하고 있다.

시의 재정을 살펴보면, 합병 후의 수도정비 및 새로운 시설건설을 위하여 많은 합병특례채권을 발행하였다는 점2006년 말 시점에서 약 181억 엔 등에서 일시적으로 재정재건 지자체가 될 위험성도 있었다.

2001년 7월에 오픈한 사사야마 어린이박물관애칭: 치르뮤은 폐교를 활용하여 어린이들의 미래에 투자한다는 아이디어와 합병특례채권 적용 제1호 사업이라는 점이 주목되어, 개관 당초에는 전국에서 시찰이 끊이지 않았다. 그러나 개관 후 3년째에 사사야마시에서 예산편성이 이루어지지 않아, 시 직영시설에서 관리자 지정운영으로 바뀌면서 많은 시민 자원봉사자의 지원활동에도 불구하고 2012년 1월에 한 차례 폐쇄되고 만다.[4]

헤이세이 대합병 제1호로서 우수도시라고 알려진 사사야마시가 가장 먼저 파산한 이유로는 어린이박물관이라는 미국식 발상을 도입하여 공사비를 합병특례채권으로 부담하였기 때문이라고 생각된다.

그리고 사사야마시는 외부의 자원에 의존하지 않고, 기존 지역자원을 발굴하여 '사사야마스러움'을 살린 지역만들기에 의해 재생을 도모하는 방향으로 전환하였다. 그 구체적인 예의 하나가 2008년도에 책정한 사사야마 재생계획행재정개혁 편 및 마을만들기 편이다.

사사야마 재생계획은 2020년도까지 세입과 지출의 수지 밸런스를 균등히 하는 재정 재건을 목표로 하고 있다. 마을만들기에 관해서는 2009년에 단바 사사야마성 축성 400년 축제를 행정과 시민이 연대하여 개최하고, 2011년 3월에는 '역사문화 기본구상'⁵를 책정하였다. 이 구상책정에는 3년간에 걸쳐 전문가와 시민이 협력하면서 조사하고, 사사야마시가 독자적으로 정한 '역사문화 마을만들기 자산'에 해당하는 것을 발굴하여표 9-1, 마을단위에서의 문화재와 관련정보를 정리한 마을 카드를 작성하였다.

이러한 작업을 통하여 시민이 '일본의 원原 풍경⁶ 사사야마'를 구축하는 역사문화와 풍부한 생활환경을 재인식하였다.

표 9-1 '역사문화 마을만들기 자산'의 건수(2011년 3월 현재)

	유형 문화재	무형 문화재	민속 문화재	기념물	문화적 경관	전통적 건조물군	육묘 참고지	합계
지정 등 문화재	163	1	13	34	0	1	1	213
지정 등 이외의 문화재	2,320*1	7	759	1,585	34*2	6	–	4,711

*1 역새지붕 민가, 상가(商家) 등이 포함
*2 단바 차(茶) 밭, 검은콩 밭, 단바 경사지 가마(立杭の登り窯) 등이 포함
출전 : 사사야마시 교육위원회(2011) 《사사야마시 역사문화 기본구상》에서 발췌·편집

한편, 이 조사에서는 과제 또한 부각되었다. 즉, 많은 자산들이 재인식된 반면, 자산을 활용한 적극적인 활동이 이루어지지 않았는데, 그 이유는 유지관리 비용과 유지관리자의 부족 등을 들 수 있다. 이러한 과제는 사사야마시뿐만이 아니라 다른 지역의 농촌들도 가지고 있었을 것이다. 자산은 단순히 보존하는 것만이 아니라 그 가치를 나타낼 수 있도록 항상 활용하지 않으면 다음 세대로의 계승은 어렵다고

생각된다.

여기서 초점을 둔 것이 사사야마시의 NOTE의 역할이며, 자산의 적극적인 보존과 활용에 의해 지역 고유의 가치를 실현하고 그곳에 거주하는 사람들의 잠재력과 주체성을 이끌어내는 프로세스를 분석하였다. 창조적 문제해결을 해가는 것에는 유기적인 풀뿌리 비영리 조직의 활동이 열쇠가 된다는 점을 밝혀낼 것이다.

일반 사단법인 NOTE의 역할

NOTE의 전신前身인 '주식회사 프로세스 사사야마'는 2003년 4월에 사사야마시의 출자법인으로 설립되어, 사사야마성 대서원이나 시립 역사미술관 등의 역사문화시설의 관리운영, 시립 중앙도서관으로의 사서司書 파견, 전화교환업무의 수탁 등 행정 서비스의 보완대행 역할을 담당하였다. 그러나 2008년도에 책정된 사사야마시 재생계획에 의하여 시 출자법인으로서 업무축소 및 조직의 정비 등이 요구되었다.

그 시기에 즈음하여 다음 년도에 개최할 축성 400년 축제의 준비가 진행되었고, 축성 400년을 기념하는 일회성의 관광 이벤트로서 실시하는 것이 아니라, 시민이 주체가 되어 향후 100년의 마을만들기를 시작하는 '마을만들기 축제'를 기본이념으로 하여 1년간 총 106개 사업을 개최하게 되었다. 이러한 상황을 토대로 주식회사 프로세스 사사야마는 2009년 4월 1일에 '일반 사단법인 NOTE'로 새롭게 변화하였고, 기존의 업무를 계승함과 동시에 지역단체와 NPO를 지원하는 역할을 담당하게 되었다.

2009년도의 축성 400년 축제에서 NOTE는 축제의 거점시설인 '마을만들기 포켓 콜라보레이션'과 '사사야마 생활안내소'의 운영, 단바 사사야마 마을걷기 실행위원회와의 협력, 역사문화시설 4관에 있어서 각종 이벤트의 개최, 마루야마丸山 취락 및 니시정西町 자치회의 마을만들기 지원, 렌탈 자전거 사회실험 등의 사업을 통하여 축성 400년 축제의 기획·운영에 공헌하였다.

NOTE의 활동목적을 '현대사회의 가치관으로 부정되어 온 것, 즉 농업, 임업, 마을 산, 지역 커뮤니티, 일본인의 생활문화 영위 등에 다시 주목할 것, 여러 가지 지역과제에 대한 창조적인 해결책을 처방할 것, 이를 위하여 우리 자신의 새로운 척도를 적용하여 항상 현장에 가서, 생각하고, 행동하고, 새로운 인재를 양성해 간다'[7]라고 하고 있다.

구성원은 임원 6명대표이사 1명, 이사 4명, 감사 1명, 직원 60명중정사원은 25명으로 되어 있고, 대표이사는 긴노 유키오金野幸雄는 2007년도부터 4년간 사사야마시의 부시장이며, 전술한 역사문화 기본구상의 책정에도 관련해 왔다. 연간 사업규모는 제3기2010년 10월~2011년 9월 4억 1629만 7천 엔, 제4기2011년 10월~2012년 9월 2억 5433만 4천 엔으로, 그 중 약 2억 엔은 지정관리 업무와 사사야마시로부터의 수탁업무분에 해당되고 그 외는 자주사업自主事業분이다. 자주사업은 ①빈집의 활용, ②슬로푸드의 진흥, ③생활의 관광화, ④인재육성과 지역 ICT의 조직만들기 등을 행하고 있으며, ①은 수 세대에 걸쳐 지속적으로 살아온 것을 전제로 한 전통적 주택을 대상으로 하고 있다. 각각의 공간이 가지는 풍부함을 이끌어내는 것에 의해, 시골생활 희망자만이 아니라 카페, 레스토랑 등의 점포개업을 희망하는 사람과 매칭하여 지금까지 총 45동의 빈집을 개수하였고 26점포의 사업자 매칭공사 중이거나 계획 중인 것을 포함에도 관련하여 왔다.

더욱이 전통적 주택을 포함한 역사적 건조물을 활용하는 분위기를 높이기 위하여 35개의 지자체, 19개의 중간조직마을 만들기 회사 등, 7개의 관련단체로 이루어지는 네트워크를 구축하여 정부의 국가전략특구 지정을 제안하기도 하였다.

'빈집을 활용하여 지역의 꿈을 실현하려는 경우, 일반적으로 작은 커뮤니티 안에서는 그 꿈을 실현하기 위한 자원리소스이나 인재플레이어의 조달은 불가능하다. 이를 보완하는 것이 중간지원조직의 역할이다. 건축사, 디자이너 등의 전문가 파견, 임대업자와 사업자의 매칭, 자금조달 등을 행하는 NOTE는 중간지원조직이라고 하기보다 사업 파트너라고 생각하는 편이 좋을지도 모른다'라고 긴노는 말하고 있다.

다채로운 활동을 전개하고 있는 NOTE의 실천을 소개하기 전에 내발적 발전론을 참고하면서 '창조농촌'의 개념을 정리해 보자.

창조농촌과 내발적 발전

농촌은 일반적으로 주민의 대부분이 농업을 생업으로 하고 있는 취락이라고 이해되고 있는데, 미야모토 겐이치宮本憲一(2013)는 농촌의 정의에 대하여 '간단하면서도 어렵다'라고 하고 있다. 왜냐하면 일본의 경우에는 겸업농가제2종[8]가 매우 많아 전업농가는 약 20% 정도에 머무르기 때문이다. 또한, 화학비료나 농약을 사용하며 기계화된 공업적

농업이 이루어지고 있으며, 상업적 농업도 많아짐에 따라 도시산업과
본질적으로 그 성격이 크게 다르지 않다고 언급하고 있다.

또한, 미야모토는 '전통적인 농업이라는 것은 고도성장기 중에 없
어졌다'라고 말하고, 특히 1980년대 후반의 국제화와 제4차 전국 종
합개발계획에 의해 '농업의 상대적 쇠퇴와 더불어 중산간 지역의 농가
는 겸업이 주체가 되어 농촌은 혼주사회混住社會*가 되었고, 농촌의 생
활도 도시적 생활양식으로 변하였다'라고 지적하였다. 또한, 시정촌
합병에 의하여 '도시인지 농촌인지 알 수 없는 지자체가 생겨났다'고
말하고 있다. 이러한 변화가 일어난 원인의 하나는 정부의 자본주의
화에 의하여 강제적으로 자연마을의 단위를 없애고 행정촌行政村을 설
치함으로써 근대적 지방자치제도를 도입한 것이다.

'왜 우리는 근대화 과정에서 도시와 농촌을 어떻게 공존시킬 것인
가라는 기본적인 과제에 대하여 진지하게 추구해 오지 않았는가? 이
러한 점이 매우 큰 문제이지 않은가?' '도시라는 것은 농촌이 존재하
는 것에 의해 유지되고 있다'라고 미야모토가 말하는 것과 같이, 창조
도시론의 심화를 위해서도 '창조농촌'에 대하여 검토하는 것이 반드시
필요하다고 생각된다.

사사키 마사유키는 '창조농촌'의 정의를 '주민의 자치와 창의에 기
반을 두고 풍부한 자연생태계를 보존하면서 고유의 문화를 육성하고,
새로운 예술·과학·기술을 도입하여 장인적 생산과 농림업의 결합
에 의한 자율 순환적 지역경제를 구축하며, 세계적인 환경문제 또는

---

*   대도시 근교지역에 토지의 농업적 이용 및 도시적 이용이 혼재되는 현상을
     일컬으며, 이에 따라 세대별로는 전업농가, 겸업농가, 비농가가 혼재되는
     현상을 포함한다.

지역사회의 과제에 대하여 창조적으로 문제를 해결할 수 있는 '창조의 장場'이 많은 농촌이다'⁹라고 하였다.

NOTE는 사사키의 정의를 활동이념의 기초로 '창조농촌'의 구현화는 커뮤니티를 토대로 고려하며, 지역에 뿌리내린 '생활문화'에 초점을 두고 있는 것이 특징이다. 결국, 농촌이 보전하고 있는 생활의 지혜와 공간의 원리가 사람들의 창조성을 일깨우고, 새로운 가치를 만들어내는 것으로 생각하고 있으며, 표 9-2와 같이 비교하고 있다.

표 9-2　창조도시와 창조농촌의 비교

	창조도시	창조농촌
창조성의 원천	예술문화	생활문화
인재	시민	커뮤니티
경제시스템	탈시장주의	지산지소(地産地消)
창조산업	아트, 디자인, 공예, 미디어 아트, 문화관광 등	농림업, 공예
사회포섭 대상	사회적 마이너리티	한계취락
인터페이스	아트	일생생활

출전 : 《NOTE 2012》 p.11을 일부 수정 · 편집

여기서 내발적 발전론을 실마리로 하여 표 9-2의 창조농촌에 대하여 검토하면 다음과 같다.

1970년대에 들어서 제창된 '내발적 발전'이라는 것은 '지역의 기업과 개인이 주체가 되어 지역자원이나 인재를 이용하여 지역 내에서 부가가치를 창출하거나, 여러 종류의 산업을 연관시켜서 사회적 잉여이윤과 조세를 될 수 있으면 해당 지역에 환원하고 지역의 복지 · 교육 · 문화를 발전시키는 방법'미야모토 2006이며, 니시카와 준西川潤(1989)은 내

발적 발전의 특성을 다음과 같이 기술하고 있다.

① 서구에서 기원한 자본축적론, 근대화론의 패러다임을 전환하여, 근대적 경제인經濟人의 모습을 대신하여 전인적全人的 발전이라는 새로운 인간상人間像을 정립하고 있다. 따라서 인권이나 인간의 기본적 요구에 대한 충족에 커다란 비중을 두고 있다.

② 자율성과 상호 이해관계를 기반으로 공생의 사회만들기를 지향한다.

③ 참가, 협동주의, 자주관리自主管理 등과 같이, 자본주의, 중앙집권적 계획경제 등의 전통적 생산관계와는 전혀 다른 생산관계조직을 요구한다.

④ 지역단계에 있어서 자력갱생, 자립적 발전의 메커니즘이 중요한 정책수단이 된다. 또한, 지역적 사업연계 등이 지역의 정체성을 지키는 경제기반이 된다.

쓰루미 가즈코鶴見和子(1989)는 '발전'이라는 개념의 계보를 참고하면서 내발적 발전을, ① 정신적 각성과 지적 창조성을 통하여 사람들이 사회변화의 주체가 되는 것이 가능하다, ② 다양성이 풍부한 사회변화의 과정이며, 발전에 이르는 경로나 목표를 실현하는 사회의 모습 등은 각각의 지역민이 고유의 자연생태계에 적합하고, 문화유산전통을 토대로 자율적으로 창출시키기 위한 다양한 계통적 발전이 된다, ③ 내발적 발전의 단위로서의 지역은 '장소', '공통의 유대관계', '상호작용'의 세 가지 요소로부터 성립즉. 지역이라는 것은 정주자와 방문자 등이 상호작용하는 것에 의해 새로운 공통의 유대관계를 창출하는 가능성을 가진 장소이다한다는 특징이 있다.

이러한 내용을 바탕으로 표 9-2의 창조농촌에 대하여 이해해 보면 다음과 같다.

먼저, 창조성의 원천을 '생활문화'로, 인터페이스를 '일상생활'로 하는 것은, 아미노 요시히코網野善彦(2001)가 제시한 '백성百姓'이라는 용어의 의미와 상통할 것이다. 즉, 본래 농민은 100개의 성씨가 있다고 알려져 있는 바와 같이, 다양한 일을 혼자서 할 수 있는 존재이며, 자급자족을 기반으로 생산과 생활을 통일시켜 왔다. 다양한 일에 관계하면서 지혜와 방안이 만들어짐과 동시에 자연에의 경외심도 스스로 성장시켰다. 그리고 기본적인 욕구를 충족함으로써 행복을 이끌어내고 전인적 발전이 이루어졌다고 판단된다.

다음으로, 인재를 '커뮤니티'로서 의미 부여하는 것은 쓰루미가 ③에서 언급한 바와 같이, 장소·공통의 유대관계·상호작용의 3개 요소로부터 성립된 지역을 내발적 발전의 단위로 취급하는 것과 상통한다. 다시 말하면, 정주자와 방문자와의 상호작용에 의해 지역에서 생활하는 사람들에게 동기부여가 됨과 동시에 지역의 정체성이 확립된다는 점과, 그 과정에서 정신적 각성과 지적 창조성을 통하여 사람이 사회변화의 주체가 되어가는 가능성도 많아질 것이다. 이러한 결과로서, 참가와 협동의 시스템을 창출하고 개개의 지역에 기반을 둔 다양한 계통적 발전으로 이어질 것이다. 이러한 점은 사회포섭의 대상을 '한계취락'으로 한 점과 상통하고, 근대화의 과정에서 일본이 거점 개발방식을 추진하여 농촌을 방치해 온 문제를 해결하는 실마리가 될 것으로 생각된다.

단, 경제시스템을 '지산지소地産地消'라고 표현한 점은 재검토가 필요할 것이다. 왜냐하면, 지역 내 산업연계를 위해서는 지산지소로는 충

분하지 않은데, 예를 들면 지역 식자재를 사용하는 레스토랑은 부가
가치를 높임으로써 방문자를 불러모으고, 또한 방문자가 다른 방문자
를 데리고 오는 것과 같은 전개가 필수불가결이기 때문이다.

　이상과 같은 내용을 바탕으로 다음 절에서는 사사야마시에 있어서
창조적 문제해결을 위하여 다양한 사업을 전개하고 있는 NOTE의 실
천을 소개한다.

지역과제를 창조적으로 해결하려는 시도

커뮤니티에서 동력을 이끌어내는 시도 : 마루야마 취락

　중심부에 위치한 사사야마시청에서 북쪽으로 자동차로 약 7분 거
리에 있는 마루야마 취락은 사사야마 성하마을의 수원지水源池이며, 미
타케사사야마에 있는 산를 향해 흐르는 구로오카천黑岡川의 협곡 줄기에 가
옥이 위치하고 있다.

　농지와 마을 산을 배경으로 건물이 나란히 서 있는 중후한 가로경
관과 돌담, 이들과 일체화된 백색 벽의 창고 등 존재감 있는 전통 민
가군이 아름다운 경관으로 보존되어 있다. 원래는 1749년에 취락 남
동쪽의 경작지역으로부터 사사야마성의 수원지를 보호하기 위하여
이주해 온 것이 취락형성의 시작이라고 전해진다. 1883년에는 민가
11호가 건축되었고, 50명남녀 각 25명의 주민이 거주하였다는 것이 확인
되었는데, 1955년경부터 일자리를 찾아서 시나 현 밖으로 나가는 사
람이 많아졌다.

　2007년의 취락거주자는 5세대 19명남성 7명. 여성12명으로, 총 12개동

중 10개동이 억새로 이은 지붕함석피복의 오래된 민가인데, 이 중에서 7개동이 빈집이 되어 경관 및 생활환경 유지·계승이 문제가 되고 있다. 이러한 상황에서 2007년에 1개동의 개수공사가 이루어진 것이 계기가 되어 건축 및 경관 전문가가 가능성을 발견하여 그 다음 해부터 '마루야마丸山 프로젝트'를 발족하게 되었다. NOTE, 효고단바의 산림협회, 건축가 등이 지역주민과 여러 차례에 걸쳐 이야기를 나누어, 취락의 미래상 공유를 도모설명회, 워크숍, 학습회 등 총 14회 실시하였던 것이다.

그 결과, 사용하지 않는 개인자산은 지역의 공유재산이라는 인식 하에 국토교통성의 보조사업이나 효고현 소규모 취락 건강작전사업 등을 활용하여, 7130만 엔의 비용공사비 6533만 엔, 기타 597만 엔을 들여서, 빈집 중에서 건축된 지 150~160년이 경과된 민가 3개동1개동은 개수 1년 반 후에 소유자에게 반환을 숙박시설로 개수하였다. 그 후에 취락에 설립한 NPO법인 취락 마루야마와 NOTE가 공동으로 유한책임 사업조합LLP을 설립, 2009년 10월에 민가 숙박시설 '취락 마루야마'를 개업하였다.

취락 마루야마는 소바蕎麥정식의 '로안마츠야마ろあん松山'와 사토야마 브런치의 '히와노조ひわの蔵'가 식사를 제공하는 오베르주* 형태로 되어 있고, 개별 동 숙박시스템을 채용하고 있다. 숙박 희망자에게 농촌의 생활체험과 더불어 다양하게 느낄 수 있도록 하기 위한 것으로 생활 투어리즘을 구현화한 것이라고 말할 수 있다. '아무것도 없는 곳'이라고 생각했던 취락이 관점을 바꾸어 보면 '도시지역에서 등한시 해온 중요한 것이 있는 곳'이 되는 것이다. 최근에는 단바현민

---
* '오베르주'라는 용어의 발상지는 프랑스로, '교외나 지방에 있는 숙박시설을 겸비한 레스토랑'을 뜻함.

국丹波県民局과 연계하여 도시지역의 젊은 여성을 대상으로 한 농작물 심기 또는 농지관리, 수확축제 등을 통하여 지역주민과 교류하는 그린 투어리즘도 실시하여 호평을 받았다고 한다.

취락 마루야마 대표인 사고다 나오미佐古田直実는 '처음에는 도저히 무리이다. 목적지를 알 수 없는 배를 타는 것과 같다고 생각했었는데, 몇 차례에 걸쳐 이야기를 나누어가는 과정에서 신뢰관계가 형성되었고 해보자라는 생각이 들었다. 실제로 운영을 시작해 보니, 각지에서 많은 사람이 와 주었고, 우리의 시야도 넓어져 '좀 더 공부해서 보다 좋은 서비스를 제공할 수 있다면 …'이라고 생각하게 되었다'라고 말한다. 긴노는 '사업 파트너로서 함께 함으로써 커뮤니티가 활력을 회복하길 바란다'라고 말한다. 이와 더불어 숙박자 수는 2009년 10월 개업한 이후 2013년 4월까지 총 2882명에 이르며, 미국, 영국, 오스트레일리아, 프랑스, 한국, 베트남에서도 숙박객이 방문하고 있다. 한계취락이라고 인식되었던 곳에서 지역 내외의 교류가 일어나게 되고, 그곳에 살고 있는 사람들의 의욕을 이끌어낸 것은 모든 과제해결을 위한 커다란 첫걸음이라고 생각된다.

방문객을 정주자로 만드는 코디네이트① : 후쿠주 지구

사사야마시의 동부, 니시쿄우 가도를 따라 약 3.2km에 걸쳐 있는 후쿠즈미 지구는 2012년 12월에 사사아먀시에 있어서 두 번째로 중건 전지구로 선정되었다.[10] 대상 지구는 후쿠즈미 지구의 후쿠즈미, 가와라川原, 야스구치安口, 니시노노西野々의 각 일부가 포함되어 있고, 후쿠주는 에도 시대에 역참마을宿場町로 발달하였으며, 가와라, 야스구치,

니시노노는 역참의 기능을 보완하는 농촌취락이었다고 한다. 약 3㎞
에 이르는 가도에 역참도시와 농촌취락이라는 두 개의 역사적 풍경이
공존하고 있는 가로경관이 전국적으로 희귀하고 중요하다는 점에서
선정되었던 것이다.

이 지구에서 NOTE와 그 관계자는 10동의 빈집활용에 관련하고 있
으며, 150년된 오래된 민가를 개수한 이탈리아 가정요리점 '트랏트리
아·아르·라그'는 고베로부터 이주한 가네이 쇼지兼井昌二·에이코英子
부부가 운영하고 있다. 글래스 작가인 세키노 료関野亮·유우ゆう 부부
또한 후쿠즈미로부터 이주하여 가도에서 조금 떨어진 장소의 예전에
JA농업협동조합의 창고였던 곳을 유리공예 공방 'SORTE GLASS'로 개수
하였다. 세키노 료는 국제공예전에서 입선을 수상한 적이 있으며,
2010년에 일본 전통공예 긴키近畿전에서 신인장려상을 수상하는 등
높은 평가를 받고 있다.

이들 부부는 친구가 살고 있는 오사카大阪府 노세能勢에서 농사일을
도와주고 있던 가운데, 자연이 풍부한 장소에서 창작활동에 전념하고
싶다는 생각이 들어 공방개설 장소를 노세에서 찾게 되었다고 한다.
좀처럼 좋은 장소를 찾지 못해 어찌할 바를 모르던 중, 우연히 NOTE
의 관계자와 만나게 되면서 사사야마에서 몇 건의 물건物件을 보게 되
었다. NOTE와의 교류를 통하여 생활 서포트 체제가 잘 정비되어 있
다고 느끼고 2012년에 후쿠주로 이주하였다. 이들 부부의 창작활동의
근저에 있는 것도 근대사회에 대한 의문이며, 세키노 료는 '대량생
산·대량소비·대량폐기의 현대사회에 강한 위기감을 느끼고 있으
며, 좋은 것을 지속적으로 소중히 사용해가는 생활을 회복할 필요성
을 느끼고 있다. 이러한 생활이야말로 인간이 풍요롭게 살아가는 것

이며, 이를 위하여 우리는 보다 좋은 것을 만들려고 신경 쓰고 있다'
라고 한다.

또한, '공방개설만이 아니라, 주거 또한 후쿠주의 오래된 민가로 옮
겼다. 실제로 살아보고 느끼는 것은 후쿠주 사람들의 따뜻함이다. 예
전부터 역참도시여기 그런지 외부사람에게 친절히 대해주어 고맙다.
독립해서 생활을 영위하는 것이 불안하지 않다고 하면 거짓말이지만,
이러한 점은 사사야마에서도, 오사카에서도 마찬가지. 자신을 믿고,
스스로 해나갈 수밖에 없기 때문에 환경이 좋은 사사야마를 선택하여
다행이다'라고 말한다.

세키노 부부뿐만이 아니라 전통음식 공방, 음향기기 공방을 경영하
려는 사람들이 후쿠주 지구에 모여들게 되었다. 질 높은 물건 만들기
와 정중하게 손님을 접대하고 싶어 하는 사람들이 이주해 오고 있던
것이다. 이와 같이, 사람들의 생활과 생업에 뿌리내린 문화를 남기고
있는 지역은 자연환경의 훌륭함만이 아니라, 인간의 생활영위의 기반
이 되고 있는 것을 공감할 수 있는 사람들, 예를 들면 대량생산이나
대량소비에 의문을 느끼고 있는 사람들을 유인하는 자산이 될 수 있다.
따라서 코디네이트할 수 있는 힘을 가진 조직의 존재가 열쇠가 된다.

귀촌인을 정주자로 만드는 코디네이트② : 히오키 지구

사사야마성 유적에서 동쪽으로 약 6㎞에 위치하는 히오키日置 지구
는 오래전부터 교토에서 서쪽방향으로 요충지였기 때문에 상업도시
로 발달하였다. 지금은 농촌지역이기도 하며, 단바의 특산품으로 유
명한 '검은콩'의 발상지이다. 더욱이, 전술한 바와 같이 '단바의 기온'

이라는 애칭으로 불리는 호호카베 신사, 933년에 교토의 이시키요미
즈 하치만큐우石清水八幡宮에서 분령分靈되어 창건한 이소노미야하치만磯
宮八幡 신사 등 역사적인 신사 불각佛閣도 있다.

　이러한 히오키 지구에 2011년 3월 말, 에도 시대 말기에 건설된 쇼야
야시키庄屋屋敷*와 창고, 그리고 다이쇼 시대1912-1926부터 쇼와 시대
1926-1989에 걸쳐 건설된 3동의 창고를 개수한 복합판매시설 'sasarai'11
가 개관하였다사진 9-3. 개관하게 된 계기는 이 건물에서 산채里山旬菜요
리점 '사사라이'를 운영하였던 후지오카 도시오藤岡敏夫가 노세의 대표이
사 긴노와 만나게 되면서이다.

사진 9-3 sasarai

---

*　　쇼야(庄屋)는 에도 시대 마을행정을 관장했던 수장으로, 우리나라의 이장에
　　해당하며, 야시키(屋敷)는 일반 농가주택보다 조금 더 큰 규모의 저택을 의
　　미함

후지오카는 예전에 고베에서 베이커리를 운영하던 파티시에였다. 20년 이상 제과류를 만들어오다가 어묵오뎅의 심오함에 매료되어 결국 아시야芦屋에 '아시야라쿠젠芦屋楽ぜん'이라는 점포를 개업하게 되었다. 어묵식재 자체의 풍미를 충분히 이끌어내면서 스타일리시하게 담아낸 어묵은 기존의 어묵에 대한 이미지를 깨뜨린 것이었다. 단골 고객에게 사랑을 받아 순조롭게 운영되었는데, 40대에 들어서 '야채 산지에서 살면서 장사를 하고 싶다'라는 생각이 점차로 강해졌다. '소재에 연연하면 연연할수록 간토 지방이나 도후쿠 지방 등 먼 곳에서 재료를 조달하게 된다. 식재의 운송거리를 생각하면 환경에도 좋지 않다'라고 생각했기 때문이었다. 이러한 점에서 체력이 가능한 동안에 준비를 하고자 생각하고, 비교적 가까웠던 사사야마를 방문하였다.

처음 방문한 곳은, 마루야마 취락에 있는 소바정식의 '로안마츠야마'이었다. 로안 마츠야마는 1998년에 아키타현 출신의 마츠다 후미타케松田文武·게이코敬子 부부와 가족이 이주해 와서 운영하고 있는 점포로, 〈미슐랭가이드 2012〉에 특히 맛있는 요리로 소개될 만큼 매우 인기가 있다. 후지오카는 단지 잠시 분위기를 알고 싶은 정도였으나, 식사 후 그냥 '장사를 할 장소를 물색하고 있다'라고 하자, 마츠다 부부는 '좋은 사람을 소개할테니 프로필을 보내줘'라고 했으며, 이야기가 순조롭게 진행되어 긴노에게 여러 물건을 소개받았다.

그 중 히오키 지구의 쇼야야시키庄屋敷가 마음에 들었는데, 급작스럽게 진행되는 점과 규모가 약 200평으로 너무 넓다는 점에서 고민도 했었다고 한다. 그러나 후지오카가 결심하게 된 것은 이곳에서 만났던 사람들의 매력과 지역 전체의 분위기가 좋았기 때문이다. 쇼야야

시키에 면해 있는 가로 양측에는 주민들이 여러 가지 가꾸고 있는 꽃
들이 피어 있었고, 경관을 지켜가는 것에 행정 또한 열심히 노력하고
있다는 점을 알게 되었다. '관광지화해서 단순히 활력을 만들어가는
것이 아니라, 오래전부터 계승해 온 문화와 경관을 주민 스스로가 지
켜가려고 하고 있다. 본질적인 맛으로 승부하기에는 여기가 안성맞춤
이다'라고 생각했던 것이다.

이렇게 생각했기에 후지오카는 건축물을 개수할 때에도 가능한 있
는 그대로의 모습을 남기려 하였다. 예를 들면, 점포 내의 흙벽이 검
게 그을려져 있으나, 이것은 흙벽 속에 철분이 녹이 슨 결과라고 한
다. 음식점으로서는 백색으로 칠하는 것이 좋은 인상을 줄 수 있지만,
건물의 역사를 느끼게 하고자 그대로 두었다. 또한, 요리를 담는 그릇
은 창고에서 발견한 100년 이상이 된 구타니 자기九谷燒*와 와지마 칠
기輪島塗**의 식기로 하였다. '이 그릇들에 부끄럽지 않게, 스스로에게
솔직한 식재를 사용하고 품위있는 요리를 만들고 싶다'라고 말하고 있
는 후지오카는 히오키로 이주하여 가장 처음 구입한 것은 밀짚모자와
장화라고 한다. 매일 아침, 근처 농가의 밭에 들어가, 시장에 출하되
지 않는 야채 등을 시험 삼아 조리하는 것이 즐겁다고 한다.

후쿠즈미의 사례와 마찬가지로, 코디네이트할 수 있는 NOTE의 활
동에 의해 sasarai가 탄생하였다. NOTE는 그 후, 히오키 마을만들기
협의회 및 sasarai 등과 협력하여 세계적으로 활동하고 있는 바이올
리스트를 초청하여 이소미야하치만磯宮八幡 신사 봉납奉納공연을 개최

---

*   구타니 자기는 일본 이시카와현의 가나자와시, 고마츠시, 가가시, 노미시
     (能美市) 등에서 생산되는 자기이다.
**   와지마 칠기는 일본 이시카와현의 와지마시(輪島市)에서 생산되는 칠기이다.

하는 등 히오키 지구의 활성화에도 지속적으로 관련하고 있다. 지역
주민이 주체가 되고 지역자산 등을 이용하여 부가가치를 만들어내면
서 지역문화를 발전시켜가려는 시도이며, 내발적 발전의 시초이라고
말할 수 있다.

기술을 전승하는 동적(動態的) 보존 : 오타다 지구

사사야마시 번화가의 남동쪽에 위치하는 오타다小多田 지구에서는
영농인이 부족하여 경작포기 농지가 증가하고 있다는 점에서, NOTE
와 오타다 생산조합이 협력하여 억새지붕의 민가를 개수改修하여 신
규 취농 희망자의 체험연수의 장을 운영하게 되었다. 개수할 민가로
선택한 것은 함석으로 덧씌운 억새지붕의 건축된 지 약 110년이 지난
전통민가이다. 억새지붕이 함석으로 덧씌워진 이유는 사회생활의 변
화에 따라 자급자족적인 전통적 생산시스템이 붕괴한 점, 취락주민
이 협력해서 억새지붕의 억새를 새로 엮는 관습이 없어졌다는 점 등
을 들 수 있다. 또한, 주민들이 근대화에 따라 '억새지붕은 시대에 뒤
떨어진 것'이라는 인식을 갖게 된 점도 커다란 이유일 것이다. 함석
지붕의 피복을 벗겨내고 억새지붕을 새로 교체하기 위해서는 먼저 억
새또는 갈대밭을 재생하여 억새 등을 재배하고, 오래된 억새를 내려서
밭에 깔아 비료로 사용하며, 새로운 억새를 베어 지붕에 올리는 '억
새의 순환'이 필수불가결하다. 그리고 이와 같은 순환이 가능한 생활
은 자연의 은혜를 받은 풍요로운 삶이라는 가치관과 갖가지 생활지혜
를 가지고 있는 사람의 존재 또한 필수불가결하다. 이러한 관점에서
NOTE는 '오우고淡河 억새지붕보존회 구사칸무리'의 대표를 맡고 있는

억새지붕 장인匠人 사가라 이쿠야相良育弥의 협력을 얻어 함석지붕을 걷어내고 억새지붕으로 복원하였다.

그리고 2013년 4월부터 취농 희망자정원 5명 정도를 모집하여 개수한 전통민가에서 1년간 공동생활을 하면서 지구 내 경작지에서 농업연수 공동생활 중에는 초가지붕의 수선도 포함하여 연수를 하게 하고, 이후 사사야마시내에서 농업을 영위하게 하였다.

사가라는 오래 전부터 미야자와 겐지宮沢賢治*를 동경하여 농민이 되는 것을 목표로 하였으나, 미곡생산 억제정책減反政策에 의하여 단념하게 되었다. 그때 우연히 만난 억새지붕 장인인 스승으로부터 '억새지붕은 농민의 기술로 이루어져 있다'라는 말을 듣고 제자로 들어가게 되었다. 결국, 억새지붕은 단순히 주거의 일부로서 존재하는 것이 아니라 농민이 긴 세월을 걸쳐 만들어온 농업순환 사이클의 기술 또는 고대로부터 지속적으로 이어져 온 살기 위한 지혜의 결정체로서 존재하는 것이다.

사가라는 오타다의 억새지붕을 재생할 때 일부러 일부분에 오래된 억새를 남겼다. 이곳에 생활하는 사람이 매년 지붕을 수선하기 위하여, 자신 스스로 억새밭을 재생하여 억새를 재배하는 일련의 사이클을 체감할 수 있는 '여백'을 남겨두고 싶었기 때문이었다. 긴노는 '이 여백 수리에 손이 많이 가기 때문에 귀찮다고 부정적으로 생각하지 말고, 지혜를 전승할 수 있다고 긍정적으로 생각함으로써 전통민가 재생의 새로운 가능성을 볼 수 있지 않은가?'라고 말한다. 결국, 각각의 토지와 건물에 깊숙이 감추어진 것을 하나하나 풀어내가는 과정으

---

*　　20세기 초의 일본 시인, 동화작가로서 주로 향토를 사랑하는 민족주의적 관점의 작품을 남기고 있다.

로, 관계된 사람들이 늘어남으로써 공간이 가진 풍요로움과 기술이
전해져 가게 되는 것이다. 따라서 자원의 동적인 보존과 활용에는 사
람들이 참여할 수 있는 협동시스템을 구축하는 것이 중요하다고 생각
된다.

각각의 지역에서 가장 적합한 해답을

'창조농촌'의 구현화를 목표로 하는 NOTE의 실천은 지역에 있는
자산을 단지 보존하는 것만이 아니라 그 가치를 드러내어 방문객을
오게 하는 시스템을 주민과 더불어 구축해가는 점이 특징이다. 이를
위하여 정보발신에도 힘을 쏟고, IT나 그래픽 디자인 기술을 가진 스
태프를 필요로 한다.

최근에는 활동범위를 넓혀 근처에 잇는 효고현 아사고시朝来市와 도
요오카시豊岡市에 잔존하는 역사적 건조물의 개수에도 뛰어들어[12], 관
광객이 머물며 즐길 수 있도록 면적확대를 도모하고 있다. 각각의 고
유자원을 살리면서 상승효과가 나타날 것을 기대하고 있다.

NOTE의 활동에 관해 긴노는 '사업계획 및 내용은 그 지역자원리소스
과 사람인재에 의존하기 때문에 각각의 응용된 문제이고, 수작업의 작
품이다'라고 말하며, 그렇기 때문에 '성공사례의 사업내용을 그대로
다른 지역에 이식하는 것은 불가능하다'라고 말한다. 각각의 지역에
있는 자원과 인재에 적합한 최선책을 이끌어내고 실패를 두려워하지
않고 전례에도 속박되지 않은 새로운 도전을 하기 때문에 모든 문제
에 대한 창조적 해결이 가능할 것이다.

NOTE의 실천은 시작한 지 얼마 되지 않은 것으로 중장기적 성과를 냉정히 분석할 필요가 있지만, 다양한 교류성과가 지역에 뿌리 내릴 가능성이 높다고 생각된다. 각각의 취락지역별로 문제해결을 도모해 가는 노력은 다계적多系的 발전의 좋은 사례라고 말할 수 있다.

이상, 사사야마시에 있어서 NOTE의 활동을 축으로 한 창조농촌으로의 태동을 살펴보았는데, 여기서 확인할 수 있는 것은 귀촌정주자라고 말할 수 있는 NOTE의 대표 긴노가 사사야마의 잠재되어 있는 자연과 문화자산의 가치를 재발견하고, 그것을 발신하는 것에 의해 새로운 음식문화나 공예의 창조적 인재를 사사야마에 유치하여 정착시키며, 동시에 이를 위한 창조공간으로서 빈집을 개수하는 형태를 제공하고 있는 것이 사사야마시의 창조농촌화를 향한 추진력이 되고 있는 것이다. 즉, 창조농촌을 실현하기 위해서는 NOTE와 긴노와 같은 귀촌정주자의 역할이 매우 중요하다고 생각된다.

〈주〉

1. 중심부의 중전건지구에는, 사사야마성 유적, 오카치정(御徒士町) 무가(武家)주택군, 가와라정(河原町) 쓰마이리 상점군이 포함된다.
2. 국가의 중전건지구는 전국 106지구, 효고현 내 4지구, 사사야마시 내 2지구이다. (2013. 10. 현재)
3. 메이지 시대가 되어 가스가(春日) 신사 가극무대에서의 가극회는 거의 개최되지 않았는데, 후술한 바와 같이 1973년에 나카니시 도오루(中西通) 등의 지역유지가 가극을 부활시켰다. 행정과 상공회 등이 포함된 멤버로 조직한 사사야마 가극 실행위원회는 현재, 나카니시 가오루(中西薰)가 위원장을 맡고 있고, 지속적인 가극무대의 발전과 보호를 위하여 노력하고 있으며, 1998년에는 퇴화된 가극무대 배경(소나무 그림)의 수복(修復)을 전통적 기법으로 실시하였다.
4. 그 후, 새로운 지정관리자를 히메지시(姬路市)의 주식회사 Dream way로 결정하고, 2013년 4월에 리뉴얼 오픈하였다. 예전부터 기획·운영에 관련해 왔던 지역주민에 의한 뮤지엄 클럽도 공동운영자로서 관계하고 있다.
5. 문화청이 2008년도에 창설한 '화재 종합적 파악 모델사업'에 사사야마시가 응모하여 전국 20개소(25개 시정촌) 중에서 1개시로 채택되면서 발단이 되었다. 3년간에 걸쳐 '일본의 원(原) 풍

경 사사야마'의 구성요소가 되는 문화재를 정확히 조사·파악하고, 관련 전문가와 시민들이 논
의를 거듭하여 보존·활용방안에 관하여 검토하였다.
6. 일본의 원 풍경은 자연, 역사, 문화의 총체로서 의미를 지니고 있다. 사사야마시에서는 넓게
펼쳐진 농지 가운데 농촌문화가 살아 숨 쉬는 취락이 드문드문 입지해 있으며, 근세기에 형성
된 구 가로에 위치하는 가도(街道)취락에서는 성하마을의 영향을 받으면서 가로 문화를 발전
시켜왔다. 더욱이 농촌취락과 가도취락이 결합된 것과 같이 정치와 문화를 중심인 성하마을이
위치하고 있다. 이것들이 유기적으로 관계되어 고유의 역사적인 가로경관과 전원풍경이 현재
까지 계승되고 있는 사사야마시의 풍경은 바로 '일본의 원 풍경' 중 하나의 전형을 이루는 것이
라고 생각된다.
7. NOTE의 홈페이지(http://plus-note.jp/note/)에서 발췌·편집
8. 농업 이외의 직종(회사 근무 등)으로 수입을 얻고 있는 농가 중, 농업에서의 수입이 전 수입의
50% 이하의 농가로서 세대원 중에 1인 이상의 겸업 종사자가 있는 농가를 의미한다.
9. 창조도시의 정의, 즉 '인간의 창조활동의 자유로운 발휘를 토대로 문화와 산업에 있어서 창조
성이 풍부하며, 동시에 탈 대량생산의 혁신적이고 유연한 도시경제시스템을 구축한 도시'이며,
'세계적인 환경문제와 지역사회의 과제에 대하여 창조적 문제해결을 행할 수 있는 '창조의 장
(場)'이 풍부한 도시'(사사키 2001, 2002)를 바탕으로 한 정의이다.
10. 복수의 중전건지구를 가진 시정촌은 전국에서 14개소, 간사이 지방에서는 교토시에 이어 사
사야마시가 2번째이다.
11. 본문에서 소개한 산채요리 '사사라이'를 시작하여, 아시야 프린 '토앗세(とあっせ)', 자연소재
의 옷과 수작업 'mokono', 워크숍 스페이스가 있다.
12. '천공의 성'으로 유명한 다케다성 유적의 기슭에 2013년 10월, 400년 역사가 있는 구 기무라
(木村) 약조장이 복합 상업시설「EN」으로 새롭게 태어났다.

〈 참고문헌 〉

아미노 요시히코 (2001) 『역사를 생각하는 힌트』 신초샤
일반 사단법인 NOTE (2012) 『NOTE 2012』
사사키 마사유키 (2001, 2012) 『창조도시로의 도전』 이와나미쇼텐
사사키 마사유키 (2012) 「문화자원으로서의 문화경관과 창조도시」 『季刊 경제연구』 제34권 제3
    4월호
사사야마시·일반 사단법인 NOTE (2012) 『제2회 창조농촌 워크숍』
사사야마시 교육위원회(2009) 『사사야마시 후쿠주지구 전통적 건조물군 보존대책조사 보고서』
사사야마시 교육위원회(2011) 『사사야마시 역사문화 기본구상』
츠루미 카즈코 (1989) 「내발적 발전론의 계보」 쓰루미 가즈코·가와다 아키라 편 『내발적 발전
    론』 도쿄대학출판부
니시카와 준 (1989) 「내발적 발전론의 기원과 오늘의 의의」 쓰루미 가즈코·가와다 아키라 편 『내
    발적 발전론』 도쿄대학출판부
효고현 교육위원회 (2008) 『단바의 오니야마 제례』
미야모토 겐이치 (2000) 『일본사회의 가능성』 이와나미쇼텐
미야모토 겐이치 (2006) 『유지가능한 사회를 향해서』 이와나미쇼텐
미야모토 겐이치 (2013) 『도시와 농촌의 대립과 융합』 테라니시 준이치·이시다 노부타카 편저 『농

림수산업의 미래를 열다』추오케이자이샤

요네야마 토시나오 (1989) 『작은 분지 우주와 일본문화』 이와나미쇼텐

콘노 유키오 (2013) 「빈집활용과 지역재생」(47페이지 저널 기고문)

http://www.47news.jp/47gi/latestnews/2013/04/14/1436010.html

사사야마시	
기초 데이터	면적 : 377.61㎢(동서길이 30km 남북길이 20km) 표고 : 205m(사사야마시청) 임업율 : 75% 총인구 : 43.9천인 세대수 : 16.9천 세대 고령화율 : 29% 연소(年少)인구율 : 13% 인구감소율 (2010/1970) : ▲0.4% 액서스 : 전철 / 오사카역에서 약 1시간, 자동차 / 오사카에서 약 1시간 교육 : 유치원 / 14개(525인) 초등학교·중학교 / 22개(3,452인) 고등학교 / 4개(1,518인) 의료 : 병원 4개(441침대), 진료소 49개(중 치과는 16개) 마을센터 : 6개 도서관 : 1개 산업 : 사무소 수 2,228개(종업원 수 18,121인) 제1차 13%/제2차 27%/제3차 60%
합병 등 변천	1999년 사사야마정, 세이키정, 탄난정, 이마다정의 4개정(町)가 합병되어 사사야마시가 발족 하였고 현재에 이름
지역자원	· 단바 사사야마 브랜드(검은 콩, 고구마, 밤, 버섯, 차) · 중요 전통적 건조물군 보존지구(후쿠주지구, 사사야마 번화가지구) · 전통적 생활문화, 공예(억새지붕, 단바 도자기) · 전통예능, 축제(단바의 기온, 단바의 엔락쿠 발상지)
마을만들기 기본개념	· 활력 있는 산업을 발전시키고, 마을자원을 살리는 마을 · 전원경관과 전통행사의 계승과 새로운 문화를 가꾸는 마을 · 마음이 풍요로운 사람을 키우고, 양육하기 좋은 마을 · 안전하고 새활환경이정비된 마을 · 시민이 주역, 시민이 주체로 만들어 가는 마을
지역문화진흥 등의 특징적인 시행사업	· 사사야마 마을만들기 보존회의 활동 · 피해가옥의 부흥·활용, 방재에 관한 노력 · 단바 사사야마 가로경관 아트 페스티벌 · 대나무 숲정비 · 사사야마 어린이 박물관 · '창조농촌' 워크숍 · 「농업의 도시」 프로젝트 · 「음식의 도시」 프로젝트 · 창조도시 네트워크 추진사업 · 중요 전통적 건조물군 보존지구 보존수리사업
특징적인 조례 등	· 사사야마시 자치기본조례(2006) · 사사야마시경관조례(2010) · 사사야마시 마을만들기 조례(2010) · 사사야마시 환경 기본조례(23010)
문화예술 교류거점, 창조적 거점 등	사사야마시민센터(사사야마시민 프라자), 사사야마 어린이 박물관, 전통민가 숙박시설 「취락 마루야마」
이 책에서 사례로 소개한 창조적인 노력을 하는 단체, NPO 등	일반 사단법인 NOTE, NPO법인 취락 마루야마, 사사야마시 창조도시 추진위원회, 공익 재단법인 효고단바 산림협회
산학민 연계·교류	고베대학과 연계협력 협정체결
특기사항	· 제2회 창조농촌 워크숍 개최지(2012. 10) · 문화청장관 표창 [문화예술 창조도시 부문] 수상(2008) · 문화청 문화예술 창조도시 모델사업 채택(2010) · 창조도시 네트워크 일본에 가맹

인구, 세대수는 2013년 10월, 면적 등은 세계농업연구조사(2010), 취업·인구구조는 국세조사(2010), 교육·의료·산업
은 정부통계 e-stat, 지역자원 등은 각 시정촌·총무성·문화청 홈페이지를 참고했다.

｜ 나카노조정 ｜
과소 마을이 재생엔진으로
선택한 현대예술

이리우치지마 미치타카(入內島道降)   chapter 10

　창조농촌이라고 하는 개념에 이르기까지는 우여곡절이 있었고, 곧바로 거기까지 도달한 것은 아니다. 우연과 필연의 결과라고 하면 이상하지만 그러한 기분이 든다. 정町의 수장에 취임했던 당시의 상황부터 설명하고, 현대예술과의 만남, 예술 이벤트의 개최, 그 결과 크리에이티브한 사회를 지향하기까지 도달한 경위, 또 그로 인하여 분명해진 과제에 대해 기탄없이 이야기하고자 한다.

헤이세이 대합병과 나카노조

이루지 못한 합병 '촌' 구상

　내가 수장으로 취임했던 것은 2004년 1월로 삼위일체의 개혁과 헤이세이 대합병이 한창이었다. 약간 냉정함을 잃기 쉬운 여론에 영향을 받고, 이전과 같은 마을 만들기로는 해나갈 수 없게 될 것이라는 위기감이 만연하여 많은 시정촌이 그 타개책을 합병에서 찾고자하는

상황이었다. 그러나 합병에서 해결의 실마리를 구한 나머지, 합병하
면 살아남지만 합병하지 않으면 살아남지 못한다는 논리에 아무런 의
문도 없이 이행해버리는 느낌이 있었다. 이것은 어떤 의미에서 모순
되어 있다. 결국 합병은 원래 지방분권사회를 추진해 가는 실마리이
며 자주자립에의 길에도 관계없이 합병이라고 하는 국가의 방침에 따
르면 살아남고, 그렇지 않으면 파산한다고 하는 생각으로 여전히 국
가의존으로부터 빠져나오지 못하는 체질이었다. 결과, 지방자치의 한
계를 드러내게 된 것은 아닌가하고 생각한다.

또, 좀 더 깊이 생각해보면, 합리화·효율화 일변도에서 과연 정치
가 잘 기능할까하는 것도 생각하여야 했지만, 그러한 의논이 싹트는
토양도 세계화globalization 앞에서 모두 없어졌다.

나는 취임 초기였지만, 아가쓰마군吾妻郡의 동부 4개정촌의 법정 합
병협의회 회장이 되어 이 합병에 몰두하게 되었다. 그러나 합병이라
는 개념이 원래 도시형 지자체, 즉 효율성이나 합리성과 같은 것을 전
제로 하고 있기 때문에 농촌형 지자체에는 무리가 있었다. 도시가 제
한된 면적에 많은 사람이 산다는 것을 전제로 하고 있는데 대하여 농
촌은 광대한 면적에 적은 사람이 산다는 전혀 다른 전제조건에 있음
에도 불구하고 인구규모라고 하는 단면만으로 해결해 가고자 했던 점
에 헤이세이 대합병의 한계가 있었기 때문이다. 그러나 놀란 것은 대
부분의 농촌이 영원히 미래가 있다고 믿고 있다는 것이다. 중심 시와
주변 정촌의 합병이라고 하는 케이스는 아직 그렇지는 아니하지만,
과소 정촌 간의 합병 케이스로 도시화를 전제로 합병한다는 것은 나
에게는 웃음거리로밖에 보이지 않았다.

그래서 나는 아예 이 법정 합병협의회에 있어서, 합병 '촌村' 구상을

제시하였다. 결국, 농촌이 지속적 가치를 만들어내는 유일한 방법은
그 본래의 입장으로 되돌리는 것이라고 생각했기 때문이다. 농촌이
도시를 목표로 하면 할수록 그 특성을 잃어버리고, 가치 없는 지역으
로 빠져들 수밖에 없다고 생각했기 때문이다. 그러나 농촌사회에 있
어서 주민의 '촌'에 대한 생각은 마이너스 요인뿐이고, '도시'야말로
전부라고 하는 생각을 변화시킬 수는 없었다. 과소 역사의 원인은 농
촌사회에 있으며, 도시화로의 실패야말로 최대의 요인이기 때문에 그
헤이세이 대합병은 도시화를 위한 최후의 기회라고 생각하는 사람들
이 압도적으로 많았다. 여기에 이르러서도 '지금이라고 생각하는가'라
고 하는 부끄러운 생각이었다. 유감이었지만 나의 '촌' 구상은 사라지
고, 이 합병도 정리되지 못하였다'. 역사에 만약이라는 것은 없지만,
만약 가정으로 합병 '촌'이 탄생하였다고 하면 일본에서 두 번째로 큰
촌이 탄생하고, 헤이세이 대합병에 파문을 일으키고 '촌' 사회의 재고
로 이어졌다고 생각한다. 새로운 발상은 단순히 기발한 생각으로밖에
보여지지 않을 수 있다는 것을 새삼 느꼈다.

　　나카노조정의 마을만들기는 도시의 '기능미機能美'에 대한 농촌의 '생
활미生活美'를 어떻게 끌어내어 갈까하는 것에 최선을 다해야한다고 나
는 생각하고 있다. 그리고 그렇게 함으로써 지속적 가치지속가능할까 그렇
지 않은가도 중요하지만 그 전에 지속에 가치가 있을까 아닐까하는 시점도 미래를 창조하는 데 있
어서 중요하다가 있는 사회가 된다고 생각한다.

　　이러한 나의 생각과 현대예술크리에이티비티이 어떻게 연계되는가 하
는 것이 본 장의 테마이다.

오쿠노인 나카노조

군마현群馬県 북서부에 위치하는 나카노조정은 니가타현과 나가노현
의 해발 2000미터급 연봉을 경계로 접하고 있다. 군마라고 하여도 간
토 평야의 연장선상의 평탄한 대지는 아니고, 간토의 물병으로서 험
준한 땅이다. 댐 건설시비의 상징이 된 얀바댐이 있는 나가노하라정長
野原町은 인접 마을이다. 현재, 나카노조정은 1955년 합병으로 나카노
조정 · 사와다정沢田町 · 이사마촌伊参村 · 나구타촌名久田村의 4개 정촌이
합병하여 만들어진 정이다. 헤이세이 대합병에서는 아가쓰마군 동부
4개 정촌中之条町, 吾妻町, 高山村, 東村과 서부 4개 정촌長野原町, 草津町, 嬬恋村,
六合村으로 법정 합병협의회가 설립되었지만, 이 틀에서 합병은 이루어
지지 않았다2000년 아가쓰마정과 히가시무라의 2개정촌이 합병하여 히가시아가쓰마정이 탄
생하였다. 또 2010년에는 구니촌六合村으로부터의 요청으로 합병을 이루
어 인구 약 1만 8000명, 면적 439km²예를 들면, 도쿄도 미나토구와 비교하면 인구에
서 10분의 1 이하, 면적에서 20배 이상이라고 하는 한 단계 커진 나카노조정이
탄생했다.

나카노조정의 과거 주력산업은 양잠업이었으며, 전형적인 중산간
지 농업마을이었다. 그러나 지금은 양잠농가는 거의 남아있지 않다.
또 군마현 총면적의 20%를 차지하는 오즈마군의 중심지로서 상업도
번성하였었지만 바이패스로의 대형점포 진출로 인하여 중심 상점가
는 쇠퇴되고 있다. 관광으로는 시마 온천西万温泉이라고 하는 1954년에
국민보양온천지 1호 지정을 받은 분위기 있는 온천지를 비롯하여 구
사츠 온천草津温泉의 마무리 온천으로 유명한 사와타리 온천沢渡温泉이
있다. 나아가서는 시리야키 온천尻焼温泉을 비롯하여 비경의 명탕名湯이

집적해 있으며, 11개의 탕이 점재해 있는 온천자산으로 인하여 복 받은 마을이다. 나아가 이 마을은 전통예능의 보존률이 높고 24개 취락에서 사자춤이나 다이다이카구라太太神樂가 지금도 전승되고 있으며, 그 수는 인구대비 일본 최고라고 생각된다.사진 10-1

또 중세 투차鬪茶의 계보를 이은 '하쿠보의 차 강의'가 된 것이 1799寬政11년의 문헌에 그 형태 그대로 전승되고 있다. 이것은 국가지정 중요무형민속문화재로 지정되었으며, 이 하쿠보라고 하는 작은 취락 전체의 협력으로 유지되고 있다.

이러한 전통이나 문화를 지켜나가는 오지지역을 표현하는 말로서 '오쿠노인 나카노조奧之院中之条'로 명명하기로 하였다. 간토라고 하는 수도권에 있어서, 또한 세계화와는 정반대에 있는 '평탄하지 않는 세계'를 중요하게 계속 지켜가고 있는 간토의 안방으로서 자리매김하고자 하는 마음에서였다.

사진 10-1 전통예능 발표회 in 쓰무지

나카노조 비엔날레

크리에이티브한 경제를 목표하여

　나카노조정은 아가쓰마군의 정치·경제·문화의 중심이기는 하였지만, 내가 취임했을 때는 이미 농업도 상업도 어려운 상태였으며, 그러한 가운데 관광업은 아직 상태가 괜찮은 산업이었다. 거기서 두 번째 지갑으로 경제활성화를 제안했다.

　두 번째 지갑이라고 하는 데는 첫 번째 지갑이 있다. 첫 번째 지갑이라는 것은 지역주민의 일상생활에 관계하는 소비이다. 그러나 이 첫 번째 지갑은 외부자본의 대규모 소매점포에 빼앗겨버려, 내부 자본에 의한 지역경제의 순환은 붕괴되었다. 거기서 관광이라고 하는 비 일상의 교류자가 가져다주는 두 번째의 지갑으로 경제를 활성화하고자 생각하였다. 두 번째 지갑은 예를 들면, 슈퍼마켓에서 1팩에 100엔하는 달걀을 온천지역에서 익혀 1개에 100엔에 파는 것을 연구하고자 하는 제안이다. 그러나 이 두 번째의 비일상적인 지갑도 이제는 첫 번째의 지갑화가 되었다. 최근에는 1개의 온천달걀을 두 사람이 1개라면 몰라도 거의 돈을 쓰지 않게 되었다. 두 번째의 지갑도 한계에 와 있다.

　그렇게 되면 세 번째 지갑에 기대할 수밖에 없지만, 이것은 애플의 사례에서 볼 수 있다. 미국사람들은 기본적으로 값싼 물건을 사는 주의지만, 디자인이나 스토리에 돈을 지불하는 문화가 싹터 왔다. 이 세 번째의 지갑에 초점을 맞추어 경제를 생각해 갈 필 필요가 있다고 생각하여 나카노조정에서도 그것 이외에는 장래가 없을 것이라고 생각해서 실천해 왔다. 그리고 그러기 위해서는 그 나름대로의 준비가 필요하며, 그러나 갑자기 크리에이티브 경제로 이행하는 것은 불가능하다. 그 제1단계가 나카노조 비엔날레이며, 아트 이벤트의 형태로 지역에 크리에이티브한 힘을 불어넣는 일이었다. 제2단계가 크리에이터의 집적. 그리고 크리에이터가 크리에이터를 불러 클러스터를 형성하게 되면 제3의 크리에이티브 경제로의 이행이 가능할 것으로 생각했다.

에치고츠마리의 충격

2006년 9월, 4명의 작가山重徹夫, 西田真実, 山形美奈子, 八幡幸子와 직원세키유지(関裕二) 기획과장, 도자와 도시유키(唐沢敏之) 주임(당시)과 함께 니가타현에서 개최된 '대지의 예술제'에치고츠마리(越後妻有) 아트 트리엔날레의 시찰을 다녀왔다. 현대예술과는 아무런 인연도 없었던 나에게 몇몇 루트로부터 꼭 보러가는 것이 좋을 것이라고 하는 조언이 있었던 터라 애써서 일정을 조절하여 시찰을 갔다. 재미있는 수법의 마을만들기를 시찰하려가는 정도의 기분이었고, 우리 마을에서 예술제를 하고자 하여 에치고로 향했던 것은 아니었다. 그러나 당시 큰 충격을 받은 것은 사실이다. 현대예술이 에치고의 대지를 멋지게 되살려내고 있었던 그 광경을 보고 인생에서 이 정도로 감동한 일은 없었으며, 생기가 넘치는 대지를 보고 정말로 부러워서 참을 수가 없었다. 나카노조정과 같은 중산간 지역의 과소 농촌풍경이 얼마나 아름다운지 내가 눈을 의심할 정도였다. 우리 마을도 이러한 풍경으로 될 수 없을까하고 생각하면서 에치고의 대지의 작품을 감동의 연속으로 감상하였다.

돌아오는 차안에서 야마오모 데츠오山重徹夫 씨가 나에게 말했다. '정장, 나카노조정에서도 가능합니다'하는 말에 깜짝 놀라 눈이 휘둥 그레졌다. 문외한인 나에게는 이벤트 개최의 어려움은 몰랐지만, 반 사적으로 '꼭, 합시다'라고 답했었다. 2006년 9월 시찰을 마치고 돌 아와 2007년 가을 개최가 결정되기까지는 우여곡절이 있었다. 1년간 차분하게 준비기간을 가지고 개최를 생각하는 사무소 직원과 내년 실시를 강하게 희망하는 아티스트들과 의견이 나뉘어졌다. 그러나 결과적으로는 아티스트의 열의가 직원을 압도하는 형태가 되어 1년 후의 개최가 결정되었다. 지금 생각해 보면, 그 당시 사무소의 체제 가 좋았다. 당시 세키 과장은 사무소에서 가장 유연한 사고를 지닌 사람으로 이 과장그 후 副町長이 아니었다면 실현은 어려웠다고 생각하 고 있다.

비엔날레가 나카노조정에서 탄생하는 직접적인 계기는 앞에 언급 한대로 대지의 예술제를 시찰한 것에서 시작되었지만, 그 이전 마을 의 문화사업이 기초에 있었던 것은 중요하다. 개최의 줄거리를 더듬 어 보자면, 군마현이 인구 200만 명 도달을 기념하여 오테라 마에小寺 前 군마현 지사가 강구해 낸 영화의 제작까지 거슬러 올라가야 한다. 기념의 상자를 만드는 것이 아니라 정신적 지주를 창조해낸다는 것이 지사의 생각이었다. 그리하여 만들어진 것이 오쿠리 야스히라小栗康平 감독의 영화 〈잠자는 남자〉²이다. 오쿠리 감독의 작품은 할리우드 영 화와 같은 낭만적인 것은 아니고 시적인 영화다. 난해하다고 하는 의 견도 있었지만 감상자를 고르는 영화도 필요하다고 나는 생각한다. 그 영화의 미술을 담당했던 것은 히라마쓰 레이지平松礼二 씨로 그가 아리카사 산장有笠山莊이라는 폐업한 숙박시설을 무대로 아가쓰마 미술

학교를 설립했다. 히라마쓰 씨와 정과의 관계는 밀접하게 되어 정에
서 히라마쓰 레이지 미술관 건립계획이 있었던 정도이다. 그러나 이
미술관구상은 좌절되고, 아가쓰마 미술학교도 자연스럽게 소멸되었
다. 가장 번성하였을 때 30명 정도 있었던 학생도 6명 정도로 되었다.
그러나 이 6명이 나카노조 비엔날레 실현의 원동력이다. 이미 〈잠자
는 남자〉로부터 10년의 세월이 흘렀다.

개최를 향한 움직임

야마오모 데쓰오 씨를 중심으로 한 6명의 아티스트가 나카노조 비
엔날레 개최를 향해 움직이기 시작하였다. 물론, 마을에 노하우는 없
었지만 그들의 지휘 아래 실행위원회를 조직하고, 1회째, 2회째는 그
들의 자원봉사자를 중심으로 운영되었다. 그러나 지속해가기 위해서
는 그들의 자원봉사자에만 의존해서는 한계가 있고, 3회째부터는 지
속가능한 스타일로 조직을 재편하여 현재에 이르고 있다.

2007년, 2009년, 2011년, 2013년에 계속되는 비엔날레이지만 내
가 수장으로 직접 관계했던 2011년까지의 비엔날레에 대해 개괄적으
로 살펴보고자 한다.

마을 전체를 미술관으로

여하튼 실질적으로는 반년이라는 시간이 없는 가운데 게다가 경험
이 있는 것도 아닌 상태에서 단지 비엔날레를 실현시켜 보고 싶은 열
정만으로 시작하였다. 정말로 실행위원회의 멤버인 아티스트의 분투
결과이다. 또 실행위원장에는 전 의장에게 취임을 의뢰하여 의회의
동의를 얻기 쉽게 한 것도 공이라 할 수 있을 것이다. 뭐라고 해도 마

을 일부에는 예술에 대한 거부반응이 있고, 그것에 대한 대응여하가 비엔날레의 성공여부에 크게 영향을 미친다. 보여주기식 전시행정에 대해 거부반응을 불식시키기 위하여 '마을 전체가 미술관으로 변합니다'라는 캐치프레이즈를 사용, 마을을 미술관으로 보게 한다는 개념을 마을주민에 대해 알기 쉽게 전달하는 것이 성공하고, 전시적인 것에 의존하지 않는 예술인 것을 이해시킬 수 있었다. 캔버스는 이 마을의 풍경이라는 나카노조 비엔날레의 진수를 이해시키는 데 최적의 캐치프레이즈를 이끌어낸 스타트였다.

제1회 째는 320만 엔이라는 의회에서도 그다지 드러나지 않는 적은 예산이며, 무보수의 비엔날레였지만, 개최해 보니 마을 전체로 확산되는 현대예술의 힘에 의해 시골의 풍경이 빛을 되찾았다는 느낌이 들었다. 또, 마을주민이라 하더라도 자신들이 마을을 구석구석 걸어본 적이 거의 없는 가운데 비엔날레의 작품을 보면서 마을을 재발견하기도 하였다.

2007년 비엔날레의 종합디렉트를 담당한 야마오모山重 씨는 이렇게 말하고 있다.

"수년 전에 베네치아 비엔날레를 방문하고 나서부터 나도 한 번 아트 이벤트를 해보고 싶다고 생각했다. 아틀리에 동료만으로 소규모로 할 수도 있었지만, 이 멋진 토지와 풍토와 사람을, 가능한 많은 사람을 초대하고 싶은 욕심이 생겼다. 자신이 지금까지 길러왔던 것을 전력을 다하고, 함께 길을 가는 동료들이 있다면 어떤 일이라도 가능할 것이라고 하는 강한 기분이 있었다. 철은 뜨거운 동안에 두드리라는 것과 나카노조에서 생겨난 열기는 순식간에 많은 곳으로 확산되었다."

그 말대로 따스함이 있는 그러나 대단히 여유로운 비엔날레가 개최
되었다. 제1회째 비엔날레를 마친 후, 한국인 이준미李準美 씨가 마을
로 이주해 왔다.

아티스트의 이주

준비기간도 없이 스타트한 2007년제1회과는 달리 착실한 준비기간
을 가진 2009년제2회이었지만, 예상한 것 이상으로 반향이 컸던 2007
년 탓에 실행위원회에는 상당한 압박이 있었다. 그러한 가운데 니시
다西田真実 씨가 실행위원장을 맡는 것으로 하여 준비가 시작되었다.
전시장의 선정에서부터 교섭까지 사무소의 뒷받침이 있었다고 하여
도 그녀의 분투는 1년간 계속되었다. 하여튼 그녀는 '2007에는 자신
의 일을 별도로 하면서 주말이나 유급휴가를 이용하여 참가하였다.
그것이 아쉬움으로 남았던 나는 끝까지 해보고 싶다고 하였기 때문
에, 일을 그만 둘 각오를 하고 실행위원장이 되는 것을 결심하였습니
다'라고 말하고 있다.

사진 10-2 폐교를 이용한 이산 스튜디오

또 종합디렉터 야마오모 씨의 말을 빌리자면, '2009년에 또 다시
이산伊参 스튜디오사진 10-2에 모였다. 제1회 때 하지 못했던 것을 모두
모으고자, 아티스트 인 레지던스와 레스토랑, 카페, 숍 등 다양한 것
을 실현시켜 참가작가와 작품 수는 지난번 행사 때에 비하여 2배를
넘을 정도의 일대 아트 이벤트가 되었다. 스태프 전원이 힘을 합치고
많은 사람들에게 도움을 받은 덕택에 이벤트 방문자가 16만 명을 넘
을 정도로 번잡하였다. 각 행사장 입구에서는 지역주민들이 팥을 넣
은 찰밥과 구운 두부로 손님들을 대접하고, 먼 지역에 사는 주민들끼
리 웃는 얼굴로 만나고, 즐거워하고 있는 모습이 지금도 인상에 남아
있다'고 하는 것이다. 그리고 그 후, 야마오모 씨는 나카노조정으로
이주하였다. 아트 이벤트의 성공에 그치지 않고 아티스트의 이주가
제2회 이후 가속화한 것이 나카노조 비엔날레의 특징이다.

'쓰무지의 오픈'

순조롭게 방문객을 신장시켜갔던 나카노조 비엔날레이기는 하였지
만 3회째라는 것과 2010년에 합병한 구니촌도 행사장에 참가시키는
관계로 인하여 어떤 의미에서 1, 2회째의 연장선상이 아닌 그 무엇을
만들어내야만 한다는 생각이 있었다.

나카노조 비엔날레의 특징은 정말로 적은 예산에 비해 작품이나
운영체제가 매우 확실하게 갖추어져 있다는 것이다. 그것은 작가들
의 협력에 의한 것이며, 주민들의 자원봉사활동에 의한 것이었다.
나카노조정의 장소의 힘이 작가들의 창작의욕을 다 바쳐 무상으로
작품을 제작 · 전시하여 준다고 하여도 저로서는 작가가 세상에 나오
도록 하는 뒷바라지를 할 수 없을까하고 생각하기 시작하였다. 사이

사진 10-3　크리에이티브 · 커뮤니케이션 센터
'쓰무지'

타마 대학의 고토 가즈코後藤和子 씨로부터 다양한 어드바이스를 받아 비엔날레 기간 중에 처음으로 심포지엄을 개최, 많은 지식인들로부터 시사하는 바가 많은 의견을 받았다. 또 3회째의 특징으로서 현대예술에 그치지 않고, 2010년 오픈한 크리에이티브 커뮤니케이션 센터-'쓰무지'라고 하는 거점이 생김으로써 많은 이벤트를 담을 수 있었다. 사진 10-3

　언제나 진화하면서 계속되는 것이 나카노조 비엔날레라고 하는 인상을 강하게 받았던 사람들이 많았다고 생각한다. 또 3회째의 실행위원장으로는 귀촌해 온 팀의 구와하라 가요桑原かよ 씨가 취임한 것도 화제가 되었다. 마을에서 도시로 나간 사람들에게 있어서 고향은 언제나 신경 쓰이는 장소인 것이 분명해진 것뿐만 아니라 무엇인가 공헌하고자 늘 생각하고 있는 장소이기도 하였다. 결과로서 36만 명의 방문객을 맞이하고, 제1회째의 7배 이상의 집객력이 있는 것으로 성장해 있었다.

특징과 과제

　나카노조 비엔날레의 특징은 저예산 개최에 있지만, 그 요인은 아티스트의 협력에 있다. 본래 스타트가 아티스트 자신의 희망·열정에 의한 것이었기 때문에 그들의 네트워크를 구사하여 실현한 비엔날레 참가 아티스트도 자원봉사자였다. 왜 그들이 무상으로 작품제공을 하였을까? 이것은 아티스트는 통상 작품전시를 위해서는 행사장을 빌리지 않으면 되지 않는다. 그러기 위해서는 비용도 적지 않게 든다. 또 도쿄도 내의 전시장 정도 되면 대형작품을 전시하기 위해서는 어려움이 수반되는 경우가 많다. 그러한 현대예술을 둘러싼 환경이 아티스트에 있어서 충분히 갖추어져 있지 않기 때문에 마음에 든 전시장과 많은 방문객이 기대할 수 있는, 나아가 행정이 적극적이라고 하는 협력체제가 확립되어 있는 환경은 아티스트에게 있어서도 결코 나쁘지 않은 조건이라고 생각된다.

　또, 주민이 적극적으로 협조체제를 취하고, 접수 등 모두 지역주민 자원봉사자에 의해 운영되고 있는 점도 크다. 노인회·부인회·이장회와 같은 조직이 지원체제를 취하고 있다.

　게다가 실행위원회·스태프에 아티스트가 있기 때문에 가이드북이나 판매부스를 자기부담으로 상품화할 수 있는 점도 크다. 한편에서 아티스트의 자원봉사자에 지나치게 의존하고 있는 측면도 있어서 제3회 째부터는 앞에서 언급한 '쓰무지'의 스태프가 비엔날레의 실행위원도 겸함으로써 지속가능한 비엔날레 체제로 이행할 수 있었다.

　향후의 과제로서 나카노조 비엔날레가 아티스트의 등용문적인 예술제로 자리매김할 수 있을까 하는 것이며, 그러한 장치를 구축함으

로써 현대예술의 시장도 합쳐서 어떻게 만들어가나 하는 것이다. 그
관계성이 가능하다면, 나카노조 비엔날레는 수준 높은 작품을 감상할
수 있는 예술제로서 지속가치가 있게 될 것이다.

또, 문화사업은 정쟁의 도구로 되기 쉽고, 결과 수장의 의향으로 방
향성이 정해지지 않는 경우가 있다. 따라서 영국 등에서는 아트협회
로서 행정으로부터 분리하여 객관적으로 바른 판단에 기초하여 운영
되고 있다. 일본에서도 그러한 경향이 나타나기 시작하였지만, 향후
에는 가속시킬 필요가 있다. 나아가 NPO 등이 운영주체가 되어 비엔
날레 등의 문화사업이 실시될 수 있는 시대가 되면, 일본의 예술·문
화도 널리 침투될 것이다.

마지막으로 예산과 방문객·경제효과에 관한 숫자를 결산세출베이
스로 나타내면 표 10-1과 같다.

물론 이러한 수치보다도 사람들의 마음에 어느 정도의 인상을 미쳤
는가 하는 쪽이 훨씬 중요하다는 것은 말할 필요도 없지만, 비용효과
가 논의되는 것은 어쩔 수 없다.

표 10-1　나카노조 비엔날레의 방문객과 경제효과

	예산규모	전시장 수	참가 아티스트	방문객수	추정 경제효과
2007년	530만 엔 (마을보조금 320만 엔)	12	56명	48,000명	약 3백만 엔
2009년	930만 엔 (마을보조금 500만 엔)	29	112명	166,000명	약 2억2천만 엔
2011년	1,900만 엔 (마을보조금1,030만 엔)	43	125명	358,000명	약 5억 엔

비엔날레가 가져다준 것

지역주민의 변화

현대예술과 시골풍경그곳에 녹아들어 있는 목조교사(木造校舍)로 대표되는 오래된 건물이 서로 대조적으로 느껴져, 평소 눈여겨보지 않고 지나쳐버리는 사상에 예민하게 되는 감각을 느끼게 되는 것이야말로 사토야마 현대예술의 묘미이다. 그러한 힘 있는 장소가 마을에 많이 남아 있었던 것이 비엔날레의 성공을 밀어주는 역할을 한 것은 틀림없다. 나아가 많은 방문객이 비엔날레의 작품과 같이 지역의 건물·풍경에 감동하는 모습을 보고 주민 스스로 지역에 대한 인식도 변하였다. 젊은 사람들이 점점 도시로 나가서 돌아오지 않는 현상으로부터 지역에 대한 자신을 온전히 잃어버리고 남겨진 사람들에게 있어서 희망의 빛이 보이기시작한 것이다. 여하튼 비엔날레 방문객으로부터 '좋은 곳이네요!' '멋진 곳입니다'라고 매일 듣는 것이 얼마나 기쁠지. 주민 자원봉사자에 의한 접수뿐만 아니라 전시장에 따라서는 과자나 김밥, 조림, 경단과 같은 향토식품들을 진열한다.

또 그 맛도 명품으로 지역의 나조차도 경단과 과자를 사러 나갈 정도이다. 게다가 방문객도 지역 할아버지나 할머니와 이야기하는 것을 즐겁게 생각한다. 이미 비엔날레는 축제가 되어 있지 않나 생각한다. 결국 쾌청한 날씨가 된 것 같다.

그 증거로 오지정王子町이라고 하는 마을회에서는 나카노조 비엔날레를 개최하는 해의 사이에 '오지정 비엔날레'라고 하는 이름으로 멋대로 지역만의 비엔날레를 개최하고 있다. 현대예술과는 관계없는 주

민 비엔날레이다. 전시품도 어린아이들 그림을 비롯하여 옛날 사진이
나 의복 아니면 소집영장의 붉은 종이까지 마을 내에 있는 것을 긁어
모아 전시하고 있다. 그러나 나카노조 비엔날레를 기회로 하여 지역
마을회가 자기들 마음대로 정리하여 즐기고 있는 것은 실로 중요한
것이며, 언젠가 그 차이를 인식하고 창조성의 중요함 · 즐거움도 인식
하게 될 것이다. 새로운 문화의 침투방법에 유형은 없다. 중요한 것은
받아들이는 자세이다.

또 비엔날레의 집객력이 가져다주는 경제효과도 주민의 이해를 얻
는 현실적인 방법이다. 여하튼 이만큼 사람이 마을 내를 이동하게 되
므로 음식점의 매상은 상당하다. '개점 이래 최고로 바빴다' '줄지어
서 있어서 들어갈 수 없었다'고 하는 이야기를 듣고 실제로 은혜를 입
은 사람들은 확실히 비엔날레 지지자가 됨과 동시에 이해자가 되어
가기도 간다.

아티스트 인 레지던스

아티스트가 단순히 작품을 가지고 와서 설치한다는 것만으로도 물
론 비엔날레는 개최할 수 있다. 그러나 그러면 지역은 단순히 장소를
제공하는 상자에 불과하다. 상자로부터는 결국 아무것도 생겨나지 않
는다. 아트의 제전이 행해지고 있는 때는 좋지만, 끝나버리면 아무것
도 남지 않을 수도 있다. 그러면 별 의미가 없다. 지역이 작품전시의
장소를 제공할 뿐만 아니라 작품을 통하여 아티스트와 얼마만큼 융합
할 수 있는가 하는 것이 중요하다. 아티스트는 그 장소의 힘을 살려
작품을 창작함으로써 결과적으로 장소도 빛나게 된다. 한편, 주민도

작품을 매개로하여 자신들의 장소에 매력이 있음을 알아차리게 되고, 또 다시 지역에 대해 자신감을 갖게 되기 때문이다.

또 아티스트와 지역과의 관계뿐만 아니다. 아티스트간의 교류도 레지던스 효과이다. 상호간에 자극을 주고받는 기회가 되기도 한다.

나카노조정에서는 '만남의 숲'으로서 종래부터 있었던 캠프장을 '예술의 숲'으로 하고, 조례까지 변경하여 아티스트 레지던스의 장으로서 개방한 것이다. 작품제작을 위해 나카노조정에 체재하는 것이 용이하게 되었다. 게다가 기간 중에는 관리동이 레스토랑으로 된다. '존슨의 숲'이라고 하는 간판을 건 이 레스토랑의 셰프는 아티스트를 위하여 자발적으로 도쿄에서 와서 이 점포를 오픈한다. 그럼에도 불구하고 지역 농가가 식자재를 넣어준다. 밤에는 교류의 장으로 되어 밤늦게까지 기탄없고 재미있는 이야기가 계속된다. 장기체류함으로써 마을에 대한 애착이 싹트고, 이주라고 하는 선택도 시야에 들어오게 된다.

아티스트의 거점을 만들다

비엔날레로 많은 감상자가 방문함으로써 종래의 투어리즘관으로는 다루기 힘든 아트 투어리즘이라고 하는 새로운 가능성에 많은 관광 종사자가 처음으로 깨달은 것도 나카노조 비엔날레이다. 그러나 아트 투어리즘으로서의 비엔날레가 우리가 목표하는 종착점은 아니다. 비엔날레의 성공은 상당히 중요하지만 그것은 통과점으로 생각하고 싶다. 비엔날레 그 다음을 어떻게 바라보는가 하는 것이 매우 중요하다.

결국, 비엔날레라고 하는 예술제를 통하여 아티스트와의 관계성이 형성되었지만, 그 관계성이 예술제에 그치지 않고 지역 전체의 마을 만들기와 연관되는 것이 중요하다. 그러기 위해서는 아티스트가 마을로 이주해 오는가 그렇지 않은가 하는 것이 열쇠가 된다. 사회학자인 리처드 플로리다에 따르면 '경제성장은 복잡한 과정이다. 인간 역사의 대부분에 있어서 부는 비옥한 토지나 원재료 등 그 장소의 천연자원의 혜택에 의해 주어졌었다. 그러나 오늘날의 중요한 자원은 크리에이티브한 인재이며, 그것은 유동성이 매우 높다. 이 자원을 불러들여 육성하고 움직이는 능력이 경쟁력의 중요한 측면이 되고 있다'[3]고 하고 있다.

　그러나 비엔날레만으로 아티스트의 이주를 촉진시키기는 매우 어렵다. 그래서 마을안의 공터 1,000평에 만들어진 '쓰무지'라고 하는 시설의 운영관리를 아티스트에 위탁하게 된 것이다. 그렇게 함으로써 아티스트의 이주가 가속화되었다. 8명의 아티스트가 마을에 살게 된 것이다. 또 귀농 팀뿐만 아니라 귀촌 팀도 늘었다. 고향 나카노조가 재미있게 되었다는 것으로 쓰무지의 스태프로서 돌아왔다. 게다가 도쿄에서 활약하고 있는 마을출신 건축가가 나카노조에서 에코와 지속 가능성을 테마로 한 회합 '그린 드링크스'를 기획하여 지역을 고조시키고, 연루효과가 나타나고 있다. 또 쓰무지의 상품은 아티스트의 한 작품을 중심으로 마을주민이 직접 만든 작품도 있으며, 마을주민 메이커의 육성에도 한몫 하고 있다. 더욱이 스태프가 아티스트인 것에서 디자인 풍부한 오리지널 상품도 개발되어 있고, 지역기업과 코퍼레이션 상품도 있다.

크리에이티브한 정책

나카노조 비엔날레를 시작하는 문화정책에 대해 비판적인 의견은 의회에서도 있었다. '문화로는 먹고 살아갈 수 없다' '쓸데없는 일이다' '도로정비로 돌려라' '기업유치가 중요하다'라고 한 정도이다. 이러한 논의는 항상 평행선일 뿐이다. 우선 행정은 균형의 산물이라는 것, 하나에 집중해서는 결코 좋은 결과를 낳지 못한다. 더욱이 논의하고 있는 레벨이 일치하지 않는다. 문화를 사치스러운 오락 정도로밖에 인식하지 못하는 사람들에게 아무리 설명해도 헛수고로 끝난다. 왜 비엔날레를 개최할 필요가 있는가하는 설명을 의회에서 5년간 계속하여도 똑같은 질문이 나온 것에서부터도 명백하다. 나는 늘 문화가 경제성장의 엔진이 된다고 주장해왔지만, 마지막까지 이해받지 못했던 것 같다. '글로벌 제품에는 오히려 강력한 문화적인 아이덴티티가 필요하다'고 하는 것은 후쿠하라 요시하루福原義春 자생당 명예회장의 말이지만, 줏대 있는 제품에 대해 다른 나라가 경의를 표하는 문화의 유무는 중요하며, 그것은 국제 간 뿐만 아니라 국내 지역 간에 있어서도 마찬가지다.

사실, 나카노조정에 위치한 시마온천의 인지도에 비교하여 나카노조정이라고 하는 이름은 알려지지 않았지만, 비엔날레 개최나 쓰무지 운영과 같은 크리에이티브한 활동을 계기로 나카노조정은 비엔날레의 마을로서 인지되고, 마을도 브랜드화되고 있다.

보통 과소 마을과는 명확히 구분된다. 그리고 그 원동력은 외부의 인재가 나카노조정에 관심을 갖고, 마을에서 활동을 추진해 주게 되었다는 것이 가장 크다. 이주하는 아티스트+협력해 주는 인재라고 하

는 과소 정촌에서 가장 부족한 부분이 보완된다는 점이다. 또 창조도
시 네트워크에도 적극적으로 참가한 것도 커다란 성과가 나온 주요인
이다.

아트와는 직접관계가 없지만, 마을에서는 도쿄도 건강장수 의료센
터연구소의 아오야 나기青柳幸利 박사와 10년 이상에 걸쳐 마을주민의
활동량을 수집·분석하여 왔다. 그 결과, 1일 8000보, 빨리 걷기 20
분의 활동으로 건강을 유지할 수 있다는 것이 해명되었다. 연 5000명
의 데이터에 기초한 그 연구결과는 해외의 연구발표장에서도 박수갈
채를 받았다.

그 결과를 받아 나는 개개인의 활동량을 늘이는 방법을 고민한 결
과, 생애학습에 초점을 맞추었다. 결국, 취미를 가짐으로써 교우관계
가 넓어지고, 집에서 외출하는 횟수가 늘어나고, 결과로서 활동량이
증가한다고 생각했다. 나카노조정에서는 나카노조 대학시민대학을 설립
하여 마을의 주민들에게는 학생증을 발급, 특기가 있는 마을의 주민
은 교수로 추천하여 강좌를 충실하게 만들어갔다. 그 결과, 마을 주민
의 3분의 1에 해당하는 6000명 이상이 참가하기까지 성장해왔다. 건
강은 건강복지과, 생애학습은 교육위원회의 관활 등과 같은 틀을 넘
어선 발상이다. 그리고 그 성과는 사회보장비의 삭감으로 이어져 재
정의 건전화에 공헌한다. 국가 행정조직의 수직적인 구도를 그대로
지방자치로 가져가면 크리에이티브한 정책은 생겨나지 않는다.

창조농촌의 시대

마을만들기의 어려움은 주민과 보조를 맞추어 나아가지 않으면 되

지 않는다는 것이다. 비엔날레를 통하여 재능 있는 젊은이가 이주하
고, 마을정책에도 관여해 오면 지역의 젊은이를 채용하지 않고 타
지역 사람을 채용한다는 소리도 들렸다. 마을의 쇠퇴가 유능한 젊은
이의 유출에 있는 것은 누구나 인정하는 것이며, 유능한 젊은이의
유입이야말로 쇠퇴를 제어할 수 있는 최고의 대책임에도 불구하고
이러한 판단이 생겨난다. 나는 이 상황을 볼 때마다 과소의 최대 원
인은 외적 요인도시의 매력에 의한 젊은이의 유출보다도 내적 요인무엇이 쇠퇴의
요인인가를 분석할 수 없는 지역의 힘 쪽이 크다고 통감하였다. 또 그들이 비엔
날레라고 하는 문화를 가지고 들어온 것에 대해서도 문화로는 먹고
살아갈 수 없다는 예상을 빗나간 비판이 생겨났다. 문화적인 아이덴
티티를 베이스로 하여 산업경쟁력이 결정된다는 글로벌 사회의 새로
운 기준이 이해되지 못했다. 기업유치와 도로정비가 과소로부터 탈
피하여 지역이 발전하는 유일한 방법이라고 대부분의 사람들은 지금
까지 믿고 있다.

  그러나 이것은 대부분의 지역이 아직 크리에이티브한 사회를 지향
하고 있지 않은 확실한 증거이다. 크리에이티브한 사회를 목표로 스
타트를 한 지역이야말로 지속가능한 사회로의 차표를 손에 넣을 수
있게 되는 것이다. 과소화를 고민하고, 한계취락이라는 불명예스러
운 이름으로 불리는 지역이야말로 목표로 해야 하는 자세가 창조농
촌이다.

  현실적으로 현장에서 진두지휘하면서 직접 체험하고 있다. 창조농
촌의 시대가 기다려지는 까닭이다.

〈주〉

1. 합병 '촌' 구상은 실현되지는 못하였지만, 2005년부터 시작된 '일본에서 가장 아름다운 마을'연합에 2009년 가맹한 것으로 마을의 훌륭함이나 가치에 대해 이해가 크게 높아졌다고 생각한다. 외부요인에 의한 내부변혁이라는 수법도 중요하다.
2. 산간의 작은 마을에 사는 다양한 사람들의 사계절을 통한 일상의 단편을 엮은 드라마로 나카노 조정이 촬영무대가 되었다. 군마현이 인구 200만 명 도달을 기념하여 지방자치단체로서는 처음으로 제작한 극영화이다. 감독은 오쿠리 야스히라(小栗康平), 주연은 야쿠쇼 히로시(役所広司)와 한국의 톱스타 안성기, 인도네시아의 스타 크리스틴 하킴. 제20회 몬트리올 세계영화제 심사위원 특별대상, 재47회 베를린영화제 예술영화 연맹상을 수상.
3. Florida, R.(2002) The Rise of the Creative Class(井口典夫(2008)『크리에이티브 자본론』 다이아몬드사)

나카노조정	
기초 데이터	면적 : 439.28㎢ 표고 : 378m(나카노조정 사무소) 임야율 : 84% 총인구 : 17,800명 세대수: 6,900세대 고령화률: 33% 연소인구율 : 11% 인구감소률 (2010/1970) : -22% 접근 : 전차/도쿄역으로부터 다카사키 경유로 약 2시간, 승용차/ 네리마 IC에서시부가와 IC 경유로 2시간 교육 : 유치원/4개시설(139명), 초등학교 · 중학교/ 8개교(1,232명), 고등학교/1개교(503명) 의료 : 병원 5개시설(603병상), 진료소 20개시설(이 가운데 치과는 6개시설) 마을센터 : 7개시설, 도서관 : 1개시설 산업 : 사업체 수 1,230(종업원수 8,480명) 제1차 11% / 제2차 23% / 제3차 66%
합병 등 변천	1995년 나카노조정, 사와다무라, 이사마무라, 나구타무라 4개 정촌이 합병하고, 나카노조정 이 탄생. 2010년 구니무라를 편입하여 현재에 이름.
지역자원	· 시마, 사완도시리야키 등의 온천마을과 자연 · 중요전통건조물군 보존지구(赤岩) · 전통예능(사자춤, 다이다이카구라)
마을만들기 기본개념	· 쾌적하고 살기 좋은 마을 만들기 · 풍요롭고 활력 있는 마을 만들기 · 사람과 문화를 키우는 마을 만들기 · 건강하고 생기있는 마을 만들기 · 자립자주의 마을 만들기
지역문화진흥 등의 특징적인 시행사업	· 나카노조 비엔날레 (2007~) · 이산스튜디오영화제 (2013년 13회째 개최) · 아티스트 · 인 · 레지던스 · 예술의 숲 · 나카노조 대학 (시민대학) · 온천마을 크라프트시어터 · 경관활동조성 · 「일본에서 가장 아름다운 마을」 연합
특징적인 조례 등	· 나카노조정 환경친화적 마을만들기 조례 (2007) · 경관계획 (2011)
문화예술 교류거점, 창조적 거점 등	크리에이티브 · 커뮤니케이션 · 센터 '쓰무지', 역사와 민속의 박물관「뮤제」
이 책에서 사례로 소개한 창조적인 노력을 하는 단체, NPO 등	나카노조 비엔날레 실행위원회
산학민 연계 · 교류	도쿄도 건강장수 의료센터와 공동으로 주민의 활동량 수집분석 보고
특기사항	· 문화청장관 표창(문화예술창조도시 부문) 수상 (2009) · 창조도시 네트워크 일본에 가맹

인구, 세대수는 2013년 11월, 면적 등은 세계농업연구조사(2010), 취업 · 인구구조는 국세조사(2010), 교육 · 의료 · 산업
은 정부통계 e-stat, 지역자원 등은 각 시정촌 · 총무성 · 문화청 홈페이지를 참고했다.

노다 쿠니히로(野田邦弘)

■ 가미야마정 ■
창조인재의 유치에 의한 과소에의 도전

chapter 11

최근 우리나라에서는 인구감소, 저출산, 고령화, 젊은층의 유출 등을 배경으로 지방의 쇠퇴가 진행되고 있다. 특히 중산간지나 낙도 등 조건이 불리한 지역이나 산업기반이 취약한 지방도시에서는 저출산과 젊은층의 유출이 더불어 일어나 인구의 고령화가 진행되어 지역의 지속가능성이 줄어들고 있다.

2012년 현재 전국 1720개 시정촌 중 45.1%인 775개의 시정촌이 과소 지역으로 지정돼 있고, 이것은 면적으로는 전국의 57.2%, 인구로는 8.1%를 차지하고 있다. 전국 평균과 비교한 경우, 과소지역의 인구구성은 젊은 사람이 4% 적고 특히 고령자가 10% 많아져 있었다. 재정력 지수도 전국의 절반 정도이며, 일본의 장래상을 앞지르듯이 지역의 모습은 격변하고 있다.

이러한 현상에 대하여 나라는 '과소지역대책 긴급조치법'1970년, '과소지역진흥 특별조치법'1980년, '과소지역 활성화 특별조치법'1990년, '과소지역 자립촉진 특별조치법'2000년, '과소지역자립 특별조치법의 일부를 개정하는 법률'2010년과 10년마다 한시법의 재정을 반복하여 대책을

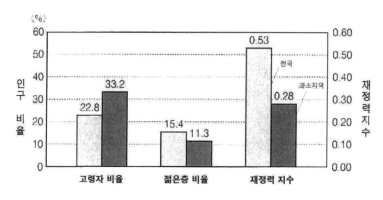

그림 11-1 과소지역의 인구비교와 재정력
(출처: 2011년도판 '과소대책의 현실에 대하여' 총무성)

실시했다

지자체도 빈집의 정보제공, 일정기간의 집세보조 같은 귀농, J턴 고향까지 가지 않고 전원(田園) 지역에 정착, 귀촌 추진정책을 실시하고 있으며, 정부도 '이주, 교류추진기구' 등의 활동을 통하여 이것을 지원하고 있다. 그렇지만 정부나 지자체의 이러한 대처도 큰 성과를 올리지 못하는 상황이다.

하지만 전국을 보면 정부나 행정에 의지하지 않고, 자립적이고 선진적인 시도로 귀농하는 사람을 증가시키는 등 착실하게 성과를 올리는 지역을 볼 수 있다. 이 장에서는 이러한 지역 중 하나인 도쿠시마현 가미야마 마을의 창조인재를 유치하는 지역만들기 대처법을 소개한다. 거기에서 볼 수 있는 새로운 사고방식이 이후 쇠퇴하는 일본의 농산어촌이나 쇠퇴하는 지방도시의 재생에 참고가 될 것을 보여주고 싶다.

　가미야마정에서는 그 고장의 NPO가 창조적인 인재를 '역지명'해 마을에 유치하는 획기적인 방식을 채용하고 있다. 가미야마정의 사례에서 앞으로의 이주정책은 교류인구나 정착인구를 늘리는 양적 측면만이 아니라, 어떠한 인재를 유치하는가라는 '질'을 중시한 인재유치책이 중요해질 것이라는 점이다.

　가미야마정의 인재유치전략의 기본인 '사람이 콘텐츠'라는 이념은 '창조농촌'의 뛰어난 대처방법으로서 이후 일본의 과소지역에 대한 대처법의 하나로 다른 지역의 참고가 될 것이라고 생각된다.

가미야마정의 개요와 그린밸리의 탄생

　가미야마정은 요시노강의 지류인 아쿠이강 부근에 펼쳐진 산간 마을로마을의 면적은 83%가 산림, 도쿠시마에서 차로 40분 정도의 거리에 위치해 있다. 에도 시대는 아와 인형 조루리가 활발히 상연되는 등 예능으로 번성한 마을이었다. 인형 조루리의 무대를 꾸민 맹장지가 지금도 1000점 이상 남아 있는 것 외에도, 일시적으로 중지했던 극장 요리이座寄井座도 부활해 KAIR후술의 공연장으로서 활용되고 있다.

　기간산업은 임업이며, 전후에는 삼나무나 전나무 등 임업으로 번성한 시기도 있었지만, 목재가격 침체에 의해 임업은 쇠퇴하고, 1950년대 이후에는 젊은 사람의 유출이 계속되어 인구감소에 박차를 가했다. 현재 마을의 인구는 6132명2013년 12월 현재으로 고령화율은 46%이다.

　가미야마정은 2011년, 마을제도가 시작된 이래 처음으로 인구의 사

회증가를 실현했다. 이것은 행정대처의 성과라고 하기보다는 NPO법
인 그린밸리오미나미 신야 이사장의 활동에 의한 부분이 크다. 여기서 먼저
그린밸리에 대해 소개한다.

모교인 초등학교의 PTA 임원을 맡고 있던 오미나미 씨는 어느 날
교내에 있는 어떤 파란 눈의 인형을 발견했다. 실은 이 인형은 전쟁
전 험악해지는 미·일 관계 속에서 시작된 미·일의 우호친선인형교
환 프로젝트의 일환으로서 펜실베니아주 윌킨스버그시에서 그 학교
에 보내온 인형이 오랜 기간 보관되어 있던 것이었다. 오미나미 씨는
인형을 보낸 사람을 찾기 위한 프로젝트에 PTA 동료들을 끌어들여
1991년 인형을 미국으로 돌려보내는 것을 실현했다. 인형을 귀환시키
기 위해 미국으로 향한 그들은 현지에서 열렬한 환영을 받았다. 이때
의 감동이 동기가 되어 지역 간의 교류를 계속하기 위해 오미나미 씨
는 1992년 '가미야마정 국제교류협회'를 설립하고 스스로 회장에 취
임했다.

1993년에는 윌킨스버그시에서 방문단이 찾아오는 등 양 지역의 교
류는 계속되었다. 이 협회는 그 사업의 일환으로 1999년부터 '가미야
마 아티스트 인 레지던스KAIR'를 시작했다. 해외에서 2명, 국내에서 1
명을 초대해 가미야마 마을에 체류하면서 주민과 함께 미술작품을 제
작한다는 스타일은 현재까지 계속되고 있다. KAIR는 국내외에서 지
명도가 상승해 매년 응모자가 100명을 넘어가는 등 인기 프로그램으
로 성장했다. 이런 종류의 사업은 디렉터detector 같은 지역 외의 전문
가의 힘을 빌려 실시하는 경우가 많지만, KAIR에 초빙하는 아티스트
의 전형은 일부 외부 전문가를 포함하기는 하지만 원칙적으로 그 지
방의 사람들로 구성한 전형위원회가 전형한다. '우리가 결정한다'라는

자세가 주민의 자부심이나 긍지를 형성하여 그 후의 시도가 발전하는 기초를 형성하고 있는 것으로 보인다.

사실은 제1회 KAIR의 아티스트 전형은 외부의 학예원에 전면적으로 맡겼다. 그 결과 예술 중시로 지역에 대해 그다지 관심이 없는 아티스트가 초빙되어, 아티스트와 주민이 대화하여 협동하면서 작품을 만들지 못하고 주민들 사이에 불만이 생겼다. 그래서 다음 회 이후에는 원칙적으로 자신들이 아티스트를 고르는 방법으로 바뀌었다. 이 점에 대해서 오미나미 씨는 "KAIR의 가치를 높이려는 생각은 그린밸리도 학예원도 다르지 않다. 이 전의 학예원은 평가된 아티스트를 부르고 그 사람이 좋은 것을 만드는 것으로 가치가 향상된다고 생각했다. 아티스트의 작품에 초점을 맞춘 사고방식이라고 말해도 좋을 것이다. 그에 반하여 그린밸리는 지명도에 관계없이 아티스트와 지역 주민의 관계를 중요시했다. 여기에서 초점이 맞춰지는 것은 사람이다"[1]라고 말했다. 여기서부터 '사람이 콘텐츠'라는 그린밸리의 근본이념이 생겨났다.

아티스트 인 레지던스에서 워크 인 레지던스로

가미야마정 국제교류협회는 2004년 KAIR를 본격적으로 전개하기 위해 NPO법인 그린밸리를 개편했다. 그린밸리의 미션은 '일본의 시골을 멋있게 바꾼다'로, 그것을 실현하기 위해서 ①'사람'을 콘텐츠로 삼은 크리에이티브한 시골만들기, ②다양한 사람의 지혜가 융합하는 '세계의 가미야마' 만들기 ③'창조적 과소'에 의한 지속가능한 지역만들기의 세 가지 비전을 세웠다.

'창조적 과소'라는 것은 인구감소라는 마이너스 현실을 여건으로서 받아들인 후 창조적인 인재를 전략적으로 유치하는 것으로 인구구성을 창조적으로 변화시켜 지역을 창조적으로 바꾸어 가려는 것이다. 창조적인 인재라는 것은 아티스트, 장인, 기업가, ICT기술자 등의 광의적인 의미의 창조인재를 뜻하고 있다. 그리고 이러한 대처방법에 의해 형성된 창조적인 가미야마라는 마을 이미지가 도회지의 이주 희망자를 한층 더 끌어들이게 된다.

당초 KAIR에서는 아티스트에 대하여 교통비나 생활비, 재료비 등의 일체의 경비를 지급하고 있었지만, KAIR에서 떨어진 아티스트에게 물어본 바로는 아티스트로서는 저렴한 제작장소를 제공받기를 강하게 바라고 있는 것을 알게 되었다. 거기서 아티스트에게 숙박장소와 아틀리에를 무료로 제공하는 것뿐인 새로운 프로그램을 시작했다. 이 경우 교통비 등은 자신의 부담이 되지만, 작품은 지역에 남기지 않고 가져갈 수 있다는 아티스트에게 있어서의 메리트가 있다 이것이 '워크 인 가미야마'라는 사업으로 발전시켜 그 후 아티스트뿐만 아니라 폭넓게 창조적인 인재를 대상으로 한 이주지원 프로그램 '인 가미야마'로 이어지게 된다.

그린밸리는 2007년 웹사이트를 새롭게 만들었지만 그때 이것에 협력했던 것이 플래닝 디렉터 니시무라 요시아키 씨나 웹 크리에이터인 톰 빈센트 씨이다. 니시무라 씨나 빈센트 씨는 웹 사이트의 리뉴얼을 맞이하여 단순히 그린밸리의 활동을 소개하는 것뿐만이 아니라 '가미야마에서 살다'라는 콘셉트를 전면에 내세워야 한다고 생각했다.

KAIR에서 축적한 아티스트의 일시적 수용의 노하우를 발전시켜 가미야마로의 이주를 촉진시키는 데 활용해보자는 전략이었다. 이러한 배경과 목적 아래 만들어진 것이 현재의 웹사이트 '인 가미야마'이다. 이 사이트의 톱 페이지에는 '가미야마에서 살다'가 있어, 그곳을 클릭하면 이주 가능한 빈집정보가 십여 건 게재되어 있다. 그곳에는 소재지, 건물의 사양, 필요한 수리장소와 그 경비견적 등 이주희망자가 원하는 물건의 정보를 알 수 있도록 되어 있다. 이주희망자는 인 가미야마의 사이트에 들어가 불과 몇 번의 클릭으로 구체적인 빈집정보에 도달할 수 있도록 되어 있다.

이러한 것이 가능한 배경으로는 현県 내 13개 시읍면에 설치되어 있는 이주교류지원센터 중 가미야마정의 센터만이 운영을 민간단체그린밸리에 맡겼다는 것에 있다. 행정이 이주교류지원센터를 운영하는 경우는 개인의 정보보호 관점에서 이주촉진을 추진하는 NPO에게 이주희망자 정보를 제공할 수는 없지만, 그린밸리가 운영하는 가미야마센터에서는 어떠한 이주희망자가 있는지 개인정보를 입수, 빈집정보와 매칭하는 것이 가능하다.

이처럼 그린밸리는 이주희망자가 원하는 물건의 종류나 원하는 직업 등을 파악하는 것이 가능하기 때문에, 그린밸리가 이주희망자를 '역지명'하는 것이 가능해졌다. 그리고 이 역지명 방식을 구체화한 이주추진의 다음 단계로 '워크 인 레지던스'가 탄생했다. 이것은 아트에 한정되지 않는 넓은 의미의 창조인재를 모아, 가미야마에 살도록 하는 전략으로 아티스트 인 레지던스=KAIR의 모델을 응용, 발전시킨 것이다.

워크 인 레지던스의 실시로 인해 지금까지 아티스트부터 ICT비지니스, 디자이너, 장인, 신경 쓴 카페 경영 등 광의적인 창조인재나 크리에이티브계 기업의 유치, 창업 등으로 유치대상 범위가 넓어졌다.

이러한 시도의 결과 2012년 10월부터 2013년 7월까지 도쿄에 본사를
둔 ICT기업 10개 회사가 가미야마에 진출하여 지사를 개설했다.

도쿠시마현이 진행하는 현 내 전역광섬유 정비사업도 ICT기업의
진출을 뒤에서 밀어주었다. 마을 내의 모든 장소에서 광회선을 이용
할 수 있게 되었던 것, 강력한 사용자가 적기 때문에 인터넷 환경이
'차가 거의 없는 고속도로'라고 할 정도로 아주 양호한 환경인 것이 순
풍이 되었다. 생활비가 싼 것도 중요한 요인이다. 빈집의 집세는 월
2~3만 엔 정도로 수리가 필요한 물건이어도 어느 정도 불편을 감수
할 수 있다면 수리비도 집세도 그렇게 많이 들지 않는다. 거기에 도쿠
시마시내까지 차로 40~50분이어서 편리성도 나쁘지 않다. 장소를 따
지지 않는 활동이 가능한 기업이라면 좋은 조건이었다.

그린밸리가 가미야마정 이주교류지원센터의 운영을 시작한 2008
년 4월부터 2012년 11월까지 약 80명이 센터를 통하여 가미야마정에
이주했다. 출생수와 사망자 수를 비교하면 자연감소는 100인 이상이
며 인구감소가 멈춘 것도 아니지만, 그린밸리의 대처법이 확실하게
성과를 올린다는 것은 2008년 이후 한층 더 전입률이 늘어나고 있다
는 것을 보면 명확하다. 그림 11-2

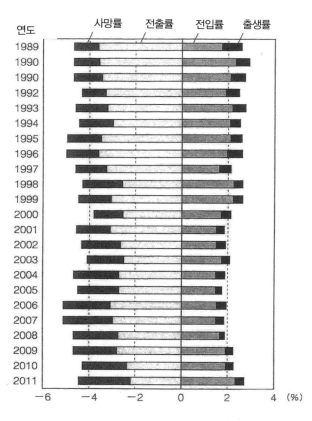

그림 11-2   가미야마정의 인구동향

(제공: 그린밸리)

　가미야마정 이주교류지원센터의 운영방침에는 '정착희망자나 젊은
사람, 기업가 등 그들을 위한 안내를 우선한다'가 있다. 이 같은 특정
한 가치기준에 의해 이주자를 선별하는 것은 종래의 정착촉진책의 상
식으로 보면 생각할 수도 없는 것이었다. 하지만 그린밸리는 이미 기
술했듯이 '일본의 시골을 멋있게 바꾼다'를 미션으로 삼아 '사람을 콘

텐츠로 삼은 '크리에이티브한 시골만들기'를 내세우고 있는 민간조직
이며, 미션실현을 위해 이주희망자 안에서 창조적 인재를 고르는 것
에 아무런 문제도 없다. 만약 타 지역과 같이 행정이 이주교류지원센
터를 운영하고 있는 경우는 특정한 기준에 근거하여 이주희망자를 선
별하는 것은 공평성의 원칙에 의해 곤란할 것이다.

단, 실제로 그 고장에서는 이주희망자를 선별하는 것에 대한 염려
의 목소리도 있다고 한다. 이러한 의견에 대하여 오미나미 씨는 '지역
에 있어서 이주자는 신부를 맞아들이는 것과 같은 것이다. 그 신부를
추첨으로 정하는 사람은 어디에도 없다. 거기에 이주자의 수용은 본
인뿐만 아니라 그 지역에 있어서도 엄청난 스트레스가 된다. 그렇기
때문에 지역이 납득하는 사람을 맞아들여야 하는 것이 아닌가'라고 반
론했다고 한다.[2]

크리에이티브한 인재를 고집하는 오미나미 씨의 자세는 그의 스탠
퍼드 대학원 유학시절의 경험이 도움이 되었다. 그가 유학했던 1970
년대의 실리콘밸리스탠퍼드 대학의 소재지는 마이크로 소프트사나 애플사라
는 벤처기업이 설립되는 등 다가올 ICT혁명의 전야를 맞이하고 있었
으며, 온 세계에서 온 재능이 모여 절차탁마하며 여러 가지 아이디어
가 태어나고 많은 기업이 생기는, 실로 창조성의 모판이었다. 이 같은
창조성이 소용돌이치는 크리에이티브 밀리외Creative milieu · 창의중심[3]의
분위기를 피부로 느낀 것으로 오미나미 씨는 지역의 창조성에 있어
무엇보다 중요한 요소는 '사람'이라는 것을 확신한 것이라고 생각된
다.

하지만 오미나미 씨는 처음부터 이러한 이주전략을 생각했던 것은
아니다. 미국 유학에서 지방으로 귀국 후, 스스로 경영하는 건설업

체 '오미나미구미'에서 일하기 시작했다. 그 일 중에는 도로건설도 포함되어 있었다. 도로가 정비되는 것은 가미야마 마을에 있어서도 편리성이 향상되고, 지역진흥에 공헌할 수 있다는 생각으로 본업인 건설업에 집중했다. 그런데 도로사정이 호전되는 것에 비례하여 주민이 마을을 나가게 되었다. 이러한 현실을 눈앞에서 목격한 오미나미 씨는 공공사업이 아니라 다른 대처방법이 필요하다고 확신하게 되었다.

가미야마 마을의 성공비결

사이트인 가미야마 안에 게재된 가미야마 마을의 민가정보나 생활정보가 인기를 모아 사람을 모으고 인재를 끌어들이는 것으로 연결되었다. 창조적인 일을 하는 사람들이 '가미야마는 재밌을 것 같다'라고 관심을 가지고 마을에 오게 되었다[4]. '새롭게 마을에 온 사람이 새로운 가미야마의 콘텐츠가 되고, 새로운 재밌는 사람을 끌어들인다라는 연쇄와 순환이 일어난다'[5]라고 오미나미 씨는 말한다.

이주자 유치에서는 여러 가지 우대정책이 준비되어 있는 경우가 많지만, 그린밸리는 그러한 우대정책은 준비하지 않는다. 또한 이주희망자에 대해서는 평등하게 대응한다는 것이 통상적인 방법이지만, 여기에서는 마을에 있어서 필요한 창조인재를 '역지명'한다는 방식을 취하고 있다.

예를 들어 '마을에 빵집이 없으므로 이 빈집에는 개성 있는 수제 빵집'을 만들고자 하는 지역 측의 주도권을 중시하는 방법이다. 그 때문에 빈집의 수리도 이주자가 하는 것이 아니라, 그린밸리가 수리를 해 빌려준다는 방식으로 되어 있다.

가미야마 정에 지사를 개설한 것은 명함관리 어플 등을 개발하고 판매하는 ICT벤처 (주)Sansan, NPO법인의 운영을 서포트하는 (주)소노리테, 디지털 콘텐츠 서비스의 기획, 개발, 운영하는 (주)플랫 이즈 등이 있다. 이들 기업은 개조한 옛날 민가를 '사무실'로 사용하고 있지만 도쿄의 본사와는 TV회의시스템으로 말을 주고받으므로 전혀 지장은 없다고 한다.

이런 지사가 늘어나면 거기에서 일하는 사람을 위해 음식업 등의 개인대상 서비스업의 수요가 생기지만, 가미야마정에서는 이것들도 귀농을 한 사람들에 의해 이루어지고 있다. 예를 들면 이주자가 시작한 '밤카페'는 마을에서 처음으로 생긴 카페로 젊은 사람을 대상으로 한 인테리어로 밝게 꾸민 가게가 특징이다. 여기서 가장 인기 있는 메뉴는 현미에 적미와 흑미를 섞어 만든 '고대미 기마카레'700엔이다. 워크 인 레지던스 제1호로서 오사카에서 이주해 온 젊은이가 시작한 '새로운 빵'은 매일 돌 가마로 구운 수제빵을 판매해 호평을 받고 있다. 또한 도쿄의 ICT기업에 일하는 여성은 폐업한 술집을 수리하여 오가닉 와인을 마실 수 있는 카페를 개업했다.

ICT기업의 근무자 등 인재가 모이기 시작한 가미야마정의 성공비밀은 도대체 어디에 있는 것일까. 가미야마정에 귀농하는 인재에는 창조인재가 많다. 여기서 《크리에이티브 자본론》의 저자 리처드 플로리다를 인용하면서 창조인재는 무엇인가에 대해 생각해보자.

플로리다는 해당 책 속에서 선진국에서는 탈 공업화에 의한 산업구조 전환 때문에 과학기술자, 예술가, 대학교수, 의사, 변호사 등 새로

운 가치창조를 행하는 '창조계급'이 회사에서 더욱 중요한 역할을 하
게 될 것이기 때문에, 그들을 많이 가지고 있는 도시는 비교 우위가
된다고 적고 있다[6]. 거기에 그는 창조계급이 좋아하여 그들이 살고 싶
다고 생각할 만한 도시, 지역을 형성하는 것이 이후 무엇보다 중요한
도시, 지역정책의 목표가 된다고 기술했다. 이를 위해서는 창조계급
의 특징을 파악하는 것이 가장 중요하다. 창조계급의 특징으로 플로
리다는 대체로 다음 사항을 지적하고 있다.[7]

보람을 중시하는 직업관

창조계급은 일에 대해서 금전적인 보수가 아니라 보람을 추구하는
경향이 있다. 즉, 돈을 위해서 일하는 것이 아니라 자기실현을 위해
일하는 것이다. 이것에 대해 피터 드러커는 '지식노동자에게 가장 동
기를 주는 것은 볼런티어정신이다'라고 말했다. 즉, 볼런티어는 급여
를 받지 않기 때문에 일보다 많은 만족을 얻으며, 지식노동자도 이것
과 같은 동기를 가진다고 하는 것이다.

소프트 컨트롤(유연한 관리)

창조계급은 자기실현을 위해 움직이기 때문에 결코 일하도록 강제
받지 않는다. 반대로 그들은 게으름 피우거나 하지 않는다. (중략) 거
기에서는 그전까지의 전통적인 히에라르키Hierarchie: 피라미드형의 계급조직
형 관리시스템을 대신하여 내가 '소프트 컨트롤'이라고 부르는 자기관
리, 동료의 평가, 자발적인 동기 등이 중시되는 관리수법이 받아들여
지고 있다.

캐주얼 아웃도어 지향

창조계급은 캐주얼한 복장을 좋아한다. '창조적 엘리트는 공업시대의 상징인제복을 입지 않기 때문이다. 근무형태도 플렉스 타임자유 근무시간 제, 장기간 노동이라는 방향을 가리키고 있다. 또한 일상생활에 있어 서는 아웃도어 라이프를 좋아하는 것도 특징이다.

일이 아니라 먼저 거주지를 정한다

그리고 이 점이 가장 중요한 부분이지만, 창조계급은 일취업처을 먼 저 정하는 것이 아니라 먼저 거주지를 정한 후에 일을 정한다는 경향 이 강하다.거주지 우선 자신이 선택한 거주지 커뮤니티에 대해서는 그 장 소를 좋게 만들고 싶다는 마음을 잠재적으로 가지고 있을 것으로 생 각된다.

이렇게 창조인재의 가치관이나 라이프스타일을 이해한 후에 그들 에게 있어 매력적인 지역만들기를 하는 것이 중요하다. 바야흐로 종 래의 기업유치에서 인재유치로, 더욱이 창조인재유치의 대상을 좁히 는 대처법으로의 전환이 요구되고 있다.

창조경제, 창조계급, 창조농촌

창조인재라는 사고방식의 배경에는 20세기 후반부터 여러 가지 형 태로 주장된 지식사회론이 기초가 되어 있다. 지식사회라는 사고방식 은 공업사회에서 탈 공업화사회로의 전환이라는 사회의 패러다임 체 인지를 의미한다. 공업사회의 중요한 경영의 기본자원은 토지, 설비, 원재료 등의 눈에 보이는 것이었지만, 지식사회에서의 경영의 기본자원은 특허나 비즈니스 모델과 같이 눈에 보이지 않는 전문적인 지식으로 전환된다. 이 전문적 지식의 창조가 지식사회에서 중요하다고 생각할 수 있다. 지식사회에서는 지식, 정보, 문화의 창조와 활용이야말로 경제의 기초가 된다고 생각된다.

　이것은 지금까지 각양각색의 사람들이 반복하여 말해 왔다. 프리츠 마츠헬프는 《지식산업》에서 20세기 미국의 노동인구가 육체노동에서 지식노동으로 크게 전환될 것이라는 걸 풍부한 데이터로 나타냈다[8]. 알랭 투렌은 《탈공업화의 사회》에서 전문기술직이나 그러한 기술이나 권력에서 배제되고 소외된 사람간의 투쟁인 '새로운 사회운동'을 예언했고[9], 다니엘 벨은 《탈공업사회의 도래》에 제품의 생산에서 서비스 경제활동으로 중심이 이동해 '이론적 지식'이 사회의 중심이 되는 원칙이 되고 지식계급전문, 기술직 층의 역할이 증대한다고 예측했다[10]. 제임스 B. 퀸은 기업의 경쟁력이나 생산력은 토지나 공장, 설비 등의 하드한 자산보다 지적 능력이나 서비스 능력에 있다고 주장했고[11], 엘빈 토플러는 20세기는 재력과 권력이 실권을 장악하고 있었지만, 21세기는 지식, 정보력을 가진 자가 실권을 가진다고 했다[12]. 로버트 B. 라이시는 '지식을 관리하는 지력이야말로 이후 경영자에게 빼놓을 수 없는 능력이다. (중략) 새로운 문제를 특정하여 그 해결을 발견해내는 지적 능력이 뛰어난 창조적 전문직Homo creator'이라고 말한다.

　이렇듯 창조경제의 시대에서는 창조성의 시점으로 보아 인적 자본이 가장 중요한 자원이 된다. 이 인적 자본론을 도시, 지역의 지속적 발전과 관련지어 생각해, 창조인재의 유치라고 하는 새로운 도시정책을 제안한 플로리다는 세계적으로 높은 평가를 얻었다. 도시, 지역정

책에서는 산업진흥을 위해 기업유치가 지금까지의 주류였지만, 창조
경제의 시대인 현대에서는 유치해야 할 것은 기업이 아니라 다양한
가능성을 가진 창조인재인 것이다. 기존의 기업을 유치한다는 생각에
서 창조인재가 이주한 후 현지에서 창업을 한다는 쪽으로 생각의 전
환이 일어나고 있다.

재정파탄을 맞이한 뉴욕시를 훌륭하게 재건한 줄리아니 전 뉴욕시
장이 채용한 것이 기업가 유치정책이었다. 이 정책은 즉시 고용이 창
출되는 것은 아니었지만, 단기간에 고용이 생겨날 가능성이 있다.[19]

공업사회는 빅 비즈니스대기업 중심의 사회였지만, 창조도시, 창조
농촌시대는 스몰 비즈니스중소기업 중심의 사회가 된다. 창조성을 만들
어내는 것은 어디까지나 창조인재=개인이기 때문에 창조성에 있어서
기업규모는 관계가 없다.오히려 대기업에서는 창조성이 생겨나기 힘들다는 것도 많은
식자들이 지적하고 있다 그보다는 창조인재가 새로운 발상을 만들어낼 수 있
을법한 지역 측의 환경이 중요한 요소가 된다. 그리고 일단 창조인재
가 모여 그들에 의해 크리에이티브한 활동이 가속되면, 그것이 또 창
조인재를 불러들여 획기적인 활동이 가속된다.

최근 일본의 지자체에서 이 사고방식을 도시정책으로서 채용한 것
이 요코하마시이다. 2004년에 시작한 요코하마시의 문화예술 창조도
시전략 '크리에이티브시티 요코하마'에서는 쇠퇴해가는 구시가지 해
안가 지역의 역사적 건축물이나 창고를 창조의 거점으로 재생시키고
거기에 아티스트나 크리에이터를 불러들이는 것으로 구시가지의 재
생에 크게 공헌했다. 그것을 견인한 것이 '역사적 건축물 문화예술
활용 실험사업'=BankART1929이다. 이 프로젝트로 인해 주변 지역
의 민간빌딩 오너도 크리에이티브 기업을 유치하는 등의 움직임을 유

발해 구시가지가 재생되었다. 젊은 아티스트나 크리에이터들이 낡은 빌딩이나 창고를 자신들이 자유롭게 내부를 고쳐 오피스나 아틀리에로 삼아 입주하여, 그 일대에 크리에이티브 클러스터가 형성된 것이다. 도쿄예술대학, 대학원영상연구과가 자리 잡거나, 매춘의 거리를 재생하는 코가네 마을 프로젝트가 시작되거나, 요코하마시의 중심부에 아트를 기축으로 한 새로운 움직임이 많이 생겨나게 되었다.[20]

그리고 과소화가 진행되는 소규모 자치단체로서는 처음으로 플로리다의 이론을 실행한 것이 가미야마정의 그린밸리인 것이다. 일반적으로 요코하마 같은 규모의 큰 지자체보다 가미야마 같은 작은 지자체 쪽이 의사결정의 빠름, 높은 정보발신효과, 지역 이미지 상승과 브랜드화를 위해 비용이나 시간이 적다는 점에서 대응하기가 쉽다고 생각된다.[21]

지역을 바꾸는 창조인재

앞으로 일본의 과소지역에 있어서 지역만들기는 어떻게 진행하면 좋을까. 과소지역에서 가장 중요한 과제는 취업기회, 특히 젊은 사람이 움직일 기회의 창출일 것이다. 이를 위해서는 지금까지는 기업 유치나 공업단지 조성이 실시되었지만, 그 중 많은 경우 실패했다. 그것들은 시대에 뒤쳐진 공업사회모델에 의한 제조업을 전제로 삼은 대처방법이었지만, 이미 적었듯이 선진국은 창조경제의 단계에 돌입하고 있기 때문에, 범용화commoditization된 대량생산이 아니라, 보다 부가가치가 높은 개성 있는 제품물건, 서비스만 요구되고 있으며, 지방

산업창출을 검토할 때에는 그 점을 충분히 인식하는 것이 필요하다. 전후 일본의 주된 지역진흥을 목적으로 했던 산업정책으로는 5차에 걸친 전국종합개발계획 외에도 거점정비 방식을 기본으로 한 '새 산업 도시건설 촉진법'1962년 제정, 2001년 폐정, '공업재배치 촉진법'1972년 제정, 2006년 폐정, '테크노폴리스법'고도기술 공업집중지역 개발촉진법 1983년 제정, 1998년 폐정 등이 실시되었지만 이것들의 공통된 부분이 도쿄 등의 대도시에서 '지방'의 인구나 고용을 분산시키려고 했던 것으로 지역에서 스스로 산업을 일으켜 세운다는 내발적 발전 시점이 빠져 있었다.[22]

'경제학에서는 오랜 세월 기술과 재능이 경제성장의 원동력이라고 보고 그것들을 전통적인 생산요소, 다시 말해 원재료와 똑같이 취급해왔다. 즉, 그것들은 축적이 된다고 생각한 것이다. 이 사고방식에 의하면 기술이나 재능은 특정한 장소에 축적되어 그렇게 축적된 것에 의해 기술혁신이나 경제성장의 정도를 설명할 수 있다. 하지만 기술, 지식, 인적 자본과 같은 자원은 분명히 토지, 기간, 원자재 같은 전통적인 생산요소와는 다르다. 그것들은 창고에 있는 것이 아니라 움직이고 있다.[23]

근대 경제학에서는 토지, 노동력, 자본이 생산의 3요소로 여겨지기는 하지만, 창조경제의 사고방식에서는 가치창조를 일으키는 유일한 요소는 인적 자본이라고 생각하고 있기 때문에, 제조업에서 필요시 할 법 한 토지큰 공장은 필요 없다, 노동력창조활동은 개인이 행한다, 자본설비, 기계 등 많은 초기투자가 필요 없다이라는 생산의 3요소를 무효화한다. 정말로 '사람이 콘텐츠'라는 이념인 것이다. 창조경제시대에 있어서 도시, 지역 정책에 요구되는 것은 창조인재에게 '가보고 싶다' '살고 싶다'라는 생각이 들 만한 매력적인 지역만들기라는 것이 된다. 그들을 흡입하는 역할을 도시, 지역이 완수하는 것이다.

　하지만 창조인재를 불러들일 경우의 과제로는, 기존 커뮤니티와 이주자가 잘 지낼 수 있을까 하는 문제가 있다. 일반적으로 일본의 농촌 사회에서는 외부인을 배제하는 경향이 있다. 더욱이 창조계급은 다른 사람에게 무관심하고 자기중심적이라는 지적도 있다. 이런 점에서 받아들이는 쪽의 커뮤니티에서 이주자를 선발하는 가미야마정의 방법은 합리적이라고 생각된다.

　'잎사귀 비즈니스'로 기적적인 지역재생을 행한 가미가쓰정인구 1,900 명. 섬을 통째로 브랜드화하고 6차 산업화에 의한 새로운 산업창출로 인구의 약 20%에 해당하는 귀농을 실현한 시마네현의 아마정海士町(인구2,600명) 등 몇 개의 '창조농촌'의 성공사례가 이미 보고되고 있다. 가미야마정 지역을 창조적으로 바꾸는 지속적인 대처방법은 앞으로 일본의 과소지역에 있어서 하나의 모델을 제시하고 있다.

〈주〉

1. 시노하라 타다시 〈기적의 NPO, 그린밸리의 창조적 궤적(2)〉
2. 주1과 같음
3. 피터 홀은 Cities in civilization(1998)에서 지역발전론 등에서 사용된 혁신적 기술이 생기는 장소로서 innovative milieu(혁신환경)이라는 관념에 힌트를 얻어 예술문화의 분야에서 새로운 창조가 생겨나는 장소라는 의미로 creative milieu(창의중심)이라는 개념을 제창하고 있다.
4. DIAMOND ONLINE '아이카와 도시히데의 지방 자치' 고시쿠다케(腰砕け)통신기 '제72회' 산간 마을에 최선단의 예술가나 IT기업가가 계속해서 이주? 창조적 과소를 내세워 지역재생을 도모하는 가미야마 마을의 선견성'
5. 주4와 같음
6. Florida, R. (2002) *The Rise of The Creative Class – and how it's transforming work, leisure, community and everyday life* (이구치 노리오 번역(2008) 《크리에이티브 자본론》 다이아몬드출판사)
7. Florida, R. (2005) *The Flight of the creative Class* (이구치 노리오 번역(2007) 《크리에이티브 클래스의 세기》 다이아몬드 출판사)와 주6에서

8. Machlup, F. (1962) *The Production and Distributielle of Knowledge ie the United States* (다카하시 다츠오, 기다 히로시 번역(1969) 《지식산업》 산업능률단기대학 출판부)

9. Touraine, A. (1969) *La Société post-industrielle* (스사토 시게루, 니시카와 준 번역(1970) 《탈공업사의 사회》 가와덴서재 신사)

10. Bell, D. (1973) *The Coming of post-Industrial Society* (우치다 다다오 외 번역 (1975) 《탈공업사회의 도래》 다이아몬드 출판사

11. Quinn J, B. (1992) *Intelligent Enterprise: A Knowledge and Service Based Paradigm for Industry*

12. Toffler, A. (1990) *Prowershift: Knowledge, Wealth and Violence at Edge of the 21st Century* (도쿠야마 지로 번역 1991) 《파워시프트(power shift,)》 후지tv 출판부)

13. Reish, R. (1991) *The Work of Nations* (나카타니 이와오 번역(1991) 《더 워크 오브 네이션 (the Work of Nations) 다이아몬트 출판사)

14. Drucker, P. (1993) *Post-Capitalist Society* (우에다 아츠오, 다시로 마시마, 사사키 미치오 번역(1993) 《포스트 자본 주의 사회》 다이아몬트 출판사)

15. 야노 마사하루, 시바야마 모리오, 순 얀, 니시자와 마사미, 후쿠다 미츠히로 〈창조성의 개념과 이론〉 Nll Technical Report, jun 2002에서 T. I. Lubart (1994) *Creativity - in Thinking and Solving, Academic press*를 인용하는 형태로, 창조성의 구성요서로서 지능, 지식, 사고스타일, 개성, 동기, 환경 등 복합요소를 들고 있다

16. 주7과 같음

17. Landry, C. (2012) *The Origins & Future of the Creative City,* Comedia

18. Hawkins, J. (2001) *Creative Economy - How people Make Money from ideas,* Penguin Press

19. 히가시 가즈마 (2001) 《실리콘밸리를 만드는 법》 중앙공론신사

20. 노다 구니히로 (2008) 《창조도시 구축의 전략》 학예출판사

21. 노다 구니히로 (2014) 《문화정책의 전개》 학예출판사

22. 주 19와 같음

23. 주 16과 같음

가미야마정	
기초 데이터	면적: 173.31㎢(동서 20km 남북 10km) 표고: 140m(가미야마 마을 사무소) 삼림 비율 : 82% 총인구: 6.1천명 세대수: 2.6천 세대 고령화률:46% 연소자비율: 7% 인구감소율 (2010/1970):▲56% 접근성: 버스/오오사카에서 도쿠시마 경우로 약 4시간, 자동자/오오사카에서 약 3시간 교육: 초등학교·중학교/11개 (278명), 고교 /1개 (86) 의료: 진료소 5 (치과는2) 마을센터 : 6 도서관: 0 산업: 사업자수451(종업원수2161人)제1차 31% /제2차22%/제3차 47%
합병 등 변천	1955년 3월 아노정, 진료정, 시모분가미야마정, 조분가미야마정, 오로노정과 합병해 가미야마정이 되어 현재에 이름
지역자원	· 혜택 받은 자연과 전국 굴지의 광대역 통신 환경 · 순례길화 (12번째 후다쇼(札所), 아와 인형 죠루리) · 음식 (표고버섯, 스다치) · 전통공예 (일본부채)
마을만들기의 기본개념	1. 사람이 움직이는 강력한 산업 만들기 2. 향토를 사랑하는 사람 만들기 3. 서로 받쳐주는 마음 만들기 4. 아름다운 자연과 쾌적한 공간 만들기 5. 아이디어가 빛나는 마을 만들기
지방문화진흥 등 특징적인 시행사업	· Adopt-a-Highway 가미야마 · 가미야마 아티스트 인 레지던스(KAIR) · 워크 인 레지던스(이주정착촉진사업) · 가미야마 순칸 공방(가미야마 지역의 농업생산자 나 특수가공자 및 주민그룹들과 회사 가미야마 온천이 자신의 지역 브랜드를 확립하려고 특산 상품 개발을 실시하는 프로젝트) · 가미야마 숙박 · 지사 사업 · 창조적인 숲 관리 위탁
특징적인 조례 등	· 지역의 기운임시교부금사업기금조례(2013) · 과제해결선진시도읍전략교부금사업기금조례(2013)
문화예술 교류거점, 창조적 거점 등	극장 요리이좌, 가미야마 밸리 지사 콤플렉스, 청소년야외활동센터, 툇마루 오피스, 카페 오니바(Onyva)
이 책에서 사례로 소개한 창조적인 노력을 하는 단체, NPO 등	NPO 그린밸리, 가미야마정 이주교류지원센터
산학민 연계·교류	가미야마 아트(무사시노예술대학의 워크숍),무사비 가미야마 인턴쉽(무사시노 대학과의 연계), 도쿄예술대연구실이 낡은 민가 수리를 지원함
특기사항	· 창조적 과소, 역지명에 의한 이주ICT기업의 지사의 진출이 잇따르다 · 문화청장관표창 '문화예술창조도시 부문' 수상(2012) · 과소지역자립활성화 우량 사례 표창(2013)

인구, 세대수는 2013년 11월, 면적 등은 세계농업연구조사(2010), 취업·인구구조는 국세조사(2010), 교육·의료·산업은 정부통계 e-stat, 지역자원 등은 각 시정촌·총무성·문화청 홈페이지를 참고했다.

▌나오시마정·쇼도시마정 ▌
지역성과 결합된 문화적 자원의
창조에 의한 섬의 활성화

다시로 히로히사(田代洋久)   chapter **12**

역사나 문화 등 지역의 문화적 자원을 발굴하고 매력이나 가치를 높힘으로써 교류인구를 증가시키고 지역활성화를 도모하고자 하는 정책이 주목을 받고 있다. 마을만들기의 요소를 반영하면서 교류인구를 확대하고자 하는 정책은 '관광마을만들기'라고 불리며 관광소비에 의한 경제 파급효과뿐만 아니라 지역주민이나 사업자의 참여를 통한 마을만들기의 추진이나 지역 내외의 교류에 의해 지역의 자부심이나 정체성을 회복하고자 하는 의도를 가진다. 그러나 도시화의 과정 중에 자연경관이나 아름다운 역사적인 마을이 점차 사라지고 특색 있는 문화자원을 보유하고 있는 지역은 한정되었다. 여기에서 '방문하고 싶은 마을'을 목표로 문화적 요소에 착목한 창조적인 시도가 요구되고 있다.

아트 프로젝트나 창작활동을 지역활성화에 활용하는 시도도 그 하나이고 지역 내에 분산 배치된 아트 프로젝트나 창작활동은 지역순회를 유도하고 지역의 새로운 매력을 가져온다. 그러나 현대예술 특유의 일상생활과 괴리된 참신성이나 강력한 개성, 난해한 추상성은 자 칫하면 지역의 전통이나 생활감과 괴리되고 지역주민의 심리적인 반 발을 가져오게 되며 일정 기준의 힘있는 작품이 아니면 곧바로 진부 해 버리며 계속적인 매력 유지는 곤란하게 된다. 지역활성화 효과를 높이기 위해서는 자연환경이나 사람들의 생활 등 지역성을 의식한 테 마설정, 아티스트와 지역주민과의 교류나 참가기회의 형식, 창작활동 을 계기로 한 마을만들기 추진과 같이 일과성의 이벤트에 멈추지 않 고 지역사회를 배려하면서 창작활동과 마을만들기에 관련성을 갖는 시도가 필요하다.다시로 2010

이러한 창작활동을 마을만들기에 활용하기에는 창작활동의 질이나 종류의 설정, 전개하는 지역범위, 자금조달, 유지관리, 지역사회와의 관계성 구축이라는 다양한 요소를 통합하는 매니지먼트가 필요하다.

이러한 시도의 성공사례로서 세토나이해의 나오시마直島를 거점으 로 민간기업이 전개한 문화사업이 있다. 나오시마는 '아트 섬'이라고 도 불리지만 작품감상을 목적으로 방문하는 관광객의 소비행동에 의 해 경제적 효과를 높이는 것뿐만 아니라 마을 내에서의 창작이나 전 시에 의해 지역에 자극을 부여하고 지역활동의 활성화나 경관마을만 들기 활동의 유발 등 연쇄적인 마을만들기를 이루고 있다. 2010년 이 후 나오시마 및 주변 섬을 개최지역으로 하는 세토나이 국제예술 제가 3년마다 개최되고 많은 주체와 함께 문화사업을 대규모화에 성 공했다.

또 대규모 아트 프로젝트는 작가나 방문자와의 교류에 의한 지역사 회의 활성화나 거점시설의 정비 등 지역정책과 결합함으로써 다면적 인 지역활성화의 기회가 된다. 그 가운데 가가와현香川県 쇼도시마정小

豆島町은 세토나이 국제예술제의 개최를 '백년에 한번의 기회'라고 하여 예술제를 계기로 한 다면적인 지역활성화에 적극적으로 참여하고 있는 것으로 알려져 있다.

본 장에서는 나오시마의 민간기업에 의한 문화사업의 사업발전과정과 전략적인 의의나 지역활성화의 상황, 쇼도시마정의 세토나이 국제예술제를 계기로 한 지역활성화의 정책상황을 소개하고 지역성과 결합된 문화적자원의 창조에 의한 지역활성화의 의의에 대해서 적어본다.

나오시마의 문화사업과 마을만들기

나오시마의 개요와 특색

나오시마는 인구 약 3000명의 섬으로 연간 관광객 수 약 40만 명 가운데 37만 명이 미술관이나 아트 프로젝트, 역사산책 등 역사·문화를 목적으로 방문하는 '아트 섬'이다. 나오시마에서 실시되는 문화사업은 민간기업인 ㈜베넷세홀딩스이하 베넷세라고 함 및 동 사의 회장인 후쿠다케 소이치로福武 総一郎가 이사장으로 있는 (재)나오시마 후쿠다케 미술관재단현 福武財団이 이끌고 있지만 기업이념에 따라 전략적 사업으로 전개함과 동시에 지역활동이나 마을만들기 활동에도 자극을 주고 나오시마의 지역활성화에 많은 공헌을 하고 있다.

나오시마는 세토나이해에 위치하고 본 섬과 부속 섬을 합친 면적은 14.2㎢로 작다. 동 섬은 가가와현에 속해 있지만 지리적으로는 후쿠야마福山현 다마노玉野시의 남방 3㎞에 위치하고 있기 때문에 다마노시로부터 정수 공급, 고도의료 제공 등의 생활관련 서비스를 받고 있다. 2010년 국세조사에 의하면 나오시마의 인구는 3325명, 고령화율은 30.4%이며 인구는 장기 감소경향에 있다.

에도 시대에는 세토나이해의 해상교통의 요충지로서 해운산업이 발달했지만 1917년에 미쓰비시광업이 설립되어 현재도 섬 북부에 있는 동 사 및 관련 제련사업은 나오시마의 기간산업이 되고 있다. 1990년에 인접한 데시마豊島에 산업폐기물 불법투기문제가 표면화되었지만 나오시마가 산업폐기물 중간처리시설을 수용한 것을 계기로 2002년에는 '에코 아일랜드 나오시마 플랜'이 승인되어 폐기물 재자원화, 리사이클 촉진 등의 환경산업육성을 꾀하고 있다. 미쓰비시 메트리얼에 의한 제련사업이 나오시마 경제와 고용을 지탱해 왔지만 인구유출문제를 현재회顯在化시키지 못한 요인이 되었다. 한편 다카하라성터高原城址 등의 역사적 자원 외에 현 지정무형민속문화재의 나오시마 여문락女文楽 등의 문화재 자원이 존재한다.

베넷세에 의한 문화사업 전개

베넷세benesse에 의한 문화사업은 동 회사의 전신인 ㈜후쿠다케 서점이 나오시마 문화촌구상1988으로 국제캠프장을 섬 남부에 개설한 것이 발단이었고[1] 그 후 일관적으로 문화적 요소를 축으로 한 사업이 전개되었다. 1992년에 섬 남부에 숙박, 레스토랑, 상점 등의 기능과 미술관을 겸한 베넷세하우스의 건설에 이어 1998년부터 2006년에 걸쳐 섬 동부의 혼무라本村 지구에 고 민가 등의 개수와 아트 제작이 일체화된 '집 프로젝트'가 실시되었다. 그동안 2001년에 기획전 〈THE

STANDARD〉라고 하는 전 섬을 전시장으로 하는 100일간 한정 미술
전이, 2006년에는 〈NAOSHIMA STANDARD2〉라는 기획전이 개최되
어 미술관의 젊은 회원과 지역 유지에 의한 농촌경관 재생이라는 지
역과제를 테마로 했다.

또 후쿠다케재단에 의한 자연환경, 예술작품, 건축물이 하나로 된
〈지중미술관〉²의 개설2004년, 미아노우라 지구의 아트 프로젝트 전개
2009년, 이누지마犬島, 2008년나 데시마2010년 등 인접한 섬 주변으로 아트
프로젝트의 확장, 세토나이 국제예술제 개최2010년 등과 같이 현대예술
을 축으로 다양한 전개가 이루어지고 있다. 그 가운데 마을에서 전개
되는 '집 프로젝트'가 마을만들기와의 관계가 주목되고 있다.

집 프로젝트는 역사성이 있는 건조물이나 경관이 남아 있는 섬 동
부의 혼무라 지구에 노후화된 고 민가의 수복과 아트를 융합한 아트
프로젝트이다. 지역주민과의 관계 속에 현대예술 작품을 만들어냄과
함께 섬의 상황도 변형시킨 기획도 시작되어 지역주민의 제작과정 참
가, 관광자원봉사자 발족, 집 프로젝트 주변에서의 경관형성활동 등
나오시마의 마을만들기에 큰 영향을 미치게 되었다.

'집 프로젝트' 7작품이 클러스터로 배치되고, 2013년 3월에는 건축
가 안도 다다오의 설계로 'ANDO MUSEUM'이 개설되어 지역의 매력
이 한층 향상되었다.사진 12-1

베넷세에 의한 문화사업 전개는 나오시마를 기업 필로소피인
'benesse = 잘 사는 것'의 실현, 가치관을 발신하는 장소로 간주됐다.
동 사에서는 교육, 육아, 생활, 복지관련 사업을 전개하고 있으며 동시
대를 살아가는 아티스트의 민감한 감성이나 현대사회의 모순을 표출하
는 메시지성, 작품 고유성이라고 하는 특징을 가진 현대예술에 초점을

사진 12-1 ANDO MUSEUM 외관

맞추어 나오시마가 가지고 있는 자연환경과 사람이 모이는 생활감을 주요 테마로 정했다.

동 사의 문화적 사업의 특징으로 ①섬 주변의 건조물은 전쟁의 피해를 받지 않았기 때문에 옛날 모습 그대로 남아 있고 문화재로 지정될 정도로 역사적 가치를 가지고 있지 않기 때문에 건조물을 예술작품으로 변형, 재생이 가능한 점 ②일과성 아트 이벤트가 아니라 상설전시를 선택하고 예술작품의 품질을 높힌 점. ③공평성·평등성의 원칙에 따라 행정조직에서 현대예술을 평가하는 것이 어렵지만 민간기업에서는 특정 전문가에게 작품선정을 위탁하는 것이 가능하다는 점, ④구상, 기획, 지역절충 등의 관련 업무를 자사 내에서 일원화가 가능하기 때문에 통일감 있는 사업전개가 가능한 점, ⑤집 프로젝트 주변 지역의 마을만들기 경관정비사업에 대한 협력이나 베넷세하우스 뮤지엄, 지중미술관의 지역주민의 무료입장 패스포트 제공 등에 의해 지역주민이나 지역사회에 대한 배려를 들 수 있다.

이러한 사고에 의해 베넷세나 후쿠다케 재단의 문화사업은 고품질

의 예술작품의 추구와 실시지역의 확대라고 하는 두 가지의 전략 축
에 따라 중추적인 전개가 이루어지고 있다. 지역의 확대는 이누지마
에서의 이누지마 아트 프로젝트 '제련소'2008년, 현재 이누지마 제련소 미술관의
개설을 시작으로, 데시마에서는 크리스찬 볼턴스키에 의한 심장음을
수집하는 프로젝트인 '심장음 아키이브' 외에도 건축과 작품과 환경과
의 융화를 모색한 데시마 미술관2010년이 개설되었다.

  이러한 베넷세에 의한 나오시마 근교 섬 주변에서의 아트 전개에
의해 2010년에는 가가와현 지사를 회장으로 하는 실행위원회가 결성
되고 섬 주변의 일곱 섬과 다카마쓰高松항을 개최지로 한 세토나이 국
제예술제가 개최되었다. 세토나이 국제예술제 2013에서는 섬 주변의
12섬과 2항高松港, 宇野港으로 전개지역이 확대되었다. 세토나이 국제예
술제의 경위와 전개에 대해서는 후술한다.

아트 프로젝트에 의한 지역활성화 효과

  베넷세에 의한 지속적인 문화사업 전개와 정보발신의 결과, 나오시
마는 아트의 섬으로 국내외에 지명도를 높였다. 특히 2004년의 지중
미술관 이후 관광객 수는 비약적으로 증가했고 2012년의 관광객 수
약 43만 명 가운데 40만 명이 역사·문화목적으로 방문하고 있다그림
12-1. 관광객 수의 증가에 의해 어느 정도의 경제적 효과에 대해서는
조사하지 않았지만 나오시마에서는 관광객의 급증을 경제효과와 연
계시키기 위해 독자적인 특산품 개발을 추진하는 것 외에 숙박시설,
음식점도 증가하는 경향이다.

  사회적 효과는 집 프로젝트에 전형적으로 나타나고 있다.

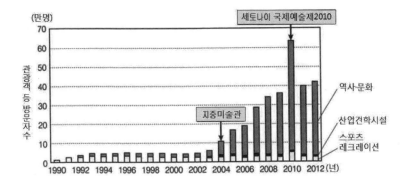

그림 12-1　나오시마정 관광객 등 방문자 수 추이

(출전 : 나오시마정 관광협회 제공자료를 기반으로 필자 작성)

표 12-1　나오시마 경관 마을만들기 추진

2000년	나오시마정 경관정비계획
2002년	마을만들기 경관조례 제정
2003년 ~	마을만들기 경관사업활동 보조(하드사업+소프트사업)
2006년	경관행정단체
2007년	지역만들기 총무대신표창 수상

　첫 번째로 지역주민이 작품제작과정에 참가함으로써 의식의 변화, 마을만들기 활동에 의한 활성화 효과를 들 수 있다. 이하라井原 2007 는 ①혼무라 지구 주변에서의 관광자원봉사자 결성, 주택화장실을 무상으로 빌려주는 봉사활동 ②방문자와의 교류를 계기로 새로운 역사문화자원의 재발견과 보존 · 재생, 생활환경 미화활동 시작 등의 두 가지를 들 수 있고 문화사업을 지역주민이 수용하는 토양형성과 집 프로젝트의 마을만들기로서의 측면을 지적하고 있다. 현재 화장실 봉사는 하고 있지 않지만 관광가이드 봉사 외에 방문자에게 차를

대접하는 음료봉사자를 적정 배치하고 고령자의 생활보람 만들기나
지역정체성의 형성효과가 나타나고 있다.

두 번째로 경관마을만들기를 들 수 있다. 나오시마에서는 집 프로
젝트를 계기로 주변 지역을 대상으로 경관정비계획 및 경관사업을 추
진해 왔다. 2001년에 개최된 기획전의 일환으로 혼무라 지구의 가옥
에 초목염색풍의 커튼을 장식하는 '노렌 프로젝트'를 시행한 것 외에사
진 12-24 2002년에는 마을만들기 경관조례를 제정하고 각 가옥에 통일
된 명판을 부착한 가호표찰 설치나 가옥지도 등의 경관정비사업을 실

사진 12-2 노렌에 의한 마을의 모습

사진 12-3 골모길 정비

사진 12-4 나오시마 목욕탕 | ♥ 유

시했다.

또 2003년에는 집 프로젝트가 시행되고 있는 혼무라 지구에 마을 만들기 경관사업 활동보조를 개시하고 건조물의 개수나 노렌에 의한 가로경관 형성 등의 경관마을만들기 활동에 대하여 일정의 보조를 실시했다사진 12-3.[5] 나오시마는 2006년에 경관행정단체로서 경관마을만들기를 추진하는 가운데 이러한 정책이 평가되어 '지역만들기 총무대신 표창'을 수상했다.[6]

2009년 7월에는 섬 서부의 미야노우라 지구에 나오시마 목욕탕 'I ♥ 유湯'라는 실용기능을 가진 현대 예술작품이 설치되었다사진 12-4. 당 목욕탕의 운영은 나오시마관광협회가 하고 있지만 후쿠다케 재단으로부터 건물 및 시설설비를 무상으로 임대하여 미야노우라 자치회의 협력을 얻어 시설의 관리운영, 고객접수, 상품위탁판매를 실시하고 있다. 자치회가 목욕탕의 업무를 추진하면서 젊은 관광객과의 교류를 즐기고 고령자의 보람도 가지면서 참여 희망자에게도 어려움이 없을 정도이다. 이렇게 예술과 지역사회와의 접점을 강화함으로 친화성의 확대와 지역정체성의 형성 등의 사회적 효과의 파급확대를 기획하는 정책을 추진하고 있다. 한편 너무 급격하게 관광객이 증가한 결과 도로·공공교통기관·주차장의 혼잡이라는 사회자본 정비 상의 문제와 더불어 관광객 층의 확대나 지역사회로의 이해부족에 따른 매너나 공중도덕의 악화, 새롭게 개점한 일부 음식점의 경관상의 부조화 등의 문제가 지적되고 있다.[7]

세토나이 국제예술제를 통한 쇼도시마정의 도전

쇼도시마정의 지역특색

쇼도시마정은 세토나이해에서 아와지마淡路島 다음으로 두 번째로 큰 섬으로 섬 동부의 쇼도시마정과 섬 서부의 도노쇼정土庄町의 두 개의 섬으로 되어 있다. 2010년 국세조사에 의하면 쇼도시마 전체 인구는 3만 1275명, 면적은 170.0㎢이고 그 가운데 쇼도시마정은 1만 6152명, 면적은 95.6㎢이다. 쇼도시마정은 일본 올리브의 발상지이고 또 쓰보이 사카에壺井栄의 소설을 영화로 만든 〈二十四의 瞳〉의 무대로도 알려져 있고 일본 3대 계곡으로 알려져 있는 간카케이寒霞渓를 시작으로 무형민속문화재로 지정된 쇼도시마 농촌가부키, 중요유형민속문화재로 지정된 나카야마 농촌가부키 무대 등 다수의 문화적 자원을 가지고 있다.

쇼도시마정의 산업은 400년의 전통을 가진 간장醤油제조, 수제 소면, 특산품인 간장을 활용하여 전후 시작된 조림제조 등의 식품공업이 중심이다. 그 외의 산업으로는 전기조명 국화재배나 자두농업, 오사카성 축조 시부터의 석재업, 관광 관련산업이나 올리브제품 제조업이 알려져 있다. 이러한 다채로운 지역자원을 배경으로 쇼도시마는 관광지로서도 발전하여 1973년의 추정관광객이 150만 명을 넘었지만 최근에는 감소하는 경향이다.

세토나이 국제예술제

세토나이 국제예술제 2010는 2010년 7월 19일부터 10월 31일의

105일간에 걸쳐 나오시마, 쇼도시마를 포함한 세토나이해의 7섬과 다카마츠항에 '바다의 복권復權'을 테마로 개최된 광역형 대규모 아트 프로젝트로 행정, 경제단체, 민간기업, 대학, 지역단체 등 45개 단체로 구성된 세토나이 국제예술제 실행위원회 주체에 의한 것이다. 종합 프로듀서는 후쿠다케 재단 이사장인 후쿠다케 소이치로, 종합디렉터는 기타가와로 '대지大地예술제'와 같은 멤버이다.

예술제의 개최 취지는 글로벌화, 효율화, 균질화의 흐름 가운데 인구감소, 고령화, 지역활력의 저하에 의한 섬 고유성이 사라지면서 세토나이의 섬에 활력을 가져오고 세토나이해가 모든 지역의 「희망의 바다」가 되는 것을 목표로 한 것이다.[8] 2008년도부터 2010년도까지 3년간의 사업수지는 수입 6억 8900만 엔이고 전시된 작품수는 76작품, 방문객 수는 93만 8246명에 달했다. 국내외의 미디어에 크게 알려진 것 외에 방문객 설문조사에서도 전체의 90% 이상이 호의적인 평가를 나타내는 등의 성공을 가져왔다.

쇼도시마에서는 세토나이 국제예술제 2010의 개최에 앞서 가가와현, 쇼도시마정, 도노쇼정의 공동사업으로 도노쇼정 예술가촌 사업을 2009년부터 실시했다. 동 사업은 쇼도시마 아티스트 인 레지던스쇼도시마AIR로 전개되고 젊은 예술가를 초대해서 3~4개월의 체재기간 중에 지역의 문화, 환경 등으로부터 아이디어를 얻어 창작활동을 하고 성과발표나 지역과의 교류프로그램 등 지역주민과의 교류를 통한 지역활성화를 목적으로 한 것이다. 쇼도시마에서는 2009년 3월에 미도반도 우라노浦野에서 쇼도시마 예술가촌의 개막식을 가지고 2013년 4월까지 24명을 초청한 실적을 가지고 있다.[9]

세토나이 국제예술제 2010에서는 쇼도시마는 쇼도시마정 나카야마

지구 및 도노쇼정 히토야마 지구, 도후치土渕해협 부근에 11개 작품이
전시되고 기간 중의 내방객 수는 11만 3274명으로 전 방문객 수의
12.1%를 차지하였고, 나오시마 29만 1728명 다음으로 많은 방문객
수를 기록하고 있다.[10] 쇼도시마정에서는 사업비 예산으로 약 530만
엔을 계획함과 동시에 지역주민에게 현대예술에 친숙해지도록 작품
제작에 주민참가를 유도하고 작품감상 할인, 지역신문에 작가나 작품
소개 등을 게재하고 있다[11]. 또 세토나이 국제예술제 개최를 관광진흥
의 기회와 의미를 부여함과 동시에[12] 체제형의 현대예술 제작을 적극
적으로 유치함으로써 아트에 의한 상승적인 지역활성화에 의욕을 나
타내고 있다. 2010년도에는 '협동의 마을만들기 지원사업'이 새롭게
사업화되고 지역주민의 자발적인 마을만들기를 촉진하는 시도도 이
루어지고 있다.

예술제 종료 후의 지역활성화정책

  예술제 폐회를 앞둔 2010년 10월에 '세토나이의 복권'을 테마로 사
업관계자가 모여 의견교환회가 있었다.[13] 쇼도시마정은 ①항로의 유
지·창설, ②바다를 활용한 관광진흥, ③고속통신망의 활용, ④세토
나이해의 환경보존과 예술제를 일과성의 이벤트가 아니라 종합적인
지역재생·지역활성화의 기회로 삼도록 제기하고 의견교환회 수료
후 페리회사와 적극적인 절충 결과 2011년 7월에는 사카테坂手항과 고
베항을 연결하는 페리항로의 16년만의 부활에 성공했다.
  그 후 쇼도시마정에서는 세토나이 국제예술제를 계기로 마을만들
기를 가속시켜 나갔다. 2011년도 당초 예산에서는 아트의 마을만들기

관련 예산으로서 '섬의 매력만들기' 14개 사업, 약 1500만 엔을 계상했다. 구체적인 사업으로서 나카야마 지구의 '계단식 논 활성화 프로젝트', 미도반도를 젊은 예술가의 작품제작의 공간으로 전개하는 '쇼도시마 아트 필드 프로젝트' '간장의 고향'을 활용한 지역만들기를 추진하는 '산업운영장의 고향 프로젝트' '쇼도시마 걸'이라고 불리우는 여성자원봉사자 인터넷에서의 정보발신을 통한 여성관광객 등의 증가를 목표로 '치유의 공간 쇼도시마 이야기 프로젝트', 쇼도시마 석재문화를 발신하는 '석재 매력 창조 프로젝트'를 들 수 있다. 2012년도에 접어들면서 후쿠다福田 지구의 초등학교를 활용한 예술제 거점시설이나 우마키馬木 지구의 화장실·주차장 등의 정비사업을 하고 있다.

지역활성화정책의 확대

세토나이 국제예술제 2013은 규모를 확대시켜 207점가운데 신 작품 수 163점이 출품되었고 세토대교 서측에 있는 주세이산中西讃의 5개 섬을 새롭게 개최장소로 지정하고 관광객의 집중혼잡을 피하기 위해 봄, 여름, 가을의 3기로 나누어 분산개최를 실시하는 등 사업규모가 대폭 확대되었다.[14]

쇼도시마정은 세토나이 국제예술제 2013을 계기로 다음과 같이 지역활성화를 시도하였다. 첫 번째로 전 섬에 작품전시가 되도록 예술제실행위원회에 적극적으로 요구하여 조정하였다. 구체적으로 미시마 지구에서 '쇼도시마 아티스트 인 레지덴스' 사업, '도쿄 예술대학 프로젝트'를 예술제 프로그램에 반영하도록 한 것 이외에 후쿠다 지구의 폐교에 예술 거점시설을 두도록 요청한 것, 간장의 고향 사카테 지구에 지역조정을 시행하는 등을 들 수 있다.

두 번째로 예술제개최를 지역활성화의 계기로 삼는 지역정책으로 명확하게 부여하고 있다. 쇼도시마정에서는 고베와 쇼도시마를 연결하는 항로를 부활시키고 주민참여를 통하여 이 섬이 가지고 있는 문화, 전통, 산업, 지역협력체를 세계를 향해 정보를 발신하는 예술제가 쇼도시마 전역에서 개최되는 것을 '백년에 한 번의 기회'라고 생각하여 2013년도 당초 예산을 약 1억 1,000만 엔을 계상함과 동시에 지역활성화 효과가 전 섬에 파급되도록 지역의 매력을 높이는 사업을 각지에서 전개하고 있다. 그림 12-2[15]

세 번째로 2013년 4월에 정町 직원 21명으로 구성된 세토나이 국제

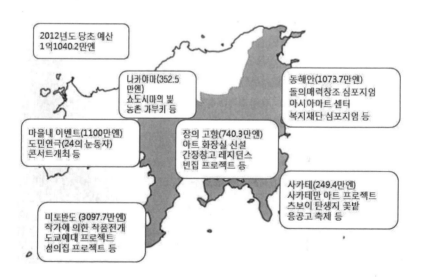

그림 12-2 쇼도시마에 있는 세토나이 국제예술제 2013 관련예산
(출전 : 마을홍보(쇼도시마) 2013년 5월호로부터 필자작성)

예술제 2013 추진실을 새롭게 설치한 것 이외에 정 직원이 지구를 담당하면서 지역주민과의 정보공유나 조정을 실시하는 등 전 행정적인 조직체제를 시행하고 있다. 주민참가의 촉진도 가속되고 있고 지역이 보유하고 있는 인적자원을 총 동원하고 있다.

　사진 12-5, 12-6은 사카테 지구의 작품이다. 사카테항 페리 대합실의 벽면에 작가 야노베겐지가 착상한 소설을 교토의 예술계대학의 여학생이 쇼도시마 엔기에마키小豆島緑起絵巻로 그렸다. 작가는 그 후 쇼도시마 지역만들기 협력대원으로 선정되어 쇼도시마에 이주해 살고 있다.[16]

그림 12-5　사카테 지구:　　　　그림 12-6　사카테 지구:
비트다케시 X 야노베겐지　　　　야노베겐지(화가: 오카무라미키)
〈ANGER from the bottom〉　　　　〈쇼도시마 엔기에마키〉

　사진 12-7, 12-8은 장의 고향의 가로경관과 개인 소유의 올리브밭에 설치된 작품이지만 지역주민이 방문객에게 해당 지구의 장 창고군이나 생활을 소개하거나 방문객이 즐기도록 꽃밭을 정비하는 등 자주적인 활동을 시행하고 있다. 또 이 지구에서는 커뮤니티디자인을 표방하는 야마자키의 studi-L이 지역주민과 협동으로 작품제작을 추진하는 '쇼도시마 커뮤니티디자인 프로젝트'가 실시되었다. 미토반도에

서는 쇼도시마 예술가촌쇼도시마 아티스트 인 레지덴스에서 제작된 작품과 함
께 고령자 중심의 지역주민이 방문객에게 차나 과자 등을 대접하는
'시마노이에 프로젝트'가 기획되고 있다사진 12-9. 시마노이에島家는 정
이 설치하고 지역단체에 의해 운영되는 것이지만 토·일요일을 중심
으로 미토반도 전체에서 전개되었다.

또 예술제에서 발표된 작품의 일부는 폐막 후에도 남겨져 문화적
자원으로 지역활성화에 도움이 되도록 할 예정이다.

사진 12-7 장의 고향 마을경관

사진 12-8 바키 지구:
기요미즈 히사카즈 〈올리브의 리젠트〉

사진 12-9 미토반도 '섬의 집 프로젝트'의 모습

문화적 자원의 창조에 의한 지역활성화

지역성에 주목

　인구감소에 직면하고 위기에 처한 많은 지역에서는 지역의 매력을 높이고 교류인구를 증가시키는 것이 우선과제가 되어 있지만 희귀한 자연경관, 역사성 있는 건조물이나 가로경관, 전통문화나 전통행사 등의 특색 있는 지역자원이 이미 사라진 지역에서는 새로운 문화적 자원을 창조하고 이것을 활용한 지역활성화가 유효할 가능성이 있다.

　창작활동의 외부 효과로서 유형, 무형의 새로운 자원을 만들어내는 창조력과 쇠퇴한 무기적인 공간을 의미 있는 유기적 공간으로 변화시키는 가치 반전능력을 기대할 수 있다. 예를 들면 구미의 쇠퇴도시 재생에서는 오래된 건조물의 가치를 재고하고 역사성 있는 건조물의 전용이나 공공공간을 이용한 창작활동을 장려함으로써 공간이미지의 개선이나 지역활성화에 도움이 되도록 하고 있다. 문화예술이 갖는 창조성에 착목한 도시재생은 창조도시모델로도 불리우고[17] 역사적 건조물의 재생 등의 하드적인 것부터 시민활동의 활성화 등의 소프트적인 것까지 폭넓은 가능성이 지적되어 많은 도시에서 정책전개가 이루어지고 있다. 최근에는 도시부뿐만 아니라 지방도시나 소규모 지방도시에 있어서도 본서에서 정의한 것처럼 창작활동과 자연의 관계 등에 착목한 '창조농촌'이라고 하는 지역모델이 모색되고 창조성에 주목한 지역재생이 시도되고 있다.

　그러나 창작장소의 제공이라고 하는 공간적인 관계만으로는 지역활성화 효과에 한정적이라는 것은 명백하고 지역과 어떠한 관계성이

중요하게 대두된다. 창작활동이 지역의 고유성과 관련지어지면 지역
주민의 수용이 촉진될 뿐 아니라 지역이미지 향상이나 지역의 자부심
이나 정체성이 이루어질 가능성이 있다. 또 지역성과의 결합에 의한
효용은 작품창작 레벨에 멈추지 않는다. 창작활동과 관련지어진 도
로·교량·공원정비 등의 물리적인 정비나 경관만들기 활동과 연동
함으로써 공간적으로 지역의 매력이나 가치가 확대되고 다원적인 지
역활성화 효과가 기대된다.

창작활동에 의한 지역의 매력

　창작활동에 의한 지역의 매력창출의 과정을 나오시마의 사례에서
보고자 한다. 베넷세에 의한 문화사업은 교류인구의 증대에 의한 직
접적인 경제적 효과뿐만 아니라 경관형성 등의 마을만들기 활동을 유
발함으로써 지역이미지의 향상이나 정체성의 양성 등의 사회적 효과
도 창출하고 내외부로부터 높은 평가를 받고 있다. 집 프로젝트에서
보는 지역성에 주목한 문화적 자원의 창조가 나오시마의 지역이미지
의 향상과 지역의 매력을 증대시키고 있다는 것을 분명히 말할 수 있
다. 나오시마에 있어서 문화적 자원의 창조에 의한 마을만들기는 창
작활동을 어떻게 지역성과 관련시키고 지역자원의 고도화를 추진하
고 있을 것이다.
　섬 남부의 세토나이해에 면한 아름다운 자연경관은 단독으로도 매
력 있는 지역자원이지만 자칫하면 단조로운 것이 될 수 있다. 여기에
자연경관과 조화를 고려한 현대 예술작품을 배치함으로써 자연경관
의 아름다움이 한층 더 돋보인다. 또 섬 남부에 설치된 지중미술관에

서는 현대 예술작품, 작품과 일체화된 건축물, 자연경관을 높은 단계로 융합화하는 데 성공했다. 섬 동부는 역사성 있는 건조물이나 전통적인 경관, 생활문화 등이 남아 있는 지역이고 이러한 문화적 자원을 이용하여 작품화한 '집 프로젝트'에서는 지역매력의 재발견, 새로운 매력의 창조에 성공한 것 외에 지역성과 결합한 창작활동은 지역활동이나 마을만들기 활동을 자극하고 지역활동의 활성화나 경관마을만들기 추진의 계기가 되고 있다.

또한 현대 예술작품이 퍼블릭 아트로서 공공공간에 설치된 경우 지역주민의 반발이 예상되었지만 혼무라 지구의 집 프로젝트에서는 건물 외관을 주위의 경관과 조화시킴으로써 경관창조가 가져오는 생활공간으로의 침식을 완화해주는 배려가 되고 있다. 한편 섬 서부의 미야노우라 지구의 나오시마 목욕탕 'I♥유'는 참신한 건축디자인이면서 나오시마의 현관인 미야노우라항에 가까운 곳에 있고 현재의 목욕탕을 미야노우라자치회의 협력으로 운영하여 지역주민이 젊은 관광객과 접하는 기회를 만든 것이 경관형성상의 반발을 억제하는 요인이라고 생각한다.

나오시마의 시도는 종합적인 지역활성화 효과를 추진한 매니지먼트가 시행된 점이 주목된다. 베넷세에 의한 문화사업은 기업전략에 바탕을 둔 사업전개에 의해 최첨단의 아티스트의 작품의 유치와 내외 미디어의 홍보인 매스컴전략을 통한 나오시마의 세계적 단계로의 지명도 향상에 성공함과 동시에 나오시마정의 마을만들기와의 일체적인 추진[18]에 의해 경관마을만들기 등의 지역정책의 추진과 지역 내 사업자나 지역주민의 문화사업의 수용에 기여하고 있다고 말할 수 있다.

이렇게 특징 있는 지역자원을 가지고 있다고 할 수 없는 나오시마에 있어서 자연경관이나 사람들의 생활 등 지역 고유의 문화적 자원이나 마을만들기 활동과 유기적으로 관련시킨 창작활동은 단순히 작품제작이나 전시를 통한 지역의 문화적 가치를 향상시킨 것뿐만 아니라 작품감상을 목적으로 한 교류인구의 증가에 의해 경제적 가치의 향상, 지역활동의 활성화나 지역의 자부심, 정체성의 양성이라고 하는 사회적 가치향상을 가져 왔다는 것을 알았다. 다시 말해 아트 프로젝트와 마을만들기 활동과의 일체적 전개, 자원 베이스에서는 문화적 자원과 마을만들기 요소와의 다원적인 관련을 적절히 매니지먼트함에 따라 지역의 다원적인 가치향상을 이룰 수 있었다고 생각한다.

나오시마와 쇼도시마정에서 보는 지역활성화에 대한 접근

문화적 자원의 창조에 의한 지역활성화에 대한 접근에는 다양한 경로가 있다. 본 장을 정리해 보면 지역정책과의 관계, 창작활동과 지역성, 창작활동과 지역주민의 수용 등의 3가지 시점에서 나오시마와 쇼도시마정를 비교·검토해 보고자 한다.

첫 번째로 지역정책과의 관계에서 나오시마에서는 교류인구 증가에 의한 관광마을만들기에 경관마을만들기와의 연동이 확인되었다는 것을 지적했다. 작가와 주민이라고 하는 개인적인 교류에 멈추지 않고 지역정책과도 관련짓고 있다. 한편, 쇼도시마정에서는 섬이 가지고 있는 문화, 전통, 산업, 지역협력체를 아티스트와 함께 재발견하고 세계를 향해 발신함으로써 쇼도시마의 지역활성화를 도모하고 지역의 매력만들기를 기획하는 지역정책 전반과 연동하고 있다.

두 번째로 창작활동과 지역성과의 관계에서는 집 프로젝트는 고민가의 수복과 현대예술의 창작과 융합시킨 프로젝트이고 'THE STANDARD'는 작품을 전 섬에 전시장으로 점재시킨 것으로 창작활동과 지역과의 관계성을 적극적으로 구축하고자 한 것이다. 혼무라 지구의 집 프로젝트 '스미야角屋'에서는 제작과정에 주민이 참가하였고, 'I♥유'에서는 운영의 일부를 지역자치회에 맡기는 등 지역과의 관계성의 구축에 노력하고 있다. 한편, 쇼도시마정에서는 전 섬에 널리 배치된 작품 전시장소나 창작테마 등에 쇼도시마정의 의향을 반영시키고 정町 직원이 지구담당으로 지역주민과의 정보공유나 조정을 실시하고 있다. 또 우마키 지구에서는 주민참가에 의한 작품제작이 시행되는 것뿐만 아니라 미토반도에서는 '섬의 집'이라고 불리는 지역주민에 의한 환영사업이 전개 되는 등 각 지역과의 접점을 찾아 지역활성화 효과를 전 섬에 파급시키는 기획을 하고 있다.

세 번째로 창작활동과 지역주민의 수용에서는 나오시마는 제조업이 기간산업이었다는 것과 본래 개방적인 도민기질을 가지고 있었다는 점, 쇼도시마정도 옛날부터 관광지로서 전개되어 온 역사를 가지고 있었기 때문에 그 수단이 문화적 자원의 창조였지만 교류인구의 증가에 대한 지역주민의 반발은 볼 수 없었다.

이상을 정리하면 나오시마는 섬이 가진 문화적 자원을 고차원의 창작활동과 민간기업이 주도하는 교류인구를 증가시키는 문화사업, 또한 경관마을만들기 등의 지역정책과의 연동을 적절히 매니지먼트함으로써 지역활성화에 성공했다. 한편, 쇼도시마정은 문화적 자원의 창조를 시도한 세토나이 국제예술제를 계기로 공민협동의 틀을 활용해가면서 지역의 매력만들기를 전 섬에 전개하고 지역산업이나 지역

사회에 자극을 부여함으로써 지역경제나 지역사회의 동시 활성화를
기획했다고 말할 수 있다.

　나오시마와 쇼도시마정의 사례는 리드하는 주체는 다르고 활성화
에 대한 경로는 다르지만 어느 것이나 아트 프로젝트를 통한 문화적
자원의 창조에 의해 교류인구를 증가시키고 경제의 활성화와 사회의
활성화를 추구하고자 하는 것이다.

　풍요한 자연이나 긴 세월을 거쳐 성장해 온 사람들의 생활이나 전
통문화 등의 지역성과 관련된 창작활동은 지역의 고유성을 획득하고
다른 지역에서는 모방할 수 없다. 자금 · 인재의 확보, 지역사회의 합
의, 지역특성에 맞는 창조성 매니지먼트 등의 과제는 있지만 새로운
지역활성화의 행로를 개척하는 것이 앞으로의 발전에 기대된다.

〈주〉

1. 나오시마의 지역개발은 1959년부터 9기 36년간에 걸쳐 정장이었던 미야케치카구(三宅親連)
   가 1960년 나오시마 개발구상에 의한 것이다. 미야케는 나오시마를 3개소로 구분하여 북부는
   제련소를 핵으로 한 관련 산업의 진흥, 중앙부는 주민생활공간, 남부는 주변 섬과의 자연환경,
   역사적 문화유산을 보존해 가면서 관광사업에 활용하는 지금의 나오시마의 토지이용계획의 원
   형을 제시했다.
2. 안도 다다오 설계에 의한 미술관과 일체한 크로드 · 모네, 제임스 · 타렐, 월터 · 디 마리아의 수
   장작품은 국내외로부터 높은 평가를 받고 있다.
3. (주)베넷세홀딩스의 사업전개 개요는 가사하라(笠原, 2011)가 정확하다.
4. 노렌의 제작자인 가노요코(加納容子)는 오카야마현 마니와시 가츠야마지구에 거주하면서 초
   목염색의 노렌을 제작하고, 「노렌 마을만들기」를 지역단체와 행정이 협력하면서 실시하고 있
   다.
5. 나오시마정의 마을만들기 활동보조실적 자료에 의하면 2011년도 말 까지 총액 900만 엔이 넘
   는 실적이 있다.
6. 수상 이유는 나오시마정 마을만들기 경관조례 제정, 관광협회 설립, 에코타운계획에 의한 하
   드, 소프트사업의 결과, 폭발적인 관광객의 증가, 고용창출, 인구감소의 멈춤 등의 성과가 있
   었고 또 계속적으로 예술활동을 하는 베넷세와의 협동의 마을만들기에 의해 예술 · 자연 · 역사
   의 마을로 많은 관광객이 방문하는 새로운 관광지의 모델이 되었던 점이다.

7. 예를 들면 나카지마(中島, 2012)는 관광객이 지역에 많은 관심을 두게 되면 지역민에 대한 배려도 생겨나고 예의나 질서도 좋아진다고 했다.
8. 세토나이국제예술제실행위원회(2012) 「세토나이국제예술제2013실시계획개요」
9. 「정장의『八日目の蟬』」제915회 (2013. 4. 11)
10. 세토나이국제예술제실행위원회(2010) 「세토나이국제예술제2010총괄보고」
11. 기시모토마사유키(岸本真之)의 작품에서는 가정에서 불필요한 식기 등의 제공을 홍보지를 통해 부탁하는 등 쇼조시마정이 수집하고 작품제작에 협력하고 있다.(정 홍보 「쇼조시마」 2013. 3월호)
12. 2010년도 쇼조시마정 시정방침에서는 「다시없는 기회에 방문자에게 적극적인 정보제공을 함과 동시에 쇼조시마를 방문하는 많은 사람에게 지역자원인 섬의 자연이나 역사, 산업 등을 활용한 관광메뉴를 제공하여 앞으로의 관광진흥과 연결하고 싶다」라고 하고 있다.
13. 이러한 의견교환모임은 2010년 10월 7일에 개최되어 지방자치단체 19市町(가가와현 8市町, 아이치현3市町, 오카야마3市, 효고현3市, 히로시마1市, 오이타현1市), 시코쿠지방정비국, 시코쿠운수국, 주코쿠지방정비국, 페리사업자, 가가와대학세토나이권연구센터가 참가했다.
14. 2013년 11월 예술제사무국은 총 방문자 수를 107만368명으로 발표했다.
15. 쇼조시마정 2013년도 시정방침 (町 홍보 「쇼조시마」2013년 4. 5월호)
16. 지역활성화 협력대원이란 섬 밖에서 이주해 온 젊은이의 지혜와 힘, 정열로 새로운 지역활성화 바람을 불러일으키는 사람을 쇼조시마정이 선정하고 위탁하여 정보비의 지급 등 일정의 활동지원을 하는 것이다.
17. 대표적인 논고로 사사키(2001. 2002), Landry(2000) 등이 알려져 있다.
18. 예를 들면 나오시마정사무소(2004)『나오시마정 町勢개요』에서는 베넷세사업의 개요가 명기되어 있다.

〈 참고문헌 〉

秋元雅史(1998) 「『나오시마, 家프로젝트』 시동」 直島통신『直島, 家프로젝트「角屋」』直島문고
井原緑(2007) 「瀬戸内海島嶼部에 있어 예술문화사업의 특징과 지역환경에 관한 고찰」『랜드스케이브연구』70권5호, 일본造園학회
笠原良二(2011) 「베넷세 아트사이트 나오시마의 활동의 흔적과 그 의의-현재 아트활동에 의한 지역활성화의 사례」『재정과 공공정책』제 50호, 재정학연구회
川田都樹子(1998)「퍼블릭 아트」並木試士, 吉中充代, 米屋優 편『현대미술관학』昭和堂
佐々木雄辛(2001, 2012) 「창조도시로의 도전」岩波書店
田代洋久 (2010) 「문화적 자원의 다원적 규합의 의한 지역활성화에 관한 고찰-越後妻有와 나오시마의 사례」『창조도시연구』 제6권2호, 오사카시립대학창조도시연구회
直島正博(2012) 「과속고령화지역의 세토나이국제예술제와 지역만들기 아트프로젝트에 의한 지역활성화와 사람들의 생활의 질」『히로시마국제연구』제18권
Landry,C. (2000), The Creative City: AToolkit for Urban Innovators, London, Rathscan Pubns Ltd, (後藤和子 번역, (2003)『창조적 도시』일본평론사)

나오시마정	
기초 데이터	면적: 14.23㎢ (동서6.8km 남북4.3km) 표고: 2.5m(나오시마정 사무소) 임야율: 68% 총인구: 3.2천명 세대수: 1.5천세대 고령자율: 30% 연소인구율: 11% 인구증가율(2010/1970): +45% 교통: 비행기·배/오사카에서 고속버스로 다카마츠까지 3.5시간, 다카마츠항에서 페리로 나 오시마항까지 50분 교육: 유치원/1개원(46명), 초등학교·중학교/2개교(204명) 의료: 진료소2(내치과 1) 공민관: 1 도서관: 0 산업: 사업소 수 233(종업자 수 2345명) 제1차 8%/제2차 35%/ 제3차 57%
합병 등 변천	1890년 나오시마촌이었고 1954년 정제의 시행에 의해 나오시마정이 되어 오늘에 이름.
지역자원	•크고 작은 27개의 섬으로 이루어진 세토나이의 아름다운 섬 •제련소 •아트의 섬 •저명한 건축가에 의한 나오시마 건축 •전통예능
마을만들기의 기본개념	•작은 섬을 크고 아름다운 섬으로 •쾌적하고 아름다운 섬만들기 •안심하고 생활할 수 있는 섬만들기 •사람과 활력을 키우는 섬만들기 •미래를 바라보는 섬만들기
지방문화진흥 등의 특징적인 시행사업	•세토나이국제예술제 •베넷세하우스(미술관. 호텔. 레스토랑) •지중미술관 •이우환미술관 •이에프로젝트 •미야노우라지구에서의 아트 전개 •바다의 역 「나오시마」 •나오시마목욕탕「I♥나오시마」 •THE STANDARD, NAOSHIMA STANDARD2 •ANDO MUSEUM •마을만들기 경관사업활동보조
특징적인 조례 등	•나오시마정 마을만들기 경관조례(2002)
문화예술 교류거점, 창조적 거점 등	배넷세하우스, 「I♥나오시마」
이 책에서 소개한 창조적인 노력을 하는 단체, NPO 등	NPO법인 나오시마정 관광협회, 베넷세홀딩스, 나오시마후꾸다케미술관재단, 나오시마노렌 프로젝트실행위원회
산학민 연계·교류	가가와대학 나오시마 프로젝트
특기사항	지역만들기 총무대신표창수상(2006)

인구, 세대수는 2013년 11월, 면적 등은 세계농업연구조사(2010), 취업·인구구조는 국세조사(2010), 교육·의료·산업은 정부통계 e-stat, 지역자원 등은 각 시정촌·총무성·문화청 홈페이지를 참고했다.

쇼도시마정	
기초 데이터	면적: 95.63km² 표고: 5m(쇼도시마정 사무소) 임야율: 72% 총인구: 16.1천명 세대수: 6.6천세대 고령자율: 36%　연소인구율: 10% 인구증가율(2010/1970): +31% 교통: 전차/오사카역에서 약1시간, 차/오사카에서 약1시간 교육: 유치원/6개원(142명), 초등학교·중학교/6개교(980명), 고교/1개교(311명) 의료: 병원3(473병상), 진료소14(내치과 9) 공민관: 11 도서관: 1 산업: 사업소 수 1234(종업자 수 7176명) 제1차 6%/제2차 35%/ 제3차 59%
합병 등 변천	1951년 西村, 草壁町, 安田村, 苗羽村, 坂手村이 통합하여 內海町 탄생 1954년 池田町, 二生村, 三都村을 합병하여 池田町이 성립 1957년 內海町이 福田村을 편입 2006년 池田町, 內海町이 대등 합병하여 쇼도시마정이 현재에 이름
지역자원	• 자연이 만들어 낸 아름다운 경관 • 순례길 • 中山농촌가부키 • 쇼도시마브랜드
마을만들기의 기본개념	1. Only-one의 매력적인 마을만들기 2. 올리-브라이프의 마을만들기 3. 빛나는 마을만들기 4. 협동의 마을만들기
지방문화진흥 등의 특징적인 시행사업	• 쇼도시마예술가촌사업(2019-) • 세토나이국제예술제(2010, 2013) • 활성화프로젝트 • 쇼도시마아트 필드 프로젝트 • 장의 고향*坂手항프로젝트 • 돌의 매력창조프로젝트 • 올리브 최고프로젝트 • 협동의 마을만들기 지원사업, 생애학습의 마을만들기지원사업 • 도민연극「二十四의 瞳」상연조성
특징적인 조례 등	• 쇼도시마정예술문화 마을만들기조례(2009) • 쇼도시마산업을 기반으로 한 지역활성화 목적의 조례
문화예술 교류거점, 창조적 거점 등	쇼도시마예술가촌, 中山농촌가부키무대, Umaki camp, 후꾸다케하우스
이 책에서 소개한 창조적인 노력을 하는 단체, NPO 등	세토나이국제예술제2013추진실, Studio-L
산학민 연계·교류	도쿄예술대학, 교토조형예술대학, 동지사대학 문화유산정보과학연구센터 가가와대학, 농촌공학연구소, 공익재단법인 후까다지질연구소
특기사항	

인구, 세대수는 2013년 11월, 면적 등은 세계농업연구조사(2010), 취업·인구구조는 국세조사(2010), 교육·의료·산업은 정부통계 e-stat, 지역자원 등은 각 시정촌·총무성·문화청 홈페이지를 참고했다.

| 요미탄촌 |

산신과 전통공예를 활용한 평화마을 만들기

스기우라 미키오(杉浦幹男)   chapter 13

오키나와현의 지역경제

기지와 보조금의 섬

 푸른 하늘과 푸른 바다, 일본 남단의 도서지역 오키나와현은 매년 약 600만 명[1]의 관광객이 방문하는 남국 리조트지로서의 이미지가 흘러넘친다. 반면, 이 지역의 경제는 '기지基地와 보조금'의 의존체질인 마이너스 이미지가 따라다닌다. 또한 높은 실업률, 현민소득·낮은 최저임금이 과제이며, 지역경제는 많은 문제점을 안고 있다고 한다.

 그러나 기지경제의 의존도는 '1972년 복귀 직후 15.5%에서 2009년도에는 5.2%로 대폭 감소[2]하고 있고, 금액은 3조 9376억 엔으로 적지 않지만, 오키나와현 경제자체가 8배로 성장하는 가운데 '기지'의 의존도는 급속하게 낮아지고 있다

 한편, 보조금은 1998년 오키나와 진흥개발사업비 4713억 엔을 정

점으로 감소하고 있다. 2013년도 오키나와 진흥예산 총액은 3001억 엔이다. 그 중에서 오키나와현이 자주적으로 선택하여 실시할 수 있는 오키나와현 진흥특별추진교부금, 즉 오키나와 일괄진흥보조금은 1613억 엔이다. '국고지출금, 지방교부세교부금을 포함하여 국가재정 이전은 전국 12위'이며, 또한 '인구 1인당 국가재정 이전도 전국 7위'³로 현민이 갖고 있는 '보조금 투성이' 이미지와는 달리 실제로는 오키나와현이 본토 복귀 후 한 번도 전국 1위를 한 적이 없다.

'기지와 보조금의 섬'이라는 이미지의 실태는 오키나와현민 자신이 가졌던 것으로 자율경제의 커다란 방해가 되고 있지 않은가.

그러나 오키나와현의 특수성은 부정할 수 없다. 본토에서 떨어진 도서지역이라는 '지리적 불리함', 아열대지역인 '자연적 특성', 전후 미군 통치하에 있었던 '역사적 사정', 그리고 지금도 국토면적의 0.6% 인 오키나와에 재일미군 전용시설·구역의 약 74%가 집중되어 있는 '정치적 사정' 등, 지역경제에서 고려하지 않으면 안 되는 특수한 사정이 현존하고 있다.

새로운 산업전망

오키나와현에서는 지역경제 성장을 위한 '오키나와 새 리딩산업'으로서 정보통신산업, 라이프사이언스, 의료·건강분야, 임공·임항형 산업, 프론티어형 농림수산업, 환경관련 산업, 해양산업을 내세우고 있다⁴. 또한 기간산업의 하나인 관광산업에서는 세계수준의 '목적형 리조트'를 지향하고 있다.

더욱이 현에서는 '문화산업화'에 주목하여 2013년 4월 문화관광스포츠부를 설치, 전년도에 창설된 '오키나와 문화 등 콘텐츠 펀드'[5]를 관할하는 문화산업화반을 문화진흥과에 배치하고, 오키나와의 풍부한 역사문화자원을 활용한 새로운 창조산업 창출을 위해 노력하고 있다.

이러한 오키나와현의 노력 중에서, 향후 오키나와현의 문화산업화, 그리고 창조경제에 의한 자율경제 실현 가능성이 높은 곳이 요미탄촌読谷村이다.

요미탄촌의 현황

마을의 개요

요미탄촌은 오키나와 본도 중부 서쪽에 있으며 나카가미군中頭郡에 속한다. 면적 35.17㎢, 인구 4만 511명으로 일본의 마을村 중에서 2번째로 인구가 많고, 인구밀도는 나카가미군 기타나카구스쿠촌北中城村, 나카구스쿠촌中城村에 이어 3번째로 높다. 북으로는 본도 유수의 리조트지로 알려져 있는 온나촌恩納村이 있고, 동으로는 오키나와시, 남으로는 기지마을인 가데나정嘉手納町이 인접하고, 동지나해가 펼쳐져 있다.

도전하는 농촌 요미탄촌

현재 요미탄촌의 지역경제를 보기 전에 전쟁 전의 요미탄촌 지역경제구조에 대하여 살펴보겠다. 1940년 요미탄촌의 생산액은 233만 7037엔으로 당시 현 내 시정촌 중에서 21위이다. 생산액을 산업분류별로 보면, 1940년 통계에서 오키나와현 전체의 약 50%가 농업인데 반해 요미탄촌은 약 70%가 농업으로 전형적인 '농촌'인 것을 알 수 있다. 반면, 바다에 면해 있음에도 불구하고 수산업의 비율이 0.4%오키나와현은 5.0%로 대단히 낮다.

이 시기 국가의 식산정책 중에서 현 전체의 생산액도 동일하게 증가하고 있지만 약 20% 정도를 차지하는 공업이 아니라 기후변동의 영향이 큰 농업으로 생산액을 비약적으로 향상시키는 것에 주목하고 싶다.그림 13-1

요미탄촌에서는 메이지유신明治維新 이후 윤탄자마기리讀谷山間切, 현 요미탄촌 출신의 히가지로比嘉次郎, 1812-1888는 윤탄자讀谷山 품종으로 불리는 사탕수수를 재배하여 새로운 품종개량에 성공. 이 품종은 수확량과 당분 모두 종래 품종의 2배, 태풍이나 해충에도 강하고 메이지, 다이쇼, 쇼와에 걸쳐 오키나와 제당업에 크게 공헌하였다.

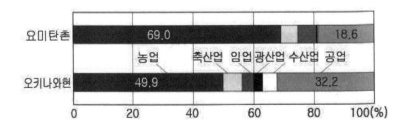

그림 13-1 생산액의 산업분류별 비율
(출전: 요미탄촌사 편집위원회편《요미탄촌사 제6권 자료편5 통계로 보는
요미탄촌》요미탄촌 2012

또한, 윤탄자히자촌의 사쿠가와 세이스케佐久川淸助, 1850~1911는 종래 품종 3종류의 자연교배로 8년의 시간이 걸려 1894년 신종 사쿠가와 감자를 개발. 이것이 현재의 요미탄 자색감자読谷紅芋의 기원이 되었다. 이 자색감자는 전후 새로운 전개를 가져오게 된다.

전쟁 전부터 오키나와현의 주요농산품인 사탕수수와 감자의 신품종개발은 요미탄촌의 두 명의 모범농가가 달성한 것으로 현 내 농업에 크게 공헌하고 있다. 이 두 사람의 리더를 배출한 요미탄촌은 전쟁 전의 '도전하는 농촌'이라고 할 수 있을 것이다.

현재의 지역경제

요미탄촌의 현재 지역경제 상황을 보면 가장 비율이 높은 것은 도매업·소매업17.2%, 다음으로 제조업16.5%, 숙박업·음식서비스업13.5%의 순이다그림 13-2. 오키나와현 전체 혹은 나하시那覇市와 비교하면 현 내 특성과 동일하게 도·소매업 및 숙박업·음식서비스업의 비율이 높은 반면, 도서지역의 지리적 특성으로 현 내 산업으로 약하다고 되어 있는 제조업의 비율이 높다. 그 내역을 보면 식품제조업이 약 50%이고 다음으로 요업·토석제품제조업이 약 20%를 차지하고 있다그림 13-3. 그 비율은 요미탄촌의 노력이 지역경제를 지탱하는 성공사례가 되고 있다는 것을 보여준다.

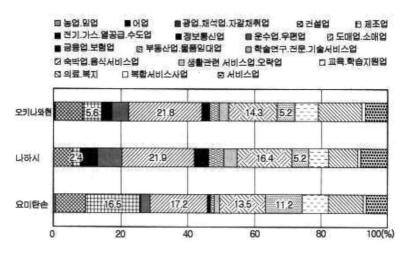

그림 13-2　요미탄촌의 지역경제구조(종업자 수의 비율)

(출전: 총무성통계국 『평성18년도 사업소, 기업통계조사결과』 2006)

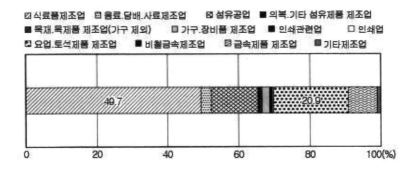

그림 13-3　요미탄촌 제조업 내역(종업자 수의 비율)

(출전: 총무성 통계국 『평성18년도 사업소, 기업통계조사결과』 2006)

전쟁의 기억

오키나와 본 섬 최초의 미군상륙지

요미탄촌을 생각하는데 있어서 오키나와전쟁과 미군기지의 현황을
살펴보지 않으면 안 된다.

본격적인 오키나와 상륙전은 1945년 4월 1일, 미군은 히자강比謝川
하구를 중심으로 남북 10㎞의 해안으로 상륙했다. 상륙작전 최초의
목표는 일본군에 의해 접수, 정비된 요미탄촌의 북비행장과 중비행장
嘉手納을 지향하고 있다. 그날 양 비행장은 점령되었다. 요미탄촌에 배
치된 산부대山部隊는 남부로 이동하고 그 이후 오키나와전 비극의 무대
는 남부로 옮겨졌다.

점령 후 미군은 마을 내 상륙지인 도구치渡具知, 소베楚辺, 도야都屋,
우자宇座 등의 마을 서해안에 병참기지, 비행장, 포로난민수용소, 병
원 등 후방시설을 설치하고 기지마을 요미탄촌의 고난의 역사가 시작
되었다. 전후 직후 요미탄촌의 약 95%, 전역이 미군에 점령된 상태여
서 살아남은 마을사람 1만 4000명 정도의 귀향이 늦어졌다. 또한 반
환 후에도 낙하산 강하훈련 등으로 마을사람들의 피해가 이어졌다.

당시 오키나와전의 흔적은 지금도 마을 내에 점재해 있고, 전쟁의
기억이 현재까지 계속되고 있다.

전후 군용지의 현황

이러한 상황 속에서 2006년 7월 31일, 요미탄 보조비행장구 북비행장
약 191ha 중 122.8ha와 국유지 60ha를 합하여 총 180ha가 반환되었다.

1972년 복귀시점에서 요미탄촌의 미군기지 비율은 70.8%였다. 마을 중심에 비행장이 있고 기지반환은 마을 사람들의 염원이었으며 유휴지이용 구상이 책정되어 미·일 양 정부에 대한 운동이 계속되어왔다. 1997년 비행장 안에 마을 청사, 다목적광장 및 야구장 등 스포츠 시설이 정비되었다. 이것은 미일협정을 근거로 사용은 합중국군대에 의한 당해시설 및 구역의 정규사용 목적에 있어서 유해하지 않다는 것이 합동위원회를 통하여 양정부간 합의된 경우에 한하는 조치로 반환과는 다르다.

1999년 요미탄촌 문화센터 '봉鳳홀'이 부지 내에 정비되었다. 이 센터의 명칭이 된 봉은 마을의 미래상에도 '봉-비봉화만황금환'이라고 되어있다. '윤탄자봉'讀谷山鳳은 동지나해를 날아오르는 순간 새의 모습을 지형에 비유하여 마을사람들의 꿈과 희망을 품고 21세기를 뻗어가는 봉황을 표현하고 있으며 마을의 상징이 되었다. 동시에 오키나와 전과 오래된 미군기지의 존재에 대하여 봉-불사조와 같이 재생하는 마을을 상징하고 있는 것 같다.

표 13-1 마을면적과 미군기지면적의 비율

	마을면적	미군기지	마을면적 비율
1972년	3448	2440	70.8%
1977년	3448	1871	54.3%
1987년	3448	1648	47.8%
1999년	3517	1648	46.9%
2006년	3517	1567	44.6%
2012년	3517	1259	35.8%

출전: 沖縄県総務部知事公室「沖縄의 米軍基地 및 自衛隊機地」(統計資料集) 2012

이러한 마을사람들의 염원과 노력이 결실을 맺어 2006년 7월 비행
장이 반환되었다. 향후 마을에서는 주변정비계획이 진행된다. 또한
마을의 35.8%를 미군기지가 점유하고 있어 평화를 위한 마을사람들
의 새에게 바라는 마음은 계속되고 있다.^{표 13-1}

산신(三線)의 발상지

축제의 신 아카인코

매년 11월, 요미탄촌 종합운동장에서 요미탄 축제가 이틀 동안에
걸쳐서 개최된다. 복귀 후인 1974년부터 시작되었다. 이 축제의 신은
'아카인코赤犬子'이다.

축제 첫날 저녁 7시경, 깃발 '히류세이飛竜静香'를 선두로 소베楚辺마
을 수장을 선두로 백발의 노인이 입장하고 축제는 단숨에 고조된다.
아카인코가 관객들에게 말을 한다.

> 츄누 우후무유시 니페도. 유탄탄쥬누 우만츄누 우타산신누 나힌 사케루
> 구두 치바티두라시. 구쿠쿠호우죠우니게 우가후누유누나카 츄쿠이루구두
> 치바티두라시[6]

역) 오늘의 큰 행사 준비에 감사한다. 요미탄촌 여러분의 우타산신(歌三線)이 더욱 더 번창할
수 있도록 노력해 주길 바란다. 오곡풍작을 기원하고 유카후(世果報)의 세상을 만드는데 노
력해주길 바란다.

유카후는 곡물 등 풍요로운 결실과 행복을 의미하는 단어로 '밀크
유'라고도 한다. 오곡풍작과 함께 농촌인 요미탄촌 마을사람들의 행

복을 기원하는 것이다. 여기에 등장하는 아카인코는 산신 음악의 시조라고 불리는 전설의 인물이다. '아카ぁか'는 류큐왕국시대의 지명인 아카에서 유래했다고 전해지고 있다. 축제에서 소베의 수장이 선도하는 것은 아카인코가 소베사람으로 그의 비석이 세워져 있기 때문이다 ^{사진 13-1}. 비석에는 '노래와 샤미센三味線의 기원이나 아카인코네아가레인 신의 미작'역: 옛날에 우타산신을 시작한 것은 아카인코네아가리이며 신이 만든 아름다운 예술이다이라고 조각되어 있다.

아카인코는 15-16세기 쇼신왕尚真王시대, 류큐왕국이 근린제국과의 무역으로 번창했던 대교역 시대에 활약한 인물로 전해지고 있다. 1623년에 편찬된 《오모로소시おもろそし》에는 그의 업적을 찬양하는 노래가 적혀 있다. 당시에는 교역과 함께 류큐문화가 전성기를 맞이했던 시대로 산신이 널리 보급되었던 시기와 겹친다.

아카인코는 쿠바비로 야자의 뼈대로 넥neck을 만들고 줄기로 바디공명통를 제작하고 말총을 붙여서 산신을 완성했다고 한다. 그는 이 악기를 들고 천성의 미성으로 각지를 돌아다니며 노래를 불렀다고 전해지고 있다.

그는 산신을 널리 알렸을 뿐만 아니라 교훈가로 사람들을 지도하고 세상의 모습을 노래하고 미래도 예언하며 민중을 계몽하였다고 한다. 이러한 모습이 슈리왕부 관리의 눈에 띄어 왕 앞에서 연주하니 음악의 보급이 허용되고 '인누쿠아가리犬子髻上がり'라는 관직도 받았다고 한다. 왕부의 신하로서 중국에도 건너갔다고 전해지며 그때 전해진 농경기술이 소베에서 요미탄촌 일대를 농작물이 왕성한 땅으로 만들었다고 한다. 이것은 현재 요미탄촌의 오곡풍요, 유카후 축제의 신과 연결되어 있으며 이 땅을 산신 발상지로 만들었다. 아카인코 종언의 땅

사진 13-1   아카인코 비석(요미탄촌 소베)

이라고 전해지는 장소에는 아카인코궁이 있으며 마을의 신으로 모시
고 있다.

마을사람들에게 계승되고 있는 전통예능

산신 발상지, 요미탄촌은 마을사람들의 예능활동이 활발한 지역
이다.

요미탄 축제에서는 조금 전의 설명에 이어 '아카인코 류큐 고전음
악 대연주회'가 개최된다. 마을의 고전음악 애호가나 류큐 무용가
300여명의 무대, 초등학생 300여 명의 고전예능 발표회, 청년회, 부
인회의 연주나 가라테 연무, 지역의 민속예능을 선보이고 피날레의
조공선으로 축제는 클라이맥스를 맞이한다. 이 연주회는 1981년 제7
회부터 시작되어 마을사람들이 참가하는 수제축제에 어울리는 행사
가 되고 있다.

요미탄 축제 이외에는 매년 8월 '요미탄촌 에이서 축제' 외에 각 지

구에서의 행사가 활발하게 이루어지고, 또한 '산신의 날'인 3월 4일에는 봉홀에서 '기쁜 날 좋은 날 산신의 날'이 개최된다. 같은 날 아카인 코궁에서의 봉납 연주와 무용, 초등학생의 산신 연주가 행해진다.

요미탄촌은 많은 사람들이 우타산신歌三線을 시작으로 하는 예능을 즐기는 것에서 계승되었고 또한 예능을 통하여 지역의 유대감이 강해지고 있다.

새로운 산업으로서의 전통공예

전통공예 마을

요미탄촌은 전통예능 마을인 동시에 전통공예 마을이기도 하다. 앞에서 기술한 것과 같이 완전히 농촌이었던 요미탄촌이 전통공예 마을이 된 것은 전후의 일이다.

오키나와현이 지정하는 전통공예품은 5품종 25품목7이 있으며 그중에서 요미탄촌에는 '쓰보야 야키壺屋焼' '윤탄자 하나우이読谷山花織'가 있다. 전자는 나하 시내에서 이전, 집적한 곳이고, 후자는 복원된 것으로 어느 쪽이든 전후, 요미탄촌의 전통공예품으로서 진흥되어온 것이다.

야치문(やちむん) 마을

류큐의 야치문도자기는 14세기 말경 류큐왕국의 대교역 시대에 본격적으로 발전했다. 두꺼운 도자기에 백토로 화장을 입힌 상품이라고 불리는 야치문에 그 특색이 표현되어 있으며, 오키나와의 풍토나 독특한 문화를 느끼게 하는 너그럽고 따뜻한 작품으로 인기가 있다.

1682년 슈리왕부의 공예산업진흥정책의 일환으로 각지에 점재하고 있던 가마터를 쓰보야현재 나하시 쓰보야에 통합시켜 '쓰보야 야키'라고 불리게 되었다. 다른 도예와 동일하게 메이지에 들어와 양산품에 밀려 일시 쇠퇴하였으나 야나기 무네요시柳宗悅의 민예운동으로 높이 평가되어 현재에도 그 기술이 계승되고 있다.

류큐왕국의 전통공예인 쓰보야 야키와 요미탄촌의 만남은 전후의 일이다. 나하시가 오키나와전쟁 부흥의 거점이 되어 마을 중심지가 되었다. 전쟁 전에는 밭으로 둘러싸였던 쓰보야 주변도 많은 주민들이 거주하는 인구밀집지가 되었고, 노보리가마登り窯에서 분출되는 연기나 탁한 물이 주민 사이에서 공해문제가 되어 규제를 받게 되었다. 많은 도공은 노보리 가마가 아닌 가스 가마 도입 등 대책을 논의하였으나 노보리 가마에서 만드는 도자기를 고집하는 도공은 교외로 빠져나갔다.

인간국보인 긴조 지로金城次郎도 그 중 한 사람이었다. 긴조는 당시 쓰보야를 대표하는 도공으로 알려져 있었고 이전에 즈음하여 몇 군데 후보지에서 권유를 받았지만 당시 요미탄촌의 촌장인 후루겐 소코古堅宗光의 2가지 답으로 권유를 받아들였고, 반환된 미군의 불발탄 처리장이었던 마을소유의 땅 1,200평을 긴조에게 제공하였다. 1972년 10월 요미탄촌아자자키미요코타야바루読谷村字座喜味横田屋原에 '긴조지로가마'가 완성되자 많은 도공들이 옮겨왔다. 이렇게 현재 쓰보야야키의 집적지가 탄생되었다.

요미탄촌에는 당초부터 반환기지 유적지를 이용한 '야치문의 마을' 구상을 가지고 있었지만 쓰보야 야키를 대표하는 작가인 긴조의 유치

사진 13-2　야치문의 마을 노보리가마　　사진 13-3　요미탄촌 전통공예종합센터

희망과 마을 소유의 땅을 작가에게 제공하자는 후루겐 촌장의 영단이
현재 관광객을 많이 유치하여 오키나와를 대표하는 일대 도예 산지를
탄생시킨 것은 선경지명과 이것을 받아들인 요미탄촌의 문화적 토양
을 느끼게 한다. 사진 13-2

윤탄자하나우이의 복원

요미탄촌의 또 하나의 전통공예는 '윤탄자하나우이讀谷山花織'이다
윤탄자하나우이도 야치문이나 다른 오키나와현의 많은 전통공예품
과 같이 대교역시대에 시작하여 계승되어 온 전통공예이다. 윤탄산에
서 짠 하나우이는 왕후귀족이나 무사계급만이 착용이 허용되어 빨강,
황색, 녹색 등의 실로 기하학문양의 꽃을 짜는 오키나와다운 아름다
움을 가진 직물이다. 그러나 메이지 시대에 들어가서부터 쇠퇴하여
전후에는 사람들의 기억에서 잊히고 기록으로만 남은 '환상의 직물'이
되었다.

하나우이를 복원하는 것은 후에 인간국보가 된 요나미네 사다与那霸

眞였다. 1968년 마을은 새로운 산업으로 하나우이의 복원사업을 입
안, 계획하였고 요나미네에게 의뢰하여 다양한 시행착오를 겪은 후
약 90년 만에 복원을 완수하였다. 요나미네는 동시에 직공의 육성에
도 힘을 기울여, 부인회를 모집하여 강습회를 계속 열고 있다. 점차
촌민 등의 관심도 높아지고 1969년 운탄자하나우이 애호회가 설립,
그 이후 1976년에 애호회가 사업협동조합이 되었고 경제산업성으로
부터 전통공예품으로 지정되어 지금도 계승되고 있다. 현재 고령화에
의해 계승자가 감소하는 과제는 있지만, 요나미네의 '전통으로 만들
어낸 새로운 전개'의 신념이 이어져 계승되기를 바라고 있다. 마을에
서는 요미탄촌 전통공예 종합센터를 정비하여 제작, 전시판매 등을
지원하고 있다. 사진 13-3

토지의 '문맥'을 기반으로 하는 새로운 시도

지금까지 윤탄자 마을이었던 전쟁 전부터 요미탄촌이 키워온 문
맥을 보았지만, 근년, 토지의 문맥을 기반으로 한 새로운 시도를
볼 수 있다.

체험왕국 무라사쿠무라

1993년에 방송된 NHK대하드라마 '류큐의 바람'. 이 드라마는 16세
기 말 류큐왕국을 무대로 하며, 유치에 성공한 요미탄촌에 당시의 마
을을 재현한 로케세트가 건설되었다. 그러나 방송종료 후 곧 인기가
떨어져 방문하는 관광객도 줄어들고 황폐한 상태가 되었다.

이 로케장소를 지역 요미탄촌상공회가 체험형 테마파크로 재정비하여 방문하는 관광객이 시사용기로 된 사자상, 류큐 글래스 등 오키나와의 다양한 문화공방견학이나 체험할 수 있는 체험공방으로 재생하였다. 각 공방은 예술가들에게 제공되어 현재 32개의 공방이 있고 전통공예뿐만이 아니라 동시에 오키나와 문화를 책임지는 예술가들의 생산거점이며 지역산업진흥의 역할도 하고 있다. 운영은 지역기업이 신사회 · 요미탄쿠쿠루리조트 오키나와를 설립하여 하고 있다. 동일 회사의 지역기업, 지주, 행정 등 주주는 58명이며 활성화 거점으로서 지역유지가 일체가 되어 유지하고 있다.

무라사쿠무라의 노력은 전술한 '야치문의 마을' 유치와 겹친다. 원래 요미탄촌에 없었던 널리 오키나와 문화예술을 책임지는 예술가를 마을에 초청하여 그들의 활동거점을 제공하고 있다. 시설은 시간이 지날수록 온욕시설과 호텔, 극장 등이 정비되어 많은 관광객, 수학여행 학생들로 붐비고 있다. 여기에서 새로운 요미탄 문화, 오키나와 문화가 창조되리라 기대한다.

자색감자 타르트

나하공항의 토산품점을 방문하면 많은 관광객들이 붐비는 가운데 '자색감자 타르트'가 인기상품으로 진열되어 있다. 이 상품의 연간 판매 수는 1,000만개를 넘어 오키나와 특산품으로 완전히 정착되었다. 그러나 이 상품의 역사는 그리 오래되지 않았고 요미탄촌 '마을재생사업'으로 개발된 것이다. 마을 특산품인 자색감자를 사용하여 당시 작은 제과점을 운영하고 있던 '과자의 포르쉐お菓子のポルシェ'

와 농가, JA, 지역상공회가 일체가 되어 노력하여 1986년 탄생했다. 자색감자를 사용한 과자개발은 처음으로, 개발에는 여러 가지 노고가 있었다고 한다. 결과적으로 상품은 대성공을 거두고, 2008년 전국과자박람회 문화부문에서 명예총재상을 수상, 몬도셀렉션 금상을 수상하고 이후 6년 연속으로 수상하는 등 특산품개발의 선진사례로서 다수의 상을 수상하고 있다.

지금은 오키나와를 대표하는 명과가 된 상품이지만 초기에는 마을재생을 위한 노력으로 시작되었던 것이 매우 흥미롭다. 또한 재료인 '요미탄 자색감자'의 기원은 전술한 사쿠가와 세이스케佐久川清助가 개발한 신품종 '사쿠가와 감자'이다. 전쟁 전에 윤탄자 마을에서 개발된 농산물이 시대를 넘어 새로운 오키나와를 대표하는 명과가 되었다. 이것은 단순히 농산물을 활용하였다는 것뿐만이 아니라 프론티어 정신이 요미탄촌에 끊임없이 이어져 오고 있다는 것을 느끼게 한다.

구루치의 숲 100년 프로젝트 in 요미탄

산신 발상지, 요미탄촌에서 새로운 프로젝트가 시작되고 있다.

산신 넥neck의 재료인 구로키黒木를 매년 식재하여 100년에 걸쳐 육성하고자 하는 '구로키의 숲 100년 프로젝트'이다. 산신은 오키나와문화를 대표하는 악기이지만 현재 구로키는 오키나와현에서 거의 구할 수 없고 베트남을 중심으로 동남아시아에서 수입하고 있다. 성장하는 데 까지 100여년이 걸리는 구로키를 식재함으로써 섬 전체를 구로키의 숲으로 하여 미래의 아이들에게 풍요로운 숲과 산신문화를 남기고 싶다는 희망이 담겨있다. 제창자는 록밴드 THE BOOM의 미야자와 가즈후미宮沢和史. 대 히트곡 '시마우타島唄'를 발표한 후 20주년을 맞이하여 '오키나와에 보답을 하고 싶다'는 생각에서 이 프로젝트를 제창, 이러한 생각에 공감한 유지가 참가하여 실현되었다. 처음에는 아카인코의 연고지인 요미탄촌에서 시작되었다. 이 프로젝트는 요미탄촌에서 시작되었지만 '한 개 마을의 노력이 모든 섬, 그리고 전국 지역 활성화 프로젝트로 확대, 발신되어 가면 좋겠다'라고 첫번째로 동참한 히라타 아이이치平田大一[8]는 말한다.

　산신 발상지에서 우타산신의 연주, 그리고 악기인 산신 제작이라는 포괄적인 '산신문화'의 발신. 이중 어느 것이 없어도 성립할 수 없다. 그리고 100년이라는 장기적인 노력이 요미탄촌에서 시작되었다. 이것은 '산신'이라는 문화 키워드를 연결하는 사람과 사람의 만남, 세대를 연결하는 노력이며, 요미탄촌이라는 토지의 '문맥'에서 창조된 새로운 시도라고 할 수 있다.

창조농촌으로서 요미탄촌의 가능성

　본 장을 통하여 요미탄촌의 시도를 개관하면, 단순한 문화진흥, 농촌진흥에 멈추지 않는 '창조농촌'을 실현하기 위한 몇 개의 중요한 시사점이 있다.

사람의 창조성에 착목

　전쟁 전 농산물과 자색감자 타르트 개발노력은 세대를 넘어 창조성이 이어진 사례일 것이다. 이러한 개발뿐만이 아니라 요미탄촌의 시도는 일관되게 창조성에 주목한 것이 근저에 있다. 전후 2개의 전통

공예, '무라사쿠무라'나 '구루치의 숲 100년 프로젝트'도 문화적 창조
성과 지역활성화를 연결한 시도이다. 창조성에 주목하는 것은, 즉 사
람에 대한 주목이며 요미탄촌의 모든 시도에서 이것을 리드하고 지탱
하는 사람의 존재가 반드시 있다. 이러한 창조성에 주목하는 토양은
산신 발상지라고 하는 지역에 대한 자부심을 양성한 것이며 아카인코
의 정신이 이어져 오고 있는 것일지도 모른다.

타 지역사람을 받아들이는 관용

창조성에 착목함과 동시에 요미탄촌에는 마을 이외의 사람을 받아
들이는 관용이 있다. '야치문의 마을'의 긴조지로, '윤탄자하나우이'의
요나미네사다는 마을 이외의 사람으로 마을이 유치하였다. 현재에도
'무라사쿠무라'에서는 지역사람들이 주축이 되어 예술가들을 받아들
이고 있다. 지역사회의 연대감이 강한 일본 농촌사회에서는 타 지역
사람들을 받아들이는 것은 간단하지 않다. 그러나 요미탄촌에서는 일
찍부터 타 지역사람들, 그 사람들의 창조성을 받아들여 지역 활력과
연계하여 왔다. 이것은 류큐왕국 대교역시대의 진취적인 기질이나 관
용과 무관하지 않을지도 모른다.

관민일체가 된 지역활성화에 대한 마음

요미탄촌 시도의 또 하나의 특징으로 관민일체가 되어 있다는 것을
들 수 있다. 민간, 때로는 개인의 노력에 마을이 협력하고 반대로 마
을이 리드하여 민간이 협력하는 등 관민 양쪽의 경계가 대단히 낮다.
전후 귀촌운동, 그리고 기지반환 노력이 한층 더 관민의 유대가 강화
된 원인이겠지만 전쟁 전부터 유용한 인재를 민간에서 등용하는 등
지역활성화에 관민양쪽의 마음이 대단히 강하다. 이것이 지역 리더의

결단력과 실행력을 돕고, 사업에 신속하게 착수하는 것도 요미탄촌의
특징일 것이다.

토지 문맥에서의 시도

마지막으로 새로운 시도에서도 기술하였지만 토지의 문맥을 무시
하지 않는 시도가 요미탄촌의 특징일 것이다. 토지의 역사나 문화, 지
역사회와 무관한 시도는 대개 일과성으로 끝날 때가 많다. 요미탄촌
의 시도는 토지의 문맥과 연계되는 시도이고 이 시도는 지속적으로
계속된다. 이러한 지속성이야말로 사업을 성공으로 이끈다.

이상과 같이 요미탄촌의 노력과 창조농촌의 가능성에 대한 암시는
사실 요미탄촌만이 실현할 수 있는 것은 아니다. 역으로 말하면 상기
의 암시를 염두에 두고 한 사람 한 사람의 의식을 바꿔감으로써 전국
어디서나 창조농촌을 실현할 수 있는 가능성이 있다. 농촌에 있었기
에 토지의 문맥에 자연스럽게 이끌리고 사람들의 창조성을 활용하고
관민일체로 노력함으로써 가능성은 열린다. 그때 타 지역사람들을 배
제하지 않고 오히려 받아들이는 것이 변혁의 기회일지도 모른다. 요
미탄촌은 이러한 것을 시사하고 있다.

〈주〉
1. 2012년도 방문관광객수는 592만 4700명. 오키나와현 문화관광스포츠부 관광정책과 발표자
   료
2. 오키나와현 기획부 기획조정과 발표자료
3. 오키나와현 기획부 기획조정과 발표자료
4. 오키나와현(2012) 『오키나와 21세기 비전』
5. 오키나와문화 등 콘텐츠산업 진흥사업. 현의 구 상공관광근로부 신산업진흥과에서 조직개편과
   함께 이관

6. 도쿠야마 조소「伝・산신의 시조 아카인코(赤犬子)」요미탄촌, 역사편집위원회편(2005)『요미
   탄의 선인들』요미탄촌사무소
7. 오키나와현(2012)『제7차 오키나와현 전통공예산업진흥계획』
8. 현재, 공익재단법인 오키나와현 문화진흥회 이사장, 南島詩人

요미탄촌	
기초 데이터	면적: 35.17㎢ (동서5.7㎞ 남북5.8㎞) 표고: 74m(요미탄촌 사무소) 임야율: 25% 총인구: 40.5천 명 세대수: 14.6천 세대 고령자율: 17%　연소인구율: 19% 인구증가율(2010/1970): +78% 교통: 비행기·차/오사카에서 비행기로 2시간, 나하공항에서 자동차(일반도)로 약 1시간 　　10분 교육: 유치원/5개원(518명), 초등학교·중학교/7개교(4520명), 고교/1개교(961명) 의료: 진료소1(내치과 13) 마을센터: 22 도서관: 1 산업: 사업소 수 1325(종업자 수 8657명) 제1차 3%/제2차 19%/ 제3차 78%
합병 등 변천	1908년 讀谷山門切을 讀谷山村으로 개칭 1946년 讀谷山村을 讀谷村로 개칭 2006년 미군기지비행장 전면 반환
지역자원	푸른 산줄기(동), 시나해(서), 히쟈강(남), 잔바곶(북)의 아름다운 자연 전통공예(讀谷山花織, 야치문, 壺屋焼) 민속예능(오키나와 산신의시조로 칭송받고 있는 아카인코, 류큐 고전음악, 시마우타) 농산물(사토키비, 요미탄 자색감자)
마을만들기 기본개념	「평화공존, 문화계승, 환경보전, 건강증진, 공생지속」을 마을가꾸기 기본이념으로 하고, 「풍요로움이 있는 풍수, 아름다운 마음, 한창 피고 있는 문화와 건강한 마을」을 마을 가꾸기의 목표로 주체적이고 창조적으로 진행하고 있다. 「모두가 만드는 창조마을」 「함께 일하는 협동의 마을」 「성과를 공감할 수 있는 감동의 마을」을 목표로 한다
지역문화진흥 등의 특징적인 시행사업	요미탄 축제(2013년 제39회 개최) 요미탄촌 청년 에이서축제 체험왕국 무라사쿠무라 야치문 마을 요미탄촌 역사민속자료관, 미술관 요미탄대학(촌민대학) 민속예능 계승과 문화예술활동 지원 중학생 해외 홈스테이 파견 사업 기후현시라가와무라와의 어린이회 교류 사업
특징적인 조례 등	요미탄촌 경관조례(2009)
문화예술교류거점, 창조적 거점 등	요미탄촌 문화센터 봉 홀, 야치문 마을, 요미탄촌 전통공예종합센터, 체험왕국 무라사쿠무라
이 책에서 사례로 소개한 창조적인 노력을 하는 단체, NPO 등	요미탄촌 하나우이사업협동조합, ㈜요미탄쿠쿠루리조트오키나와, 구루치의 숲 100년 프로젝트 인 요미탄
산학민 연계·교류	요미탄촌 청사, 상공회, ㈜과자의 포르쉐와의 연계에 의한 지역산 자색감자브랜드화에 의한 마을 재생
특기사항	「훌륭한 극장, 음악당의 창조발신사업」(지역 중핵극장, 음악당)채택(2011) 마을 내 1개시설 소재. 합계 1261ha의 군용지가 존재하고 마을 면적의 36%를 차지한다.

인구, 세대수는 2013년 10월, 면적 등은 세계농업연구조사(2010), 취업·인구구조는 국세조사(2010), 교육·의료·산업은 정부통계 e-stat. 지역자원 등은 각 시정촌·총무성·문화청 홈페이지를 참고했다.

창조농촌의 리더들
제3회 창조농촌 워크숍 in 기소정으로부터

이리우치지마 미치타카(入内島道降)
오미나미 신야(大南信也)
긴노 유키오(金野辛雄)
다나카 다츠미(田中勝己)
사회 : 사사키 마사유키(佐々木雅幸)   **chapter 14**

창조농촌을 추진하기 위해서는 뛰어난 리더의 존재가 없어서는 안 된다. 여기서는 그들의 열정을 느끼게 하기 위해, 제3회 창조농촌 워크숍에서의 4명의 리더의 발언을 간결하게 정리하도록 한다.

이리우치지마 미치타카(入内島道降)

(전 나카노조정장/NPO법인군마CSO이사장)
[군마현 나카노조정(群馬県中之条町)]

오늘은 '아트에 의한 마을만들기'라는 주제로 얘기해 보고자 합니다. 나카노조정中之条町은 군마현에 있어서, 나가노현과 니가타현에 접해있고, 2011년부터 '일본에서 가장 아름다운 마을'연합에 가입한 마을입니다.

지금, 전국 각지에서 비엔날레, 트리엔날레 등이 진행되고 있습니다. 유명한 곳으로는, 에치고츠마리越後妻有의 '대지의 예술제'나 '세토나이 국제예술제'. 나카노조도 이러한 형태의 아트 이벤트를 하고 있습니다.

지방은 '인구과소를 어떻게 대하느냐?'하는 것이 큰 과제입니다. 젊은이들이 점점 나가버리는 것이 인구과소의 최대 원인입니다. 그러나 반대로 젊은이들을 돌아오게 하는 정책을 펼치면 지역이 다시 활발해져 간다고도 할 수 있습니다.

도쿄가 활발한 것은 전국에서 우수한 인재들이 도쿄에 흘러들어오기 때문입니다. 그것과 같은 흐름을 만들어내면 지방도 재생가능하며, 그러한 방법은 많이 있다고 생각합니다. 제가 찾아낸 방법은 아트 이벤트로 아티스트나 크리에이터를 이주시키는 정책입니다.

주민주체의 예술제

비엔날레를 시작한 것은 2006년, 마을과 관계가 있는 아티스트와 에치고츠마리의 '대지의 예술제'를 보러간 것이 계기였습니다. 함께 간 그들이 '나카노조에서도 할 수 있습니다'라고 말해서 놀랐습니다.제 10장 참조

'대지의 예술제'를 시찰하고 나카노조에서도 비엔날레를 개최하게 되고, 사무실 직원들은 '1년 이상, 준비기간을 두고 싶습니다'라는 얘기를 했습니다만, 아티스트들은 '지금 바로 추진하고 싶습니다'라는 의견을 내세워 준비기간 약 반년이라는 상태로 시작하게 되었습니다.

포스터도 전부 아티스트들의 수작업으로 굉장히 센스가 뛰어난 것이 나왔다고 생각합니다. 1회째의 홍보 전단지를 만들어준 사람은 종합 프로듀서 야마시게 데츠오山重徹夫 씨로, 그가 만든 센스 있는 전단

지에 의해 나카노조 비엔날레에도 많은 관객이 있었습니다.

지역의 마을센터에 게이트볼장이 있어 노인들은 매일 게이트볼이 끝나면 마을센터 안의 현대예술을 보러갑니다.사진 14-1 '잘 모르겠지만 매일 보고 귀가하지'라고 말했습니다. 군마현에서 아트 이벤트를 대대적으로 한다고 하는 것이 없었기 때문에 굉장히 진기하게 여겨져 미디어에서도 대단히 화제가 되었습니다.

사진 14-1 작품이 전시되어 있는 마을센터   사진 14-2   아티스트와의 교류

1,2회째에는 매우 적은 예산으로, 아티스트들의 자원봉사에 의해 운영되었습니다. 2회째가 되는 2009년은 딱 에치고츠마리의 '대지의 예술제' 개최의 해로써 기타가와 프람 씨에게 '나카노조 비엔날레'의 방향성 등에 대하여 상담했습니다.

이때 실행위원장은 일상은 가나가와에 거주하고 있었습니다만, 준비기간의 1년간 정도는 통근하면서 자원봉사로 헌신적으로 실행위원장 업무를 해주었습니다.

아티스트가 작품을 만들기 위해 마을에 체재하기 때문에 체재하는 장소를 확보하기 위해 마을에 있는 캠프장을 '예술의 숲'으로 설치, 관리조례를 개정하였습니다. 도쿄에서 아티스트들의 동료가 찾아와서, 관리동은 요리를 만들어 조달하는 고급 주택이 되어, 그곳에서는 바비큐를 하거나, 아티스트 간의 교류가 활발했습니다.사진 14-2

사진 14-3은 마을 안에 비어 있는 점포를 이용한 '댄스홀'이라는 작품으로 댄스를 하고 있는 것이 상점가의 사람들입니다. 모두의 얼굴이 댄서가 되어 있습니다. 촌장실도 작품의 전시회장으로 빌려주지 않겠냐는 제의도 있어, 주 1회 2시간만 빌려 제가 관람자에게 설명했습니다.사진 14-4 안쪽에 계신 분은 비서입니다만, 여러 가지 중요한 것이 있기 때문에 사실은 곤란하다고 하는 이야기를 하고 있습니다.

1회째에서는 '이 정도일까?'라고 보여졌습니다만, 2회째에서는 '이것은 상당히 본격적으로 하고 있군'이라는 평가를 얻을 수 있었습니다. 미디어에서 언급되는 횟수도 늘었습니다.

진화하는 나카노조 비엔날레

2011년, 3회째의 실행위원장은 이 마을 출신의 사람으로, 도쿄로 나갔었습니다만 비엔날레로 마을이 활발해지기 시작하면서 2회째부터는 마을에 돌아와서 실행위원으로 합류하고, 3회째에는 실행위원장이 된 사람입니다. 이와 같이 귀농뿐만이 아니라, 귀촌하는 멤버도 늘어갔습니다.

3회째에서는 현대예술만이 아니라 여러 이벤트도 포함시키고 회수가 지나면 지날수록 진화시켜가고 있습니다. 최근에 니무라와 합병하면서 전시회장도 상당히 많아졌습니다. 구 니무라의 유모토가家도 전시장의 하나입니다. 유모토가는 오래된 의사 집으로 막부 말에 지사, 다카노 나가히데를 숨겨준 곳이라고 합니다. 그 당시 다카노

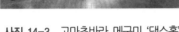

사진 14-3 고마츠바라 메구미 '댄스홀'   **사진 14-4** 정장실이 작품전시회장

나가히데는 2층에 있어 쫓는 자가 왔을 때 바로 뒤쪽으로 도망갈 수 있는 구조로 되어 있었습니다. 작품을 보는 순서는 실제 도주 경로였습니다.

음악이벤트로는 지역의 전통문화와 함께 비엔날레 안에서 즐기고, 워크숍도 하였습니다.

3회째의 예산이 1900만 엔. 경제효과는 5억 엔 정도입니다. 입장객 수가 35만8천 명, 출전 작가가 125명, 전시장이 43곳으로 상당히 규모를 확대하였습니다. 규모가 확대되는 것에 의해 먼 곳에서 오시는 분들은 2박 정도 하면서 전체를 보아주시기 때문에 지역경제에도 공헌하는 이벤트가 되었다고 생각합니다.

크리에이티브한 인재들을 이주하게 한다

아트 이벤트로서 성공하여도 그것만으로는 크리에이티브한 마을로 되지 않기 때문에, 아티스트들이 어떻게 하면 이주해 줄 것인가가 다음의 과제였습니다.

1회째부터 참가한 한국인 아티스트들은 회기 종료 후 마을에 이주하여 주었습니다. 그렇다고는 하지만 무엇인가 생활기반이 없으면, 그들에게 이주해달라는 요청이 있어도 이주할 수 없습니다.

마침 마을 한가운데에 1,000평의 공터가 있어 그곳의 유효활용이라고 하는 과제가 오래 전부터 마을에 의제로 올라와 있었습니다. 제가 촌장이 된 후 이 1,000평을 취득하고 재개발하여 만든 것이 고향교류센터 '쓰무지'라고 하는 시설입니다. 이 운영을 아티스트들에게 맡기는 것으로 그들이 이곳에서 생활할 수 있는 기반을 만든 것입니다. 디자인도 전부 그들이 해주어서 보통 시골의 인쇄소에서는 할 수 없는 포스터가 나왔습니다.

이러한 시설이 생겨서 '즐겁겠다'라는 이유로 도쿄에서 마을로 돌아오는 사람도 있었습니다. 이 시설을 만들 때 목표로 한 것이 도시의 사람들을 불러들이는 것이었습니다. 미국의 사례 등을 조사했습니다만, 벌링턴, 볼더에서는 자동차 우선에서 사람중심의 마을만들기로 인해 사람 모으기를 하고 있습니다. 나카노조 마을에서도 그러한 방식으로 해보자고 한 것입니다.

사진 14-5 '쓰무지' 오픈시의 가면무도회　　**사진 14-6** 전시판매된 콩콩조리(신발)

'쓰무지'의 오프닝 때에는 중심부를 보행자천국으로 해서 이벤트를 했습니다.사진 14-5 참가자들은 가면을 만들고, 가면무도회를 했습니다. '쓰무지'에서는 아티스트의 작품이나 디자이너가 만든 것도 판매하고 있습니다. 니무라에서는 전통적으로 전해지는 '콩콩조리신발'가 있습니다. 지금까지는 자연스럽게 팔아 왔습니다만 이것을 아티스트가 전시하면 사진 14-6처럼 됩니다. 이것은 오프닝 때에 한 번에 다 팔렸습니다. 골판지 상자에 넣어서 팔고 있는 것과 아티스트가 전시에 솜씨를 더해 파는 것은 꽤 다르다고 생각합니다. 간판 하나라도 아티스트에게 부탁하면 상당이 다른 방식으로 나오는 것이지요. 아티스트가 있으면 이러한 것이 자연스럽게 나오게 되는 효과가 있습니다.

크리에이티브한 인재를 정착시키는 과제

'나카노조 비엔날레'는 아트 이벤트로써는 잘 진행되었습니다. 크리에이터들이 이주하여 정착하는 시스템도 형태가 갖추어지고, 실제로 잘 시행되었습니다. 크리에이터는 어떤 의미로는 '젊은이, 이방인, 바보'를 전부 혼자서 겸비하고 있습니다. 젊은이기도 하고, 외부에서의 시점도 있고, 새로운 것을 생각할 수 있다고 하는 사람들이라는 것입니다.

단지 그러한 이질적인 사람들을 지역이 받아들일 수 있는가라고 하는 것이 최우선시 해야 할 과제이지 않나 생각합니다. 저도 그러한 사람들을 사무실의 촉탁직원으로 하거나 사업을 위탁하거나 했습니다만, '왜 지역의 사람을 쓰지 않고 외부에서 온 사람을 쓰는 거냐'라는 얘기를 듣습니다. 그 부분을 뛰어 넘을 수 있느냐 없느냐가 최우선 과제라고 생각합니다.

제가 촌장을 그만 두고 나서 남아있는 아티스트가 적어지고 있습니다. 이러한 것을 해결하는 것이 지역의 향후 과제라고 생각합니다.

오미나미 신야(大南信也)

(NPO法人グリーンバレー이사장)
도쿠시마현 가미야마 마을

가미야마정은 지사의 마을입니다. 제가 대표를 맡고 있는 NPO법인 그린발레가 무엇을 하고 있는지에 대해 소개하도록 하겠습니다. 간단히 말하자면 '일이 없기 때문에 이주해 올 수 없다. 일이 없기 때문에 고향에 돌아올 수 없다'라고 하지 않게 하자는 것입니다.

지사의 마을

예를 들면 지역에서 태어난 아이들을 지사에 데리고 갑니다. '주변의 어른들은 '가미야마에는 일이 없네'라고 얘기하고 있지요. 그럼에도 이 지사에 근무하고 있는 사람들은 무엇을 위해 가미야마에 온 것일까요?' '확실히 일을 하고 있지요. 그렇다고 하는 것은 가미야마에도 일이 있다고 하는 것이지' '이러한 직종에 취직이 되면, 너희들도 가미야마에 돌아올 수 있겠지'라고 하는 것을 아이들에게 전달합니다. 지금까지는 '열심히 공부해서 도쿄나 오사카의 회사에서 근무하세요'라고 말하며 내보내왔습니다만, '이러한 직종이면 가미야마에 돌아올 수 있으니까 열심히 공부 하세요'라고 하는 배웅방식이 가능한 것이 아닐까라고 생각 합니다.

한편 지역에 있는 세대 간의 순환만으로 시골이 지속될 수 있을까 한다면, 그것은 거의 불가능한 것이 되었습니다. 반드시 외부에서 들어와 주어야 할 필요가 있습니다. 특히 젊은 사람들이 필요합니다. 그때에도 또 일의 문제가 대두하게 됩니다. '우리 마을에는 고용이 없다, 일이 없다. 그러므로 이주자를 받아들일 수 없다'라는 이야기입니다. 이 문제는 '워크 in 레지던스'라고 하는 방법으로 해결법을 모색할 수 있습니다. 일이 없다고 한다면 직업을 가진 사람이 이주해 오는 방법으로 잘 되지 않을까하는 것입니다.

'인간노믹스'로부터 생각하는 지역의 미래

'일본의 시골을 멋지게 바꾼다!'라고 하는 것이 그린 발레의 미션입니다. 최근은 '인간노믹스'로부터 생각하는 지역의 미래」라고 하는 일을 하고 있습니다. '아베노믹스'와는 다른 의미로, '인간노믹스'라고 하는 말을 널리 알리고 있습니다. 지금 가미야마가 왜 주목받고 있는 것일까요? 그것은 인구과소의 마을에서 일어난 두 가지 이변의 활동이라고 생각합니다.

첫째는, 2011년도 사회인구동태전입자·전출자의 수의 변화입니다. 가미야마정은 1955년에 생겨나서 계속 전출자초과가 이어져 왔습니다. 2007년에는 가미야마 이주교류지원센터가 설치되어, 그 운영이 민간 주민단체인 그린발레에 위탁되었습니다. 이것과 병행하는 형태로 웹사이트 'in 가미야마'를 만들고, '가미야마에서 살다'의 코너에서 오래된 민가정보를 적극적으로 발신하기 시작했습니다. 이것들이 성과를 이루었는지, 마을의 역사가 시작된 이래 처음 전입자가 전출자를 12명 상회하였던 것입니다.

또 하나는, 2010년 10월 이후 IT 벤처기업 등 10개의 회사가 지사를 설치하거나, 본사를 가미야마에 이전시켜 오거나 더욱이 새로운 회사도 생긴 것입니다. 지리적으로 입지를 보게 되면 도쿠시마 공항에서 도쿠시마 시내에 있는 현청까지 차로 20분, 거기서 약 40분 정도로 가미야마 마을에 도착할 수 있습니다.

어댑터 프로그램과 아티스트 인 레지던스

1997년에 도쿠시마현 신 장기계획이 발표되었습니다. 가미야마를 중심으로 한 지역에 '도쿠시마 국제문화촌'을 만드는 것 이었습니다. 그 신문기사를 보았을 때에, '지금부터 10년 후, 20년 후를 생각하면 마을이나 현이 만드는 시설도 반드시 주민 스스로가 관리 운영하는 시대가 오겠지. 주어진 것이라면 제대로 운영할 수 없겠지. 거기서 주민의 생각을 반영한 계획을 만들고, 역으로 도쿠시마현에 제안을 하자'라고 생각해 움직이기 시작했습니다. 최종적으로 '환경'과 '예술'을 두 개의 축으로 '환경'에 대해서 전국에서 처음으로 어댑터 프로그램미 _{국태생의 도로청소 프로그램}을 스타트하게 되었습니다.

또 하나는 '국제예술촌'을 만드는 것입니다. 그 수단으로써 아티스트 in 레지던스를 도입하였습니다. 이것은 1999년부터 이어졌고 2000년부터 2004년까지 문화청으로부터 지원을 받았습니다. 가미야마 아티스트 in 레지던스는 3명의 예술가를 가미야마에 초대하고 약 3개월간 체재하면서 작품제작을 하고 전시를 끝내고 귀국하는 프로그램입니다. 그 기간 중, 주민이 예술가의 제작을 지원합니다. 이것은 올해로 15회를 맞이하였습니다.

가미야마 마을에 찾아온 아티스트들은 여러 가지 작품을 남기고 갑니다. 예를 들면 '숨겨진 도서관'. 마을에는 도서관이 없었습니다. 거기서 사전 리서치로 그것을 안 아티스트들은 아트 작품으로써 도서관을 만든 것입니다.

'아트에 의한 마을만들기'에는 두 가지의 방법이 있다고 생각합니다. 작품을 견학하기 위해 방문하는 관광객을 대상으로 하는 것과 작품제작을 위해 방문하는 아티스트 자신을 대상으로 하는 것입니다.

대부분 견학을 위해 방문하는 관광객을 대상으로 합니다. 그러기 위해서는 유명한 아티스트를 오도록 하여 남기고 간 작품을 모아둘 필요가 있습니다. 그러나 가미야마의 이 프로그램에는 2가지 약점이 있습니다.

첫째는 여유 있는 자금이 없는 것. 연간 예산은 350만 엔, 그 중 140만 엔이 가미야마 마을의 보조금입니다. 따라서 유명한 예술가들을 부르는 것은 무리입니다.

둘째는 마을의 노인들이 시작한 프로그램이기 때문에 예술교육을 제대로 받은 전문가가 없는 것입니다. 따라서 예술의 경지를 높이는 일은 불가능합니다.

그래서 이렇게 생각합니다. 시코쿠는 여행객이 많이 왕래하는 지역이기도 하며, 접대문화를 가지고 있습니다. 이것들의 특징을 살리는 것에 의해 예술의 경지를 높이지 못하지만 아티스트들을 높일 수 있겠다는 방향으로 진행되어 갑니다. 그래서 제작을 위해 방문하는 예술가들을 목표로 합니다.

예를 들면 구미의 예술가들에게 '일본으로 제작하러 가려면 가미야마지'라고 말할 수 있는 장소를 만들자. 그렇게 하기 위해서는 가미야마를 갈고 닦아 '장소의 가치'를 높여서, 예술가들의 체재 만족도를 올

리는 일에 힘을 집중하고 있습니다. 이 프로그램을 7, 8년 계속했을
즈음, '서서히 이 '제작체제 지원'을 비즈니스로 전환해 갈 수 없을까?'
'마을의 경제를 움직일 수 있을만한 것으로 바꿀 수 없는 것일까?'라
고 생각하게 되었습니다.

웹사이트 'in 가미야마'와 오래된 민가정보

그래서 2007년부터 2008년에 걸쳐 총무성의 보조금을 이용하여
'in 가미야마'라고 하는 웹사이트를 만들었습니다. 제작에는 디자이너
의 니시무라 요시테쓰 씨, 톰 빈센트 씨의 힘을 빌렸습니다. 당연히
아트로 비즈니스를 일으켜가자고 하는 의도를 가지고 있었기 때문에
아트관계의 기사제작을 정성스레 해갔습니다.

그러나 2008년 6월 4일에 이 사이트를 오픈해 보니 가장 잘 읽히는
기사는 예술기사가 아니라 '가미야마에서 지내다'입니다. '이 집은 2
만 엔에 빌릴 수 있어요' '이 집은 꽤 낡아서 장작스토브를 넣어도 집
주인이 허락해줍니다'라고 한 오래된 민가정보에 대한 접속 수가 다른
정보보다 5배에서 10배가 많은 현상이 일어났습니다. 원래 가미야마
는 귀농하는 사람이 거의 없던 마을입니다. 제가 아는 한 1980년대
초기에 이사 온 두 집 외에 전례가 없었습니다. 그러나 이 '가미야마
에서 지내다'로부터 이주수요가 단숨에 현재화되었습니다.

그 발단이 된 것은 역시 아티스트의 이주입니다. 1999년 '가미야마
아티스트 in 레지던스'를 시작한 2, 3년 후부터 이어져 이 마을에 살
고 싶다고 하는 아티스트들이 나타나기 시작합니다. 매년 1팀 정도이
지만 그 사람들을 위해 빈 집 찾기, 소유자의 소개, 이사 지원 등을
하는 와중에 그린발레에 이주지원 노하우가 축적 되어갔습니다. 그러

면서 가미야마 마을이주교류센터가 설치되고 그 운영을 그린밸레가
맡게 되었습니다. 이 일이 새로운 전개를 탄생시켜 갑니다.

워크 in 레지던스

워크 in 레지던스라고 하는 프로그램을 시행하였습니다. 이것은
'지역에 일이 없다면, 직업을 가진 사람이 이주해 오면 이 문제는 해
결된다'고 하는 사고방식입니다. 구체적으로는 마을의 장래를 위해
필요하다고 생각되는 '일손'이나 '기업가'를 pinpoint로 역지명하자고
생각했습니다.

예를 들면 '가미야마에는 돌가마에서 구운 빵집이 없다. 하지만 그
런 빵집이 생기면 마을 모두가 기뻐하겠지'라는 것으로 어느 빈집은
빵집을 오픈하는 사람에게만 빌려줍니다. 처음부터 대상을 정합니다.

게다가 '지금부터 인터넷의 시대가 되는데, 가미야마에는 웹디자이
너가 없다. 그럼 이집에는 웹디자이너를 입주시키자'라는 것으로 대
상을 좁힌다. 그렇게 하는 것으로 마을을 디자인할 수 있게 됩니다.
그림 14-1은 1955년의 가미야마 마을에 있는 조우가쿠上角 상점가의
지도입니다. 당시는 상점 이외에도 석재상, 술집. 통집 등의 장인들이
이곳에서 장사하고 있었습니다. 그러나 점점 시대에 맞지 않게 되어
가게를 접게 되었습니다. 워크 in 레지던스를 시작하기 전에는 38건
있던 가게가 6건으로 줄어들어버렸습니다. 거기에 워크 in 레지던스
에서 유치해 갔습니다. 빵집, 카페, 일용품점, 양과자 판매점이 오픈
되고 웹오피스도 들어왔습니다. 이렇게 해서 빈 점포가 나올 때 마다
주민에게 어떤 점포가 필요한 것인가를 묻고 그것을 채워갑니다. 이
것을 연속적으로 이어가면 거의 돈을 들이지 않고 상점가의 재생이

가능하게 됩니다.

빈 점포 프로젝트

신규사업인 '빈 점포 프로젝트'를 시작합니다. 상점가에 있는 장옥의 한 부분을 그린밸레가 출자하는 200만 엔과 지역 활성화센터의 조성금 200만 엔을 합쳐 합계 400만 엔의 자금으로 빈집을 개조하는 것입니다.

통상, 빈집은 빌린 사람이 개조공사를 합니다. 그러나 설비관계 공사 등의 개조는 약 100만이나 200만 엔 단위의 돈이 필요합니다. 가미야마에 들어오는 크리에이터나 아티스트는 그렇게 많은 초기비용을 내는 것이 불가능합니다. 거기서 그린밸레가 개조를 해 집세를 높

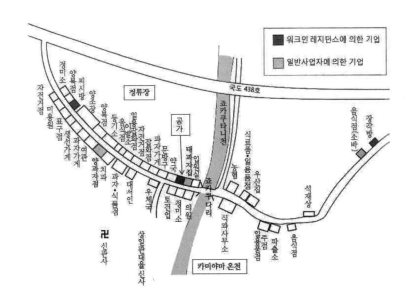

그림 14-1 우에카쿠상점 가로도(2010년 4월)

이고 신규 입주자에게 임대하는 형태로 빌려주는 프로젝트를 시작한 것입니다. 이 개조공사를 주체적으로 진행해 준 것은 도쿄 예술대학 건축학과의 학생이나 대학원생, 조수, 수도권의 건축계 학생들이었습니다. 약 250명이 거의 무보수로 도와주었습니다. 이렇게 해서 '블루 베어 오피스 가미야마'가 생겨났습니다사진 14-7. 이 개조 프로세스 과정에 지사가 태어난 것입니다.

무엇이 일어난 것인가를 얘기하자면 그 개조공사에는 한도 고우스케 씨와 스마 가즈키요 씨가 건축가로서 합류해 주었습니다. 그리고 가끔 스마 씨가 가미야마 최초의 지사를 개설하게 되는 IT벤처기업의 데라다 신코 사장과 동급생이었다는 것입니다. 데라다 씨는 전부터 미쓰이산업에 근무했을 시절에 실리콘밸리에서의 근무경험이 있어 그때에 실리콘밸리에서의 새로운 일하는 법, 텔레워크의 실태를 구체적으로 보아왔습니다. 귀국 후 퇴사하여 '일하는 법을 혁신한다'라는 미션으로 Sansan을 개업합니다.

2010년 9월 데라다 씨는 스마 씨로부터 '시코쿠의 산 중에 있는 장옥을 오피스로 바꾸는 프로젝트를 하고 있다. 그 가미야마라고 하는 마을은 인터넷 속도가 엄청나게 빠르다'라는 이야기를 듣고는 바로 방문했고 거의 속결로 지사를 만들고 싶다는 이야기로 진행되었습니다.

데라다 씨는 일단 도쿄로 돌아가서 사원에게 가미야마 지사의 구상을 논의해 본 결과 예상 외로 많은 사원들에게서 찬동의 목소리가 나와, 구체적으로 '10월 14일부터 남성사원 3명을 가미야마에 보내려고 하니 잘 부탁한다'라고 연락이 왔습니다. 그것을 위해 1주일간 동안 빈집 소유자의 동의를 받아내고, 나머지 1주일간은 짐정리와 청소를 끝내, 10월 14일에는 개발팀 3명을 맞이한 것이 가미야마에 있는 지사의 시작이었습니다.

지금 가미야마에는 많은 사람이 방문하고 있습니다만, '실리콘밸리
인가 어딘가에서 지사라고 하는 아이디어를 찾아내고 그것을 가미야
마에서 시작하게 되었지요?'라고 생각하는 사람이 대부분입니다. 그
러나 실은 지사라는 말 자체를 몰랐었습니다. 가미야마에 오는 사람
들의 생각이나 아이디어를 주민이 함께 참여하여 실현한 결과 지사가
생겨났다는 것입니다.

약 1년 후, NHK의 방송 〈뉴스워치9〉나 〈클로즈업 현대〉에서 IT벤
처 사원이 작은 개천 얕은 여울에 발을 담그고 도쿄의 본사와 TV 회
의를 하면서 일을 하는 영상이 방영되어 '일본에서도 이러한 장소가
있었어'라고 IT관계자들에게 충격을 준 것입니다. 그 하나의 영상이
가미야마를 바꿔버렸습니다. 사진 14-8

그러나 지사 유치를 적극적으로 권하고 있는 것은 아닙니다. '와
주세요'라고 어느 사이트에도 기재되어 있지 않습니다. 매스컴이나

사진 14-7 블루베어 오피스 가미야마

입소문 정보로 알게 된 사람들이 한 달에 몇 명인가는 꼭 찾아와 줍
니다.

상점가 재생

'(주)플랫이즈'라고 하는 회사가 처음으로 가미야마를 방문한 것은
2012년 4월입니다. 거기서부터 순조롭게 이야기가 진행되어 오래된
민가와 주변의 토지를 구입하였습니다. 2013년 1월부터 개조공사에
착수하여 7월에는 사무실을 오픈하였습니다.

이 사무실은 유리창으로 되어 있고 그 안에서 모두가 일을 하고 있
습니다. 건물의 바깥 주변에는 2.5~3m 정도의 툇마루가 있어 지역에
개방되어 있습니다. 또 밤이 되면 파티가 종종 열려 주민이나 다른 지
사에서 일하는 사람들의 교류의 장도 되고 있습니다. 여기서는 정사
원 4명이 채용되어, 그 중 2명은 가미야마정의 그 해 졸업자 여성입
니다. 현재 사원을 추가모집 중으로, 1년 후에는 20여 명의 젊은이들
이 일하는 사무실이 됩니다.

농기구 오두막을 개조한 서버동에는 초고속의 1GB회선이 깔리고,
흙으로 만든 창고를 개조한 '창고 오피스'는 개발팀과 같은 조용한 환
경이 요구되는 업종에 사용됩니다. 그리고 저녁을 맞이하면 사진
14-9와 같은 환상적인 공간으로 재탄생합니다. 이 광경을 접하게 되
면 롯폰기빌딩이나 미드타운에서 일하는 IT벤처 사람들은 '아아, 이
런 곳에서 일하고 싶다'라고 기대하게 될 것입니다. 또 2014년에는 아
카이브동이 완성됩니다. 여기서는 4K, 8K라고 불리는 차세대 초고밀
의 TV 규격의 실증실험이 일본 처음으로 실시하게 됩니다.

플랫이즈가 지사를 지은 곳은 요리이 상점가입니다. 긴 시간 동안

빈 점포가 눈에 띄었던 이 상점가에 활기가 돌기 시작하였습니다. 근처에는 수리 중의 작은 주점이 11월 말에 완성됩니다. 또, 영화작가나 영화예고관과 더불어 구글의 일을 하고 있는 사람이 지사를 개업합니다. 더욱이 연출가인 여성도 사무실을 둘 예정입니다.

이와 같이 상점가의 빈집에 크리에이터나 지사를 유치하고 다시 한 번 사람들의 흐름을 되돌리고 있습니다. 그 중에 다음엔 어떠한 직종이 필요한가를 눈여겨보고, 워크 in 레지던스에서 최적의 인재를 모은다는 사이클로 상점가의 재생을 진행하고 있습니다.

NTT도코모의 광고 '숲의 실로폰'이나 NHK대하드라마 〈야에스의 벚꽃〉의 타이틀 배경화면을 제작한 '드로잉 앤 매뉴얼'도 사무실을 두고 있고, 이번 가을부터 본격적으로 움직입니다. 이러한 제1선의 회사가 들어옴으로써 더욱 힘이 있는 크리에이터들을 불러들이는 순환이 이루어질 것으로 생각됩니다.

사진 14-8 강 바위에서 도쿄 본사와 TV회의

사진 14-9 플랫이즈의 창고 오피스

크리에이티브한 사람이 모인다. '세계의 가미야마'

가미야마정은 전혀 예술의 소지가 없었던 곳입니다. 여기에 1999년 돌연, 현대예술이 도입되었습니다. 당연히 지역사람도 '뭔지 모르는 것을 해봤자 아무것도 되지 않는다'라며 차가운 시선입니다. 이것은 활동에 관계되는 사람에게는 괴로운 일이지만 좋은 면도 있습니다. 뭔지 모르는 일이기 때문에 역으로 방해받지 않습니다. 그 결과, 자신들의 생각대로 키울 수 있습니다. 그리고 그러한 뭔지 모르는 것이어도 10년, 15년씩 계속하게 되면 지역의 매력을 형성해 갑니다. '가미야마라는 곳 재미있네요'라고 하는 말이 나오게 되면, 그곳에 크리에이티브한 사람들이 집결하기 시작합니다. 지금 가미야마에서는 지혜와 경험의 융합이 일어나 자연발생적인 새로운 것이 태어나고 있습니다. 여기서 아무것도 컨트롤할 필요는 없습니다. 마음대로 하기 시작하는 상황입니다.

지역만들기의 요점은 '그곳에 '무엇'이 있는가라는 것이 아니라 어떠한 '사람'이 모이는가?'입니다. '사람'이 모여 '무엇'이 태어나는 것이 아닌가라고 생각합니다.

크리에이티브한 사람이 모이는 양질의 '가치창조의 장소'를 만들면, 거기서부터 '물건'은 얼마든지 만들어집니다. 먼저 사람이 모이는 마음 편한 장소를 만든다. 이것이 지금의 가미야마가 걸어가는 방향입니다.

긴노 유키오(金野幸雄)

(一般社団法人ノオト代表理事/前篠山市副市長)

「효고현 사사야마시」

저의 주된 활동거점은, 효고현의 단바사사야마입니다. 빈집 활용을 계기로 마을만들기, 지역재생을 하고 있습니다. 오래된 건물이지만 무엇인가 매력이 있는 건물이, 창조농촌이라고 불리는 지역에 많이 있고, 더욱이 한 곳에 방치되어 있습니다. 그래서 그것들을 잘 사용해 가는 것이 지금부터의 일본재생의 열쇠가 되어가는 것이 아닌가 하고 생각하고 있습니다.

지역자산에 빛을 비춘다

자주 '지역자원'이라고 말합니다만, 최근 경제적인 의미와 함께 문화모임의 이미지가 있는 '지역자산'이라는 단어를 사용하고 있습니다. 지역자산이라는 것은 무언가라는 것을, NOTE를 설립한 4년 전에 논의했습니다만, 저희들이 생각한 지역자산이라는 것은 먹을 것, 축제, 오래된 민가, 공예 등입니다.

이러한 것에 빛을 비추면, 무언가 지역이 빛나기 시작하여 사람도 오는 것이 아닌가 하고 생각했습니다. 이것들은 전부, 지금의 일본사회가 버리려고 하는 것입니다. 여러분도 이해하셨겠지만, 오래된 민가, 재래작물, 전통공예가 각광을 받게 되었습니다.

그립고 새로운 일본의 생활을 제안하다

일반사단법인 NOTE가 만든 콘셉트는 '그립고 새로운 일본의 생활을 제안합니다'. 여러 가지 키워드가 있습니다만, 취락, 농원, 마을 산, 술 창고, 상점가라고 하는 것에 가치가 있다는 것입니다. 이것들도 일본사회가 버려온 것이라는 겁니다. 취락은 모여서 안정된 삶이 이루어지는 것이며 일본인의 농업을 기반으로 한 생활방식을 표현하고 있다고 생각합니다.

지금의 일본사회라고 하는 것은 옆 사람의 일은 모르는 편이 좋다고 하는 사회를 만들고자 하고 있습니다만, 저희들은 다시 한 번, 취락이라는 함께 모여 지내는 것에 빛을 비추고자 합니다.

농원은 농장과는 달리 바라보기만 하는 옥수수 밭이 아니라 계단식 논에 쌀이 있고, 밭에는 사사야마라고 하면 검은콩이나 야채를 채취할 수 있고, 밤, 감나무, 표고버섯을 기르기 위해 자른 나무를 만들기 위한 구누기의 숲, 얕은 여울에는 고추냉이가 자생하고 있습니다. 생활의 모두가 전부 자신 주변에 있는 농원이라고 하는 것은 의외로 꽤 있습니다. 가끔씩 고기가 먹고 싶다고 생각하면 멧돼지가 근처에 많이 있기 때문에 손에 넣을 수 있습니다. 그러한 자신 주변에서 모두 해결되는 윤택함에 빛을 비추고자 생각하고 있습니다.

이것은 농담 같은 이야기입니다만, 만약 우리가 그러한 삶을 산다면 TPP도 관계없는 일입니다. 자신의 주변에 모두 있기 때문입니다. 국제적인 정세도 관계없어지게 되는 것입니다.

빈집, 오래된 민가 등을 재생합니다만, 그곳에는 식문화, 생활의 문화가 있었습니다. 전통공예, 축제, 요리나 풍습 등도 있다고 생각합니다. 그러한 것을 세트로 재생해가는 것을 하고 있습니다. 한마디로 말하자면 '생활의 재생'이라고 하는 방식으로 생각하고 있습니다만 생활을 재생하면 어떻게 되냐고 말하자면, 사람이 교류하게 됩니다.

'사사야마는 한신에서 한 시간 정도이고, 편리한 곳이니까 빈집을
활용하여도 잘되겠지요. 멋이 있는 카페를 만들면 한신에서 와 주니
까요'라고 자주 듣습니다만, 그때에는 '아니 아니, 그럴 일 없어요. 도
쿠시마의 가미야마를 보세요. 어디가 편리합니까?'라고 말합니다. 사
사야마는 도시에 가깝기 때문에 놀러오더라도 당일치기가 보통입니
다. 그것을 어떻게든 1박 하지 않을까하고 생각하고 있는 것입니다.
하지만 가미야마는 그렇지 않기 때문에 갑자기 '여기서 지내지 않겠습
니까?'라고 말할 겁니까? 이곳은 당일치기, 1박 2일부터 단기 스테
이, 2지역 거주, 이주 같은 패턴이 됩니다. 가미야마는 반드시 이주라
든지 반년, 1년의 거주까지 들어오고 있네요. 그래도 지금, 가미야마
에서도 역시 숙박시설이 필요하다는 이야기가 있어 가끔 1박하며 보
고 돌아다니고 싶다는 사람도 나오고 있는 것이네요. 그러니까 시작
은 가미야마와는 조금 다르고, 주 대상은 다르다고 생각하지만, 사람
이 교류한다고 하는 것은 똑같다고 생각합니다.

오래된 민가에서 지역의 음식문화를 전한다

사사야마에는 마루야마 취락이라고 하는 한계취락이 있습니다사진
14-10. 반 이상이 빈집과 같은 취락입니다. 그러한 취락의 건물을 개조
해서 숙박시설로 만들었습니다. 프렌치 레스토랑도 오픈하고, 지역의
음식문화를 다시 한 번 되돌려서 그곳의 생활을 표현하고 있습니다.

여기서 제공되는 것은 지역의 야채나 고기를 사용한 요리입니다.
프랑스에서 수입해 온 푸아그라나 캐비어도 사용합니다만, 기본적으
로는 지역의 식재를 쓰는 것으로 식문화를 재생합니다.

또는 어머니들이 직접 밧줄을 만듭니다. '그것을 그대로, 워크숍으

사진 14-10 고민가의 숙박지 '취락丸山'   사진 14-11   세미나 하우스 '天空農園'

로 해주세요'라고 어머니들에게 부탁을 해서, 조금 멋있는 전단지를
만들어 홍보하면 많은 사람이 옵니다. 오래된 민가·지역의 식문화·
전통문화의 3종 세트로 사람이 교류하는 상황을 만드는 것입니다.

억새민가의 재생에도 몰두하고 있습니다. 지붕의 억새가 가늘고 구
멍이 뚫려 무너지게 생긴 것을 고쳤습니다. 사업자금을 회수하지 않
으면 안 되기 때문에 세미나 하우스를 합숙소로 쓰고 있습니다사진
14-11. 학생이나 기업이 합숙하러 옵니다. 근처에 메밀집이 있어 메밀
반죽 체험을 경험하기도 합니다. 아름다운 시골에 농원이 있기 때문
에 거기서 농업체험이 가능합니다. 예를 들면 산초나무의 열매를 따
볼까 라든지, 검은콩의 이랑을 세워볼까? 라든지.

지역의 촌장이 살던 빈집은 그 창고에 있던 식기를 사용하여 지역
의 식재로 일본전통의 창작음식을 셰프가 만드는 등, 여러 가지 이벤
트를 통해서 그 지역의 문화를 배우는 것도 가능합니다.

오래된 민가를 유동화시킨다

이러한 오래된 민가 재생을 4년간 50동 정도 개조하였습니다. 점포 수로 말씀드리면 26건입니다. 오래된 민가재생 과정에서 우리만의 노하우가 축적되어갔습니다. 이제는 여러분에게 제공할 시기라고 생각하여 오래된 민가개조의 사업계획을 오픈하고 있습니다.

오래된 민가재생에는 몇 가지의 장애물이 있습니다. 첫째는 비용의 문제입니다. 오래된 민가를 개조해서 살기 때문에 사치스럽고, 개조 비용이 매우 높다고 알려진 것은 잘못된 것입니다. 여러 가지 방법으로 가격을 내리는 것이 가능합니다. 우리가 하면 대충 평당 단가 30만 엔 정도로, 방금 전에 말한 숙박시설과 똑같이 고칠 수 있습니다. 자원봉사자들에게 도움을 받아, 더욱더 가격을 낮춥니다. 공공성을 부여해서 보조금을 받기도 합니다만, 어찌되었건, 원래 개조비용이 싸다고 하는 것을 알아주셨으면 합니다.

두 번째는 시골에서는 빈집이 유동화되지 않습니다. 팔거나 빌려주지 않는다는 것입니다. 지역의 합의를 얻는 것은 상당히 어렵습니다. 이상한 사람에게 빌려주면 커뮤니티 민폐가 되어버리거나 도시사람이 생각하지 않을 법한 것을 시골의 사람은 생각하는 것입니다. 또, 팔거나 빌려주거나 하면 '저 집, 자금사정이 곤란한 것이 아닌가?'라고 소문이 날지도 모르는 것을 신경 씁니다. 그러한 평판을 고쳐주는 것이 중요합니다. 따라서 누군가가 어떠한 목적으로 사용하는가 하는 것이 지역에 이해만 되면 되는 것입니다. 설명회나 주민 워크숍을 하여 지역의 합의를 얻는 순간 빈집의 유동화가 시작됩니다. 이것도 활동하면서 배운 것입니다.

· NOTE가「잠시 동안의 집주인」이 되는 부동산의 소유와 이용의 분리수법
· 빈집을 10년간 무상으로 빌려 필요한 개조를 행한 후에, 사업자에게 다시 대여
· 10년 동안 투자자금 회수
  → 빈 집이 된 오래된 민가를 10년간 계승
    그 10년 동안, 커뮤니티로써 무엇을 남길 수 있을까?가 중요

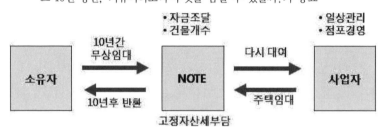

그림 14-2 빈집을 활용한 사업계획안

세 번째, 가미야마와 마찬가지로 우리도 빈집을 소유자로부터 빌려서 개조하고, 사업자에게 빌려주는 임대를 합니다. 그 집세 수입으로 10년 동안 상환하는 임대 수법입니다그림 14-2. 이 수법은 많은 곳에서 하고 있습니다. 포인트는 주택건설업면허가 필요 없다는 것입니다. 우리가 부동산 중개를 하면 주택건축업이 되어 위법이 됩니다만 우리는 직접 거래하고 있는 당사자이므로, 주택건축업면허가 없어도 계약할 수 있습니다.

네 번째, 지역에 부족한 자원을 보전하는 중간 지원체제를 구축하는 것이 우리의 방식입니다. 우리는 오래된 건물을 사용합니다만, 스스로 이용하지 않고 누군가가 오래된 건물을 이용하도록 상황을 만들어내는 것입니다. 예를 들면 취락을 재생해서 숙박을 하고 싶다 하지만 지역의 사람들만으로는 자원이나 운영자가 갖추어지지 않습니다. 지역의 어디에 1급 건축사가 있을까요? 보통은 없습니다. 그럼 우리

가 책임지도록 합시다. 수리자금이 없으면 우리가 자금조달을 합시다. 보조금이나 은행융자 신청 등의 도움을 드려 지역 커뮤니티의 최저수준을 끌어올리는 것으로 지역의 꿈을 실현시키는 것이 하나의 중간지원의 사고방식이라고 생각 합니다.

지역커뮤니티 재생

NOTE에서는 여러 가지 커뮤니티에 여러 사람을 매칭하거나, 지역사람들이 커뮤니티 비즈니스, 소셜 비지니스 사업을 하도록 상황을 만들어줍니다. 포인트는 작게 하는 것이 중요합니다. 취락단위가 가장 좋습니다. 지역에서 합의하여 마을 만들기를 합니다. 지역주민을 끌어들이며 하는 것이 특히 중요하고, 이러한 과정을 통해서 생각지도 않은 여러 효과가 있는 것입니다.

방금 전에 말한 숙박시설을 시작한 취락 마루야마는 벌써 4년이 되어갑니다만, 지금은 거의 경작방치지가 없습니다. 사람이 교류함에 따라 유기농가의 젊은이들이 '하게 해줘'라고 말해오거나 도시의 사람이 1두렁씩 검은 콩밭의 오너가 되기도 합니다. 모집을 한 것은 아닙니다만 그렇게 되어가는 것입니다. 기업이나 시민의 농촌 자원봉사 단체가 이 취락에 들어와서 마을재생을 시작하거나 합니다.

농촌재생이나 경작방치지 해소를 위한 행정의 여러 대책에도 거의 효과가 없습니다. 하지만 어떤 작은 영역에서 창의적으로 하면 생각대로 이루어집니다. 이러한 작은 코어를 만들어 더 열심히 하고 있는 코어를 연결하는 것과 창조도시 네트워크의 개념은 똑같다고 생각합니다.

사업협동조합 Opera

작은 커뮤니티의 코어를 연결해 가면 하나의 시정촌 지역이 됩니
다. 그 시정촌이 또 네트워크해 가는 중첩된 네트워크 구조를 지금 생
각하고 있습니다. 각 지역의 크리에이티브 코어가 모여 전국의 코어
를 연결하는 사업협동조합을 만들어, 지역의 빈집·오래된 민가의 활
용, 지역의 식문화, 생활문화를 재생하는 하나의 커다란 사업체, 운동
체를 만들고 싶다고 생각하고 있습니다.

사사야마에서 구상하고 있는 사업협동조합 Opera의 'Opera'는 사
사키 선생의 책 《창조도시에의 도전》으로부터 가져온 것입니다. 오페
라의 원래의 뜻은 장인의 기술과 혼을 넣은 '직업'이라는 것입니다. 장
인들이 힘을 낼 수 있는 새로운 운동체를 만들어 그곳에서 창조인재,
즉 장인을 육성하는 것을 생각하고 있습니다.

다나카 다츠미(田中勝己)

(前木曾町長)

(나가노현 기소마을)

기소정은 2005년 11월 1일에 기소후쿠시마정·니치기촌·가이다
촌·미타케촌 4개의 마을이 합병해서 생긴 마을로써, 나가노현의 남
서부에 위치하고 기후현에 접해 있습니다. 다카야마시, 나카츠가와시
또는 알프스를 넘어 이나시에 접해 있는 마을입니다사진 14-12.

기소 마을만들기 조례

정부의 재정압력을 배경으로 하여 전국에서 합병이 점점 진행되고, 약 3200개 있던 전국의 지자체가 1700개로 반 토막이 났습니다. 나가 노현은 홋카이도와 함께 합병이 진행되지 않았던 현의 한 곳입니다.

기소정에서는 합병해서 손해를 봤다고 후회하지 않는 마을만들기 를 위해 마을만들기 조례를 만들었습니다. 전국의 지자체에는 마을 만들기 기본조례를 만들고 있는 곳이 많이 있습니다만, 지자체 또는 합병특례법이라고 하는 정부 법률에 근거하지 않고 전혀 독자적인 조 례로써, 자주적인 지역자치조직을 만들었습니다. 전국에는 지역자치 조직이 600개 정도 있다고 합니다만, 지자체장의 자문기관으로써 만 들어진 것이 거의 대부분입니다.

기소정에서는 지역자치조직이 자문도 가능하며, 제안도 가능하고, 촌장의 리콜운동도 가능합니다, 행정에 대한 반대운동도 가능합니다. 동시에 조례 안에 자치조직의 대표 모임을 자문회의로 지정하고 이 자문회의의 양해를 얻지 못하면 촌장은 의제를 제안할 수 없는 형식 을 만들었습니다. 자주조직이 제안권과 함께 마을행정에 대한 거부 권을 실시하는 형식을 만든 곳은 전국에서도 기소정뿐이라고 생각합 니다.

철저한 정보공개

기소정에는 하나 더, 철저한 정보공개를 게시했습니다.

정보공개를 게시하고 있는 시정촌은 상당히 많습니다만, 대충 계획 이 수립된 후에 정보공개를 합니다. 그렇게 되면 사실상 반대나 수정 은 어렵고 주민참가로 마을을 만들어간다고 하는 형식은 되지 않는다고 생각합니다. 찬성인가 반대인가 만으로는 주민참가의 행정이 될 수 없습니다.

우리는 계획단계, 구상단계부터 공개하는 것으로 마을사람을 행정에 참가시키는 형식을 만들었습니다. 작년, 사사야마시에 갔을 때 시장으로부터 '내가 알기로는 합병을 이끈 지자체장으로 2기째 하고 있는 촌장은 들어본 적이 없다. 기소마을에는 2기째 촌장을 하고 있다. 왜 2기째도 당선된 것인가?'라는 질문을 받았습니다. 저는 이 '마을만들기 조례'와 마을만들기 정신·이념에 대해 말씀드렸습니다.

생활교통 시스템

평가 중인 또 하나의 시책으로는 생활교통 시스템이 있습니다.

예를 들면 가이다 고원에서 버스를 타서 기소마을로 오면 편도 1560엔이나 들었습니다. 병원도 슈퍼도 기소후쿠시마밖에 없고, 기차를 타기에도 기소후쿠시마 역까지 나가지 않으면 탈 수 없습니다. 가이다로부터 나오는 것은 자가용 이외는 버스밖에 교통수단이 없고, 합병 할 때에는 '같은 마을이 되는 것이니까 부디 교통문제를 해결해 주시기 바랍니다'라고 하는 의견이 상당히 강력하게 나왔습니다. 합병협의회 안에 기소마을의 교통시스템을 생각하는 위원회를 설립하여, 4년간에 걸쳐 교통시스템을 연구하고, 200엔으로 마을 안의 어디에나 갈 수 있는 시스템을 만들었습니다. 간선버스는 가이다행 버스, 미타케행 버스, 니치기행 버스가 있습니다. 이와 같은 간선버스를 운행하고, 간선버스의 주변에는 순환버스를 운행하고도 어쩔 수 없는 곳은 청구택시를 운행하고 있습니다. 많은 돈이 들어가고 있지만, 이러한 시스템을 만들었습니다.

사진 14-12 장대한 산악을 조망

이것은 정말로 모두 기뻐하며 가이다 지구의 주민들로부터 '촌장, 이 시스템은 5년간은 꼭 유지되게 해주시오' '영원히 계속된다고 생각할 수는 없지만, 비용이 크기 때문에 5년간은 꼭 유지되었으면 좋겠소'라는 말을 들었습니다. 벌써 8년이 지났지만 아직까지 잘 유지되어 있습니다.

기소학연구소

창조도시론에 공감하여 마을만들기를 진행하고 싶다는 생각에 '기소학연구소'를 2004년 9월에 설립했습니다. 사사키 선생님을 시작으로, 매년 게스트를 초대하여 강연회를 개최하고 있습니다. 기소마을의 마을만들기는 다양한 것을 창조도시론의 사고방식으로 진행하여 왔습니다. 기소학연구소도 그러한 운동과 사람만들기라고나 할까? 우리가 공부하는 장소로 만든 것으로 설립으로부터 10년째가 됩니다만. 매년 10회 정도의 기소학 강좌를 개최하여 왔습니다. 역사나 문화나 자연, 기소마을과 기소를 배우는 운동으로써 이어왔습니다. 저의 촌장 재직 16년간은 그 이념을 기본으로 한 마을만들기를 해 온 것입니다.

일본에서 가장 아름다운 마을연합

'일본에서 가장 아름다운 마을'연합에 2006년 가맹하였습니다. 처음은 가이다 지역만 들어갔습니다만, 기소마을을 조사하러 왔던 당시의 심사위원장이 기소정 전체를 보고 '가이다 고원만이 아니고 전부다 들어와야 적절하다'라는 말을 들어, 2011년에 모든 마을이 참가하게 되었습니다. '일본에서 가장 아름다운 마을'연합은 작은 마을이나 농촌이 점점 쇠퇴하는 중에 농촌경관이나 농촌문화를 지키고, 이것을 자원으로 손님을 불러모으자며 시작된 운동입니다. 프랑스, 이탈리아, 캐나다에서는 큰 운동이 되어 있습니다. 이탈리아에서는 400개 정도의 지자체가 참가한 대운동이 되어 있습니다. 최근에는 이탈리아를 기록한 책도 출판되었습니다. 그 책에는 이탈리아도 비슷한 산촌지대, 농촌지대가, 인구과소가 되었던 것이 연합에 가맹하는 것으로 인해 과소가 멈추고, 농촌이 점점 활기를 되찾았다고 하는 보고가 되어 있습니다.

음식문화를 전하다

'전통+과학으로 재생을!'이라고 게시하고 지역자원연구소를 3년 전에 만들었습니다. 지자체의 다수는 주로 공장유치에 힘을 쏟고 있습니다. 물론 공장이 와주는 것은 감사할 일입니다만, 그것과 함께 전통적인 산업, 지역에 있던 산업을 키워가는 것도 중요하지 않을까라고 생각합니다. 마을의 자원을 발굴하여, 이것을 살려 지역을 활성화시켜 가고자 신슈대학을 퇴임하신 교수를 맞이하여 2011년에 설립하였습니다. 유산균발효의 절임식품인 '슨키'는 기소마을이나 주변에서 만

들어지고 있습니다. 언제 생긴 것인지는 확실히 모릅니다만, 마츠오
바쇼의 구절에 나오기 때문에 에도 시대에는 틀림없이 존재하던 전통
식품입니다. 지금까지 이 지역에 전해져 온 식품으로 유산균 발효의
힘으로 절여지는 세계에서도 유례를 볼 수 없는 소금으로 절이지 않
는 식품입니다. 세계에 예가 없는 절임식품이라는 것으로 도쿄에서
심포지엄을 작년에 3회 하였습니다. 그리고 최근에는 전국방송에서
도 점점 취급되어 '슨키'붐이 지금 일어나고 있습니다사진 14-13.

　이 유산균을 새로운 산업으로 살리고자 요구르트나 아이스크림 등
여러 가지를 만들고 있는 회사로부터 '식물성유산균으로 요구르트를
만들 수는 없나?'라고 상담을 받고, 저도 스스로 실험하거나 해서 만
들 수 있다는 것을 알게 되어 현의 연구소에 의뢰하여 균을 찾아내었
습니다. 지금은 상품화되어 상당히 팔리고 있습니다.

　그리고 지금 하고 있는 것은 마을의 천연효모 채집입니다. 2011년
에 마을의 자원을 찾자 라고 하는 일로 5000종의 천현효모를 모았습
니다. 유산균은 약 200종 모았습니다. 그것을 전부 보존하고 있고 그
중 8종류의 특허신청을 내었습니다. 이외에 고초균枯草菌의 연구도 하

사진 14-13 장아찌를 핵으로 한 산업진흥　　**사진 14-14** 목수와 장인의 기술을 승계

고 있습니다. 최근에는 이 천연효모를 사용한 일본술도 상품화하여
가까운 장래에 발매될 예정입니다.

목공예진흥

더욱이 기소에 오시면 기소의 음식을 드시게 하는 것이 관광객 여
러분께 최고의 대접이 될 것이라고 생각하여 '슬로푸드 기소'를 슬로
건으로 슬로푸드 운동을 일으켰습니다. 지금은 기소군 전 지역의 운
동이 되어 있습니다.

저는 합병 전의 기소후쿠시마 촌장시절에 재래공법주택을 추진하
기 시작했습니다. 목수가 점점 줄어가고 그리고 대기업 주택회사의
집이 점점 더 건설되면서 일본의 농촌경관이 소실되어 규슈에 가도,
홋카이도에 가도, 기소에 와도 같은 풍경이라고 서운하게 생각하고
있었습니다. 또, 목수기술을 소중히 하지 않으면 안 된다고 생각하여
'목조주택추진협의회'라는 조직을 1999년에 만들고 재래공법기술의
주택을 만드는 일에 노력하여 왔습니다.

또 이 마을은 슌케이누리무로정시대의 명 칠공 슌케이의 기술의 마을이기도
했습니다. 야자와 슌케이나 기소 슌케이라고도 합니다만, 전후에 붕
괴되었습니다. 이 야자와 슌케이는 나무라는 소재의 나뭇결을 살려
칠하는 법으로, 나무의 아름다움, 풍족함을 빚어내고 있습니다. 이것
을 보존하려고 여러 가지 노력을 하고 있습니다사진 14-14.

기소음악제

'작은 마을의 놀라운 음악제 기소음악제'는 일본에서 가장 오래된
역사를 가지고, 실내악의 음악제로서는 권위 있는 음악제입니다.
2013년에는 39회를 맞이하였습니다. 이 만큼의 횟수를 쌓아올 수 있

었던 것은 기소음악제를 지원하고 있는 자원봉사가 있었기 때문이라고 할 수 있습니다. 연주자 여러분의 식사를 모두 마을사람들이 자원봉사로 만들고 있습니다.

숙박도 거의 별장이나 민가에 나누어서 하고 있습니다.

연주자에게 내는 개런티도 제가 촌장이 되고 나서 한 번도 올린 적이 없고, 16년간 동결하여 정말로 저렴한 개런티와 자원봉사로 연주자들을 초청하고 있습니다. 일본을 대표하는 저명한 연주가가 많이 오기도 하고, 최근 두각을 나타내는 젊은 연주자도 있습니다. 이런 시골에서 대단한 연주회가 잘 이어지고 있다는 것은 다른 곳에서 온 분들이 놀랄 만한 음악제이기도 합니다.

기소마을 서포터즈 클럽

2011년에 '기소정 서포터즈 클럽'이라는 조직을 만들었습니다. 기소정이 재미있는 마을이라고 여러 사람들이 방문합니다. 방문한 사람이 다시 친구를 데리고 오는 형식으로 다양한 방문객이 오고 있습니다만, 그들이 마을을 응원하는 듯한 운동을 합니다. 예를 들면 미디어 관계자와 협력하여 '미디어학원'이라는 것을 마을에서 시작했습니다. 장래 미디어의 세계로 나가고 싶다고 하는 대학생을 기소마을에 불러서 합숙을 합니다. 그리고 미디어 직에 종사하시는 분들이 지도를 하는 것입니다. 이것도 서포터즈 클럽에서 시작한 실험의 하나입니다만, 이러한 다채로운 활동이 널리 퍼져 있습니다.

* * *

사사키 : 각각 상당히 함축된 이야기들을 하였습니다. 다음 또 한 분
이야기를 듣고 싶은 분이 있습니다. 홋카이도 히가시가와 촌장 마
츠오카 이치로 씨입니다.

마츠오카 : 2014년에 저희 홋카이도의 '사진의 마을' 히가시가와 마
을에서 '제4회 창조농촌 워크숍'을 개최하고 싶다고 생각하고 있습
니다.

저희 마을은 본토의 많은 사람들의 손으로 개척하기 시작해 정확히
120년을 맞이했습니다. 창조농촌 워크숍이 미래마을 만들기에 참
고가 될 것으로 기대하고 있습니다.

우리 마을에는 많은 것이 없습니다. 전국적으로 봐도 신기할 정도
의 마을이라고 생각합니다. 철도도 없고, 국도도 없고, 상수도도
없습니다. 하지만 인구가 10년간 400명 정도 늘어나는 이상한 마
을입니다. 그러므로 그 신기함을 꼭 보아주십사 하는 바람이 있습
니다.

홋카이도는 원래 과소지역입니다. 그러므로 그 '과소'에 어떠한 가
치를 부여해가는 것이 저희 행정직의 역할이라고 생각합니다. 그
가치로는 문화나 예술이 아닌가라고 생각합니다. 그리고 가장 중요
한 것은 3개의 '화'라고 생각합니다.

첫 번째 '화'는 '대화'입니다. 지금 살고 있는 사람도 이제부터 농촌
에 살 사람도 확실히 대화할 수 있는 마을만들기를 어떻게 진행시
키는가입니다.

두 번째 '화'는 '조화'입니다. 자연과 문화의 조화를 어떻게 그려갈
것인가. 혹은 새롭게 온 사람과 오랫동안 지낸 사람과의 조화를 어
떻게 그리나 하는 것입니다.

세 번째 '화'는 '함께 의지하는 화'를 어떻게 그려 나가냐 하는 것입니다. 이 3개의 '화'가 중요하다고 생각합니다.

우리 마을에도 일본 제일의 것이 많이 있습니다. 어떤 일본 제일이 있을까요? 아사히카와 공항이 일본에서 제일 가깝습니다. 그리고 아사히야마 동물원이 일본에서 제일 가깝습니다. 꼭 한 번 와주세요. 방문을 기다리고 있겠습니다.

사사키 : 여기서 마치겠습니다. 대단히 감사합니다.

※ 본 장은 2013년 8월 25일에 나가노현 기소정에서 개최된 〈제3회 창조농촌 워크숍〉(주최: 문화청, 창조도시 네트워크 일본)에서의 발언을 배경으로 가필 수정한 것이다.

(편집책임: 우에무라 슈조)

끝으로

　본 책을 만들게 된 원동력은 전국 각지의 인구과소 지역에서 당당하게 추진해 온 '창조농촌'을 위한 시도이다. 특히, 2013년 8월 25, 26일에 나가노현 기소마을에서 개최된 제3회 창조농촌 워크숍에서 4인의 리더에 의한 실천보고제14장와 이어 계속되는 일반참가자와의 토론에는 새로운 사회운동이 시작할 때의 독특한 열기와 사명감을 느낄 수 있었다. 이 자리를 빌려서 인상 깊었던 논점을 정리해 보았다.

　농산촌의 경관이나 문화공간은 자연의 지형과 독자적인 기후를 바탕으로 사람의 손이 더해져 만들어진 것으로 결코 이름 있는 아티스트나 디자이너가 만들어내는 일이나 작품이 아니다. '사용의 미'라는 말도 있지만 오랜 기간 배양되어온 전통미와 아티스트들이 재생한 오래된 민가나 공동화한 상점가의 공간은 과연 일치하는 것인가 혹은 새로운 움직임이 '사용의 미'를 부활시키는 기폭제가 될 것인가라는 질문에 대해 세 분의 대답이 있었다.

　긴노 씨는 농촌공간의 아름다움은 진정 그것만으로도 예술인 것이다. 장인은 이름이 없지만 놀라운 능력, 기술을 가지고 있고, 그 안에 좀 첨예한 것이나, 임팩트가 있는 것은 다음 세대에 남는다고 서술했다.

다나카 씨는 전통적인 문화나 좋은 기술을 남기고, 새로운 시대에
재생하여 살려가자는 사고방식으로 노력해 왔다. 전혀 새로운 예술을
도입하지는 않았지만 지역에는 많은 이주자가 있고 그 안에는 창조력
을 가진 사람들이 많이 있어 새로운 문화가 발전해간다고 대답했다.

오오미나미 씨는 전통공예, 현대예술, 연극 등 여러 사람이 있어 재
미있는 것으로, 그것을 전부 똑같은 가치관으로 정해버리는 것이 새
로운 것을 창조하기 힘들다는 느낌이 든다고 응답했다. 그러면 현대
예술과 창조도시 · 창조농촌은 어떠한 관계가 있는 것일까?

창조도시와 창조농촌을 비교하면, 도시경관은 대부분 건축가나 디
자이너라는 아티스트, 즉 사람의 의도가 상당히 명확하나, 농촌경관
은 자연이 가지고 있는 아름다움이나 그 창조성의 무게가 압도적으로
크다. 그 때문에 경관을 보존하고 아름다움을 되돌려 놓는 것이 중요
해지고 웅대한 자연경관과 마주했을 때 무엇을 새롭게 더할 수 있는
가가 창조적인 활동가에게 요구된다.

예를 들면 '세토나이 국제예술제'는 개발로 오염된 자연의 회복 세
토나이의 부활이 큰 테마였다. 산업폐기물의 산이 생긴 도요시마에서
는 건축가 니시야마가 섬들이 보이는 언덕의 경관 안에 녹아드는 자
연과 대화가 가능한 미술관을 설계했다. 그에게는 압도적인 자연이
가지고 있는 경관미가 출발점이었다. 한편 '아이치트리엔날레'에서는
대지진을 경험한 예술 감독인 이가라시 다로가 '흔들리는 대지'를 주
제로 정했다. 대표적인 작품으로는 야노베 겐지의 '선 차일드'라고 하
는 거대한 인형이 전시장 중앙에 자리 잡고 있었다. 이것은 그가 전에
체르노빌을 시찰했을 때 어린이들이 사라진 보육원에서 주운 인형에
서 영감을 얻은 것으로 미래의 핵전쟁 안에서도 살아남을 수 있는 장

비를 하고 있고, 제어 불가능한 원자력의 파괴적인 힘이 덮쳐왔을 때 인간이 어떻게 대항하여야 하는가라는 강한 메시지를 가지고 있다. 지금까지의 문명이 만들어온 대도시가 가지고 있는 불합리한 면과는 다른 예술이다.

마지막으로 창조농촌이 무엇이냐는 질문에는 4인 4색의 대답이 흥미롭다.

이리우치시마 씨는 근본은 어디에서 살아갈 것인가라는 가치관이 바뀌지 않으면 안 된다. 그것을 창조해내는 것이 창조농촌의 역할이 아닌가라고 대답하였다.

오미나미 씨는 창조농촌은 지역에 살고 있는 사람과 새롭게 지역에 들어온 외부의 사람들이 하나가 되어 만드는 새로운 생활의 형태, 생활의 장이라는 인식이다.

긴노 씨는 창조성의 원천은 '장인의 일Opera에 담긴 생명의 발로'이며, 토지나 환경을 작용시키는 것, 장인의 기술과 혼이, 무언가 새로운 것을 그 공간에 태어나게 하는 것, 그것이 일어나는 장소를 창조농촌이라고 받아들이고 있다.

다나카 씨는 하늘과 땅의 이치에 맞는 산업을 키우는 것, 그곳에 살고, 그 지역에 맞는 산업을 만들어 그곳에서 지낼 수 있는 회사를 만드는 것이 창조농촌이며, 문화다. 문화를 좁게 다루지 않고, 넓은 의미로 받아들일 필요가 있다고 대답했다.

이상은 '창조농촌'을 둘러싼 토론의 한 부분을 필자의 관심에 따라 정리한 것으로 아직 논의되지 못한 문제가 산처럼 쌓여 있다. 창조농촌을 위한 실천과 이론정책적 토론이 넓고 깊게 전개되기를 기대하고 싶다.

 필자가 창조도시연구를 시작한 지 약 20년이 경과되었다. 도시로부터 시작된 연구가 농촌을 시야에 넣는 형태로 우선 일단락 지어진 것으로 생각된다. 10년 간 베이스캠프를 두고 오사카 시립대학 대학원 창조도시연구과를 중심으로 그 안팎에서 함께 연구하는 기회를 얻은 무엇과도 바꿀 수 없는 친구들과의 협주곡으로써 본서를 출판할 수 있었던 것은 매우 기쁘고, 또한 즐거운 것이었다. 이러한 출판기회를 얻을 수 있게 해 준 학예출판사의 마에다 유지 씨, 나카키 야스요 씨에게 진심으로 감사 인사를 드리고 싶다.

2014년 1월
편집자를 대표하여
사사키 마사유키

창조도시 네트워크 일본이라는 것은

창조도시 네트워크 일본CCNJ은 창조도시의 활동을 추진하는또는 추진하고자 하는 지자체 등 다양한 주체를 지원함과 동시에, 국내를 포함한 세계의 창조도시간의 연대·교류를 촉진하기 위한 플랫폼으로써, 일본의 경우 창조도시의 보급·발전을 꾀하는 일을 목적으로 하여, 2013년 1월13일에 설립되었습니다.

CCNJ는 창조도시에 관련한 모든 정보·식견·경험교류의 허브기능을 담당하는 주체의 서포터 역을 철저하게 하는 것을 기본적인 역할로 하여, 일본의 경우 창조도시의 보급·발전을 통한 일본사회의 창조적인 부흥·재생에 공헌함과 동시에 평화적이며 공생적인 아시아 창조도시 네트워크를 구축하는 초석이 되는 것을 목표로 하고 있습니다.

창조도시Creative City라는 것은 세계화와 지식정보경제화가 급속하게 진전된 21세기 초두에 걸맞는 도시의 존재방법의 하나이며, 문화예술과 산업경제와의 창조성을 풍부하게 가진 도시입니다. 산업공동화와 지역의 황폐함을 고민하는 미국의 도시에서는 1985년에 시작한 '유럽문화도시' 등 '예술문화의 창조성을 살린 도시재생의 시도'가 성공을 거둔 이후, 온 세계에서 다수의 도시에 있어 행정, 예술이나 문화단체, 기업, 대학, 주민 등의 연대를 기본으로 진행되고 있습니다.

유네스코국제 연합 교육 과학 문화 기관도 문화의 다양성을 보존함과 동시에 세계 각지의 문화생산이 잠재적으로 가지고 있는 가능성을 도시간의 전략적 연계에 의해 최대한 발휘하기 위한 틀 만들기로써 2004년부터 '창조도시 네트워크'사업을 시작하고, 7개의 분야에서 창조도시를 인정, 상호간의 교류를 추진하고 있습니다.

문화청이 문화예술이 가지는 창조성을 지역진흥, 관광 산업진흥 등에 영역 구분 적으로 활용하여, 지역과제의 해결에 힘을 쏟는 지방지자체를 '문화예술 창조도시'로 지정하고, 문화청 장관 표창으로 문화예술 창조도시부문2007년도~, 문화예술 창조도시 추진사업2009년도~, 문화예술 창조도시 모델사업2010년도~ 등, 창조도시를 위한 사업을 지원하고 있습니다.

또한, 문화청은 2014년 4월, 교토부청 내에 '문화예술 창조도시 진흥실'을 개설하여 전국의 창조도시만들기에 더욱더 지원을 늘리고, 2020년에 올림픽 개최시에 간사이의 문화 프로그램의 실시거점으로써 가능하도록 할 예정입니다.

편저자 약력

佐々木雅幸(사사키 마사유키)
오사카시립대학대학원 창조도시연구과 교수
도시연구플라자 소장

川井田祥子(가와이다 사치코)
오사카시립대학 도시연구플라자 특임교수

萩原雅也(하기하라 마사야)
오사카쇼인여자대학 학예학부 교수

저자

松永桂子(마쓰나가 게이코)
오사카시립대학대학원 창조도시연구과 준교수

敷田麻美(시키다 아사미)
삿포로대학관광고등연구센터 교수

井上典子(이노우에 노리코)
오테몬학원대학 지역문화창조기구 특별교수

田中夏子(다나까 나츠꼬)
쓰루문과대학, 메이지대학 비상근강사

是永幹生(고레나가 미키오)
홀트 홀오이타 총괄책임자

本田洋一(혼다 요우이치)
오사카인간과학대학 사무국장, 오사카시립대학
대학원 창조도시연구과 객원연구원

入内島道隆(이리우치지마 미치다카)
NPO법인 군마CSO 이사장, 군마현 나카노조정
전 정장

野田邦弘(노다 구니히로)
도토리대학 지역학부 교수, 지역문화학과장

田代洋久(다시로 히로유키)
효고현립대학경영학부 비상근강사. 동정책과학
연구소 객원연구원

杉浦幹男(스기우라미키오)
시즈오카문화예술대학문화·예술센터 특임준교
수

大南信也(오오미나미 신야)
NPO법인 그린바레 이사장

金野幸雄(긴노 유키오)
일반사단법인 NOTE 대표이사, 유통과학대학
특임교수

田中勝巳(다나카 가쓰미)
전 기소정장

번역자 약력

조용준
- 조선대학교 명예교수
- 광주도시공사 사장
- (前) 한국주거학회장

남승진
- 동아인재대학교 교수
- 일본 치바대학 대학원 졸업
- 한국건축가협회 광주광역시지회장

양금석
- 경남과학기술대학교 건축학과 교수
- 일본 도쿄도립대학 대학원 졸업
- 한국농촌건축학회 회장

유창균
- 목포대학교 건축학과 교수
- 조선대학교 대학원 졸업
- 한국 도시설계학회 이사

염대봉
- 조선대학교 건축학부 교수
- 프랑스 파리10대학원 졸업
- 프랑스 공인건축사, 도시건축 전문자격

김홍기
- 동명대학교 건축학과 교수
- 일본 교토대학 대학원 졸업
- 한국농촌건축학회 이사

강 권
- 광주광역시청 사무관
- 일본 동북대학 대학원 졸업
- 조선대학교 대학원 졸업

김승근
- 강동대학교 건축학과 교수
- 청주대학교 대학원 졸업
- 한국농촌건축학회 부회장

조원석
- 관동대학교 건축학부 교수
- 일본 도쿄대학 대학원 졸업
- 한국농촌건축학회 부회장

이봉수
- 현대계획 연구소장
- 조선대학교 건축학부 강사
- 조선대학교 대학원 졸업

윤현석
- 광주일보 정치부 행정팀장
- 전남대학교 대학원 졸업
- 일본 도쿄자치연구센터 객원연구원

이을규
- 국립 한경대학교 건축학부 교수
- 일본 도쿄대학 대학원 졸업
- 한국농촌건축학회 이사

박중신
- (주)마을제작소 대표이사
- 청주대학대학원 건축공학과 BK교수
- 일본 교토대학 대학원 졸업

김윤학
- 조선이공대학교 강의전담 교수
- 조선대학교 건축학과 강사
- 조선대학교 대학원 졸업

박헌춘
- 농림축산식품부 지역개발과 전문관
- 충북대학교 대학원 졸업
- 한국농촌건축학회 이사

곽춘섭
- 전라남도 건축개발과 주무관
- 전남대학교 대학원 졸업

창조농촌을 디자인하라
농촌을 되살리는 창조전략

인쇄 2015년 10월 25일 1판 1쇄   **발행** 2015년 10월 30일 1판 1쇄

지은이 사사키 마사유키 · 가와이다 사치코 · 하기하라 마사야   **옮긴이** 한국농촌건축학회
펴낸이 강찬석   **펴낸곳** 도서출판 미세움   **주소** (150-838) 서울시 영등포구 도신로51길 4
전화 02-703-7507   **팩스** 02-703-7508   **등록** 제313-2007-000133호
홈페이지 www.misewoom.com

정가 20,000원

SOUZOU NOUSON
by Sasaki Masayuki, Kawaida Sachiko, Hagihara Masaya
Copyright ⓒ 2014 by Sasaki Masayuki, Kawaida Sachiko, Hagihara Masaya
All rights reserved.
Original Japanese edition published by GAKUGEI SHUPPANSHA, Kyoto.
Korean translation rights ⓒ 2014 by MISEWOOM PUBLISHER

이 도서의 국립중앙도서관 출판예정도서목록(CIP)은 서지정보유통지원시스템 홈페이지(http://seoji.nl.go.kr)와
국가자료공동목록시스템(http://www.nl.go.kr/kolisnet)에서 이용하실 수 있습니다.
CIP제어번호: CIP2015027138

ISBN 978-89-85493-98-7   93540

잘못된 책은 구입한 곳에서 교환해 드립니다.

창조농촌을 디자인하라
농촌을 되살리는 창조전략

창조농촌을 디자인하라
농촌을 되살리는 창조전략

창조농촌을 디자인하라
농촌을 되살리는 창조전략

창조농촌을 디자인하라
농촌을 되살리는 창조전략